Vita Mathematica
Band 4

Herausgegeben
von Emil A. Fellmann

Abb. 1
GEORGE BERKELEY, Bischof von Cloyne.

George Berkeley 1685–1753

von Wolfgang Breidert

1989 Birkhäuser Verlag
Basel · Boston · Berlin

Adresse des Autors:
Dr. Wolfgang Breidert
Institut für Philosophie der Universität Karlsruhe
Postfach 6980, D-7500 Karlsruhe

CIP-Titelaufnahme der Deutschen Bibliothek

Breidert, Wolfgang:
George Berkeley : 1685–1753 / von Wolfgang Breidert. – Basel ;
Boston ; Berlin : Birkhäuser, 1989
(Vita mathematica ; Bd. 4)
ISBN-13: 978-3-0348-7249-2 e-ISBN-13: 978-3-0348-7248-5
DOI: 10.1007/978-3-0348-7248-5

NE: GT

Softcover reprint of the hardcover 1st edition 1989
Typografie und Umschlag: Albert Gomm
Maquette: Timon Tschudi

ISBN-13: 978-3-0348-7249-2

Für Janka und Tilo

Inhalt

Vorwort

Diese Biographie BERKELEYS beansprucht nicht, eine umfassende Darstellung aller Aspekte dieser faszinierenden Persönlichkeit und des zugehörigen Werkes zu geben, sondern betont bewußt die Seiten, die geeignet sind, das Verständnis seiner Beiträge zur Entwicklung der Wissenschaften im 18. Jahrhundert zu fördern. Dabei wurde der Schwerpunkt auf die Diskussionen über die Grundlagen der Mathematik gelegt. Die folgende Darstellung unterstreicht also gerade die Züge BERKELEYS, die in den anderen Darstellungen nur beiläufig behandelt werden, wenn man sie nicht ganz vernachlässigt. Vor allem im deutschsprachigen Raum wurde BERKELEY immer wieder unterschätzt oder mißachtet [1].

Während der Vorbereitung zu diesem Buch erschien eine ausgezeichnete BERKELEY-Monographie von AREND KULENKAMPFF [2]. Leser, die stärker an der Philosophie BERKELEYS interessiert sind, seien auf diese Schrift verwiesen. Ob es mehr als ein glücklicher Zufall ist, daß innerhalb so kurzer Zeit nach fünfzig Jahren Pause gleich zwei deutschsprachige Bücher über BERKELEY erscheinen, wird sich in der Zukunft zeigen.

Die Übersetzungen der Zitate und der Texte im Teil III stammen, wenn nicht anders angegeben, von mir.

Ich danke allen, die an der Entstehung dieses Buches direkt oder indirekt mitgewirkt haben, insbesondere DAVID BERMAN (Dublin) und RAYMOND W. HOUGHTON (Dublin), die mir in so entgegenkommender Weise das Bildmaterial ihres Buches *Images* zur Verfügung stellten und mir mit Informationen behilflich waren, und B. P. VERMEULEN (Nijmegen) für seine konstruktive Kritik. Ich danke ferner der National Gallery of Ireland für die Reproduktion eines Bildes sowie den Mitarbeitern der London University Library, der Badischen Landesbibliothek und der Universitätsbibliothek Karlsruhe, die mich freundlich unterstützt haben. Schließlich gilt mein Dank dem Birkhäuser Verlag und dem Herausgeber der *Vita Mathematica*, Dr. E. A. FELLMANN.

Karlsruhe, im Frühjahr 1988 WOLFGANG BREIDERT

Abkürzungen

Works	G. Berkeley, *Works,* ed. A. A. Luce and T. E. Jessop, 9 vols. Edinburgh 1948–1957, Nachdruck Nendeln 1979.
LL	A. A. Luce, *The Life of George Berkeley*, London etc. 1949, Nachdruck New York 1968.
Rand	B. Rand, *Berkeley and Percival – The Correspondence.* Cambridge 1914.
SMP	G. Berkeley, *Schriften über die Grundlagen der Mathematik und Physik,* hrsg. v. W. Breidert, Frankfurt a.M. 1969 und 1985.
TV	G. Berkeley, *Essay towards a New Theory of Vision* (Versuch über eine neue Theorie des Sehens) 1709, in: Works I, pp. 159–239 (deutsch: Versuch über eine neue Theorie des Sehens, hrsg. von W. Breidert, Hamburg 1987).
LBG	G. W. Leibniz, *Der Briefwechsel mit Mathematikern,* Berlin 1899, Nachdruck Hildesheim 1962.
LMG	G. W. Leibniz, *Mathematische Schriften,* hrsg. v. C. I. Gerhardt, Halle 1849–1863, Nachdruck Hildesheim 1962.
LPG	G. W. Leibniz, *Die philosophischen Schriften*, hrsg. v. C. I. Gerhardt, Berlin 1875–1890, Nachdruck Hildesheim 1965.
Images	Houghton, Raymond W./Berman, David/Lapan, Maureen T.: *Images of Berkeley,* Foreword by John Kerslake, Dublin (National Gallery of Ireland, Wolfhound Press) 1986.

Biographie

1 Schule und Studium

Die ersten Biographen BERKELEYS stellten ihn entweder als einen weltfremden Sonderling dar, dessen Eigenartigkeit sich in zahlreichen Anekdoten niederschlug, oder entwarfen mit Stützung auf die Aussagen der Familienangehörigen das Bild von einem «normalen», aber ausgezeichneten, ernstzunehmenden Menschen. A. A. LUCE, der bisher gründlichste und noch immer maßgebende Biograph BERKELEYS, war der Überzeugung, das Bild des Sonderlings sei ein durch die BERKELEY-Gegner gemaltes Zerrbild, und man müsse den Berichten aus der Familie mehr Glauben schenken. Dementsprechend entstand bei LUCE ein recht wohlwollendes BERKELEY-Bild. Vielleicht darf man aber doch grundsätzliche Zweifel daran haben, daß Familienmitglieder immer objektiv über ihre Angehörigen berichten. Möglicherweise ist in solchen Berichten manches «geschönt», um «das eigene Nest nicht zu beschmutzen». Es könnte also ratsam sein, beiden Seiten mit großer Vorsicht zu begegnen. Anekdoten sagen oft auch dann etwas über eine Persönlichkeit aus, wenn sie nicht wahr sind, denn nicht jedem wird jede Anekdote «angehängt». Deswegen wurden auch die berühmten BERKELEY-Anekdoten berücksichtigt, auch wenn sie in der vorliegenden Form wohl erfunden sind.

GEORGE BERKELEY wurde am 12. März 1685 (nach dem alten englischen Kalender 1684), also im gleichen Jahr wie JOHANN SEBASTIAN BACH und GEORG FRIEDRICH HÄNDEL, in Kilcrene in der Gegend von Kilkenny im südlichen Irland geboren. Über seine Vorfahren ist nur wenig bekannt, doch war er ein Ire englischer Abstammung. Sein Großvater väterlicherseits war aus England nach Irland gekommen und in Belfast Steuereinnehmer gewesen, doch der Enkel verstand sich selbst nicht mehr als Engländer, sondern als Ire. GEORGES Vater, WILLIAM BERKELEY, war u.a. ebenfalls Steuereinnehmer und ein zwar nicht sehr reicher, doch wohlhabender und angesehener protestantischer Gutsbesitzer. Immerhin konnte er drei seiner Söhne ein Universitätsstudium absolvieren lassen. Der Name

Abb. 2
Dysart Castle bei Thomastown, Grafschaft Kilkenny.

«BERKELEY» wird auf verschiedene Weisen geschrieben (BERKELEY, BERKELY, BERKLY, BERKLEY, BARKLY). Die letztgenannte Schreibweise könnte ein Hinweis auf die Aussprache sein, so daß es heute üblich ist, den Namen wie mit einem «a» (wie im Deutschen «BACH») auszusprechen, ohne daß letzte Sicherheit darüber besteht, wie GEORGE BERKELEY selbst seinen Namen ausgesprochen hat.

GEORGE verbrachte seine Kindheit auf dem Gut Dysart Castle, das im idyllischen Tal des Flüßchens Nore etwa drei Kilometer südlich des kleinen Städtchens Thomastown und etwas mehr als zwanzig Kilometer südlich von Kilkenny liegt. Heute steht von Dysart Castle nur noch die Ruine eines ehemals mächtigen Turms. Die Versuche, diese heimatliche Umgebung entwicklungspsychologisch mit der Entstehung von BERKELEYS Wahrnehmungstheorie in Verbindung zu setzen, weil er als Beispiel einen aus der Nähe und aus der Ferne gesehenen Turm verwendet, können nur als äußerst spekulativ bezeichnet werden, da dieser Bezug zu unspezifisch ist.

GEORGE besuchte zunächst das Kilkenny College, das auch JONATHAN SWIFT besucht hatte, und das als «Eton Irlands» galt. Hier schloß BERKELEY Freundschaft mit dem kurz nach ihm in das College eingetretenen THOMAS PRIOR, eine Freundschaft, die lebenslang

Abb. 3
Kilkenny College. Stich von GREIG nach einem Bild von G. HOLMES.

dauerte. THOMAS PRIOR von Rathdowney («Tom») trat kurz nach BERKELEY in das Kilkenny College ein. Er war ein praktisch denkender, an Fakten orientierter Mensch [3], ein juristisch gebildeter irischer Patriot. Er war Mitbegründer und der erste Sekretär der Royal Dublin Society. In den späteren Jahren, als BERKELEY in London bzw. in Cloyne lebte, erledigte TOM für ihn alles, was in Dublin zu erledigen war. Er war BERKELEYS rechte Hand in Dublin und fast sein *alter ego* [4]. Abgesehen von einer persönlichen Zuneigung trafen sich BERKELEY und PRIOR vor allem in ihren gemeinsamen Bemühungen um die Verbesserung der Lebensbedingungen der irischen Bevölkerung. In den aufregenden Tagen des «Bermuda-Projekts», bei der Teerwasser-Epidemie, immer war PRIOR, der gute Freund, mit dabei. Mit 15 Jahren, also mit Beginn des neuen Jahrhunderts wurde BERKELEY Student am Trinity College in Dublin, wo er Mathematik und Logik, Sprachen (Latein, Griechisch, Französisch, Hebräisch), Philosophie und schließlich Theologie studierte. Er gehörte sicher nicht zu den wohlhabendsten Studenten, er verstand es aber, sich in guter Gesellschaft ohne falsche Bescheidenheit zu bewegen.

1704 erwarb BERKELEY sein «B. A.» (*Baccalaureus Artium*). Er blieb nun am Trinity College und wartete, daß die Stelle eines

Abb. 4
Trinity College Dublin, Glockenturm.

Fellows (Mitglied des Lehrkörpers) frei werde. Erst im Herbst 1706 wurde eine Stelle vakant, für die sich auch BERKELEY bewarb. Die Zwischenzeit verbrachte er mit eifrigen Studien, die zur gedanklichen Vorbereitung seines gesamten späteren Werkes führten. Außerdem war er als Tutor und Privatlehrer tätig. Im Frühjahr 1707 erschien anonym seine erste Veröffentlichung: *Arithmetica absque Algebra aut Euclide demonstrata cui accesserunt cogitata nonnulla de radicibus surdis, de aestu aeris, de cono aequilatero et cylindro eidem sphaerae circumscriptis, de ludo algebraico et paraenetica quaedam ad studium matheseos, praesertim algebrae* [5].

Die Seiten des Buches sind, wie üblich, von Anfang bis zum Ende mit einer einzigen Paginierung durchgezählt, aber die beigefügten kurzen Betrachtungen werden trotzdem nicht im Sinne eines bloßen Anhangs behandelt, sondern eher wie ein selbständiges Sammelwerk, denn ihnen ist ein eigenes Titelblatt (*Miscellanea mathematica*), das bei der Paginierung übersprungen wird, und eine eigene Widmung an SAMUEL MOLYNEUX vorangesetzt, während die *Arithmetica* WILLIAM PALLISER gewidmet ist. D. W. PALLISER war Sohn des Erzbischofs von Cashel und SAMUEL MOLYNEUX Sohn des irischen Gelehrten WILLIAM MOLYNEUX. Die beiden Adressaten der Widmungen waren Schüler BERKELEYS. Der Kontakt zur Familie MOLYNEUX war für BERKELEY von besonderem Interesse, denn SAMUELS inzwischen verstorbener Vater, WILLIAM MOLYNEUX, hatte nicht nur ein bedeutendes Buch über Optik verfaßt, sondern auch in einer Korrespondenz mit LOCKE diesem ein Problem vorgelegt, das LOCKE dann in die zweite Auflage seines *Essay on Human Understanding* aufnahm, und das als MOLYNEUX-Problem in die Erkenntnistheorie eingegangen ist. BERKELEY hat sich mit dem MOLYNEUX-Problem intensiv beschäftigt. Es wird in seiner Wahrnehmungslehre wiederholt behandelt. In der Widmung der *Miscellanea mathematica* an SAMUEL MOLYNEUX bekennt sich BERKELEY dementsprechend ausdrücklich zu dem großen Einfluß, den der Vater, WILLIAM MOLYNEUX, auf ihn ausgeübt hat.

BERKELEYS erstes Buch zerfällt also faktisch in zwei fast völlig getrennte Teile. Möglicherweise hatte er sie als zwei getrennte Veröffentlichungen geplant, dann aber im Hinblick auf die Fellow-Kandidatur zusammengefaßt, um durch ein umfangreicheres Buch einen größeren Eindruck zu erzeugen. Zur Zeit der Veröffentlichung hatte sich BERKELEY in seinen privaten Notizen (*Philosophisches Tagebuch*) schon recht kritisch über die Infinitesimalmathematiker geäußert. Deswegen wurde ihm später von seinem Herausgeber LUCE [6] unter-

Abb. 5
Trinity College Dublin, Bibliothek (The Long Room).

stellt, er habe in seinem mathematischen Frühwerk versucht, den Verdacht zu zerstreuen, daß er Vorbehalte gegen die Mathematik habe. BERKELEY hatte aber, wie er auch später wiederholt ausdrücklich betont, gar keine Abneigung gegen *die* Mathematik, sondern nur gegen die Infinitesimalmathematik und vor allem gegen die Überheblichkeit der Mathematiker in metaphysischen Angelegenheiten. Es besteht also kein Grund, dieses Frühwerk BERKELEYS als «uneigentliche» BERKELEY-Schrift abzutun oder unbeachtet zu lassen, wie es in der BERKELEY-Forschung leider bisher meistens geschehen ist. Während FRASER immerhin noch den Text mit einigen Anmerkungen versah, ließ LUCE in seiner Ausgabe fast alle für die Lektüre hilfreichen Hinweise weg.

Diese erste Publikation trägt sicherlich einige Züge der Unreife. Sie zeugt von einer recht naiven Mathematikbegeisterung, wie sie BERKELEY später nicht mehr vertrat, ja er bereute, sich in seinen jungen Jahren so geäußert zu haben. Man kann aber aus diesem Frühwerk einiges über BERKELEYS mathematisch-naturwissenschaftliche Bildung erfahren. Neben den beiden ganz großen damals aktuellen Denkern, NEWTON als Physiker und LOCKE als Erkenntnistheoretiker, zitiert BERKELEY vor allem die Mathematiker TACQUET und WALLIS, aber auch DECHALES und den weniger bekannten LAMY. Außerdem läßt sich erkennen, daß BERKELEY wie viele seiner Zeitgenossen nicht auf einen Wissenschaftsbereich beschränkt war. In seiner gesamten Biographie kommen viele verschiedene Tätigkeiten vor, denn er war Mathematiker, Pädagoge, Psychologe, Philosoph, Journalist, Ökonom, Arzt und Bischof. Diese Vielseitigkeit zeigt sich schon in seinen jungen Jahren.

Auch wenn BERKELEY in seinen Aufzeichnungen von 1707/8 notiert, er sei schon mit acht Jahren «mißtrauisch» oder «skeptisch» gewesen, so darf man daraus vielleicht nur schließen, daß er schon früh sehr nachdenklich war. Den größten Schub seiner geistigen Entwicklung erfuhr er jedoch wohl erst während seiner Studienzeit am Trinity College in Dublin, also im ersten Jahrzehnt des 18. Jahrhunderts. Obwohl die Bildung, die das Kilkenny College zu bieten hatte, vorzüglich war, so herrschte doch in Dublin eine Atmosphäre der aufblühenden Großstadt, die durch ihre zahlreichen Anregungen innerhalb und außerhalb des Colleges, der wissenschaftlichen und philosophischen Auseinandersetzung und Weiterbildung sehr förderlich war. Vor allem Dr. GEORGE ASHE, im letzten Jahrzehnt des ausgegangenen Jahrhunderts Direktor des Trinity Colleges, hatte dort dafür gesorgt, daß auch die Auffassungen NEWTONS und

Lockes gelehrt wurden[7]. Ashe war Mitglied der Philosophical Society of Dublin for Promoting Natural Knowledge. Er publizierte u. a. auch Mathematisches, z. B. einen kleinen Artikel in den *Philosophical Transactions* von 1684, in dem er einige Sätze Euklids neu bewies. Für die Beziehung zu Berkeley sind dabei nicht so sehr diese Beweise selbst wichtig als viel mehr einige Merkmale, die Ashes Auffassung von Mathematik zeigen:

1) Ashe hat ein sehr starkes Interesse an der mathematischen Gewißheit und Zweifelsfreiheit[8].
2) Ashes Aufmerksamkeit ist auf die Beweisstrenge und die Euklidische Axiomatik gerichtet[9].

Die mathematische Sicherheit wird von Ashe vor allem darauf zurückgeführt, daß der Gegenstand der Mathematik, nämlich die Quantität, etwas sinnlich Wahrnehmbares sei[10], dessen Vorstellungen (*Ideas*) sich uns täglich in vertrauten Beispielen darbieten.

Diese Auffassung hat allerdings für Ashe wenig spürbare Folgen, wenn er als Kritik an Peletier Euklids Satz I,47 nicht mit Proportionen, sondern mit Kongruenzen beweist, oder wenn er mit algebraischen Mitteln nachweist, daß ein von Comiers gestelltes Problem nichts anderes als das der Würfelverdoppelung ist. Möglicherweise hat sich aber Ashes sensualistischer Zug in der Mathematik auch im Unterricht am Trinity College ausgewirkt. –

Während man in Deutschland noch in der Mitte des 18. Jahrhunderts Philosophen wie z. B. G. F. Meier durch königlichen Befehl anhalten mußte, ein Kolleg über John Locke zu halten[11] – die meisten Professoren beherrschten das Englische nur unzureichend – wurde am Trinity College Dublin eine konfrontierende Mischung aus progressiven und konservativen, antik-scholastischen und modernen Lehrinhalten vermittelt, was auf den jungen Berkeley offenbar sehr anregend gewirkt hat. Hier rezipierten die Studenten also nicht nur die neuesten wissenschaftlichen Lehren, hier konnte Berkeley auch seine eigenen oft unkonventionellen und kritischen Gedanken mit seinen Kommilitonen diskutieren. Auch die religiösen Kämpfe mit den «Freidenkern», die auf dem Kontinent auch als «Starkgeister» (*esprit forts*) bezeichnet wurden, und die politischen Auseinandersetzungen[12] ließen Berkeley nicht unberührt.

Etwa zur selben Zeit, als Leibniz in Herrenhausen seine *Nouveaux Essais*, seine intensive Auseinandersetzung mit Lockes *Essay concerning Human Understanding*, schrieb, um die apriorische Ausstattung unseres Geistes mit rationalen Prinzipien zu verteidigen, studierte in Irland BERKELEY den *Essay* ebenfalls mit großer Aufmerksamkeit, ohne jedoch eine rationalistische Position einzunehmen. Der Sensualismus LOCKES schien BERKELEY im Gegenteil noch nicht konsequent genug gewesen zu sein. Neben dem *Essay* hatte er vor allem Gedanken MALEBRANCHES rezipiert. BERKELEY ging aber in der Erkenntnistheorie seinen eigenen Weg, indem er den Ansatz DESCARTES', nämlich den Ausgang vom denkenden, erkennenden Subjekt in der empiristischen Wendung, die er bei LOCKE erfahren hatte, bis zu einem Immaterialismus weiterdachte, wobei offenbar MALEBRANCHES hypothetische Zweifel an der Existenz der Materie (Außenwelt) Pate gestanden haben. MALEBRANCHE hatte die Existenz nur vorläufig in Zweifel gezogen, um sie dann ähnlich wie DESCARTES auf Gott als den Garanten unserer Erkenntnis der Außenwelt stützen zu können. BERKELEY geht dagegen noch weiter, indem er zu zeigen versucht, daß man die Materie im Erkenntnisprozeß überhaupt nicht benötigt. Wozu sollte der allmächtige Gott die Empfindungen in uns mit Hilfe der Materie hervorrufen, wo er sie doch auch unmittelbar, ohne irgendein Hilfsmittel in uns erzeugen kann? Göttliche Allmacht und sensualistischer Empirismus lassen sich versöhnen und in dieser Allianz gegen den (mechanistischen) Materialismus ins Feld führen. Dieses war der Kerngedanke, der dem jungen BERKELEY irgendwann – vielleicht zu Beginn des Jahres 1707 – gekommen ist. Als er ungefähr im Sommer 1707 anfing, seine wichtigsten philosophischen und wissenschaftlichen Gedanken in einem Heft zu notieren (*Philosophisches Tagebuch*), das ihm als «Zettelkasten» für seine späteren Publikationen diente, sprach er schon von der «immateriellen Hypothese» (Nr. 19), d.h. von der Hypothese, daß es keine vom erkennenden Geist unabhängige Materie gebe. Diese Notizen aus den Jahren 1707/8 lassen erkennen, wie BERKELEY zahlreiche Gedanken variierend durchspielt. Offenbar hat er mit anderen über seine ungewöhnlichen Einfälle diskutiert. Dabei scheint er auf einige, auch persönliche, Kritik gestoßen zu sein. Voll Stolz auf seine Selbständigkeit in der Sache notiert er sich (Nr. 465) zu den Vorwürfen, die ihm andere machen:

> «Ich bin jung, ich bin ein Emporkömmling, ich bin ein Angeber, ich bin eingebildet. Nun gut. Ich werde mich bemühen, unter den erniedrigendsten, schmählichsten Benennungen, die der Stolz und die Wut ersinnen können, geduldig auszuhalten. Aber einer Sache, das weiß ich, bin ich nicht schuldig: Ich setze mein Vertrauen nicht auf die Unterstützung irgendeines großen Mannes. Ich handle nicht aus Vorurteil und Voreingenommenheit heraus. Ich hänge keiner Meinung an, weil sie eine alte,

eine allgemein anerkannte, eine moderne oder eine ist, auf deren Studium und Bearbeitung ich viel Zeit verwendet habe.»

BERKELEY hat viel Standfestigkeit nötig, denn er hat sich nicht nur mit den Philosophen angelegt, die von der Existenz einer selbständigen Materie überzeugt sind, sondern er übt gleichzeitig eine heftige Kritik an der herkömmlichen Mathematik. Diese Kritik richtet sich auf zwei Punkte, die für BERKELEY nicht ganz unabhängig voneinander sind:

1) Die Objekte der Mathematik sind nicht abstrakte Entitäten. Als ein an LOCKE geschulter Sensualist lehnt BERKELEY alle abstrakten, selbständig gedachten Dinge ab. In dieser Frühphase versucht BERKELEY, die gesamte Mathematik auf sinnlich wahrnehmbare Dinge zurückzuführen. Die sinnlich nicht wahrnehmbaren Objekte der klassischen Geometrie (Punkte, Geraden) entfallen. Die Geometrie und alle anderen Teile der Mathematik müssen neu aufgebaut werden.
2) Unendliche Objekte können nicht sinnlich angeschaut werden, also erweisen sich für BERKELEY auch die Grundbegriffe der damals neuen Infinitesimalmathematik als unsinnig. Eine unendlich kleine Größe ist für BERKELEY nichts anderes als nichts. Leute, die sich mit solchen Nichtsen abgeben, werden von ihm «Nihilarians» genannt. LEIBNIZ argumentierte im Gegensatz dazu, daß 100 000 Einzelwellen ein Geräusch ergeben, obwohl eine einzelne nicht zu hören ist. Er läßt sich also durch den Einwand «100 000 Nichtse ergeben kein Etwas» nicht erschüttern[13].

Mit diesen beiden Kritikpunkten greift BERKELEY wichtige Probleme der mathematischen Grundlagendiskussion überhaupt auf: Welchen ontologischen Status haben mathematische Objekte? In welchem Sinne kann es abstrakte mathematische Objekte geben? Welche Stellung hat das Unendliche in der Mathematik? Was sollen infinitesimale Größen bedeuten? Läßt sich die Analysis sinnvoll begründen? Offenbar hat BERKELEY mit anderen über seine ungewöhnlichen Einfälle diskutiert, wobei ihm wohl wegen seiner Unnachgiebigkeit, mit der er seine paradoxen Ansichten vertrat, Arroganz vorgeworfen wurde. Man kann auch erkennen, daß er seine Publikationen als geschickten Angriff auf seine Gegner plant. Er nimmt sich vor, ihnen gegenüber in einer ganz bestimmten Weise aufzutreten (Nr. 300, 713, 715).

Während seiner Zeit am Trinity College war BERKELEY Teilnehmer einer kleinen wissenschaftlichen Gesellschaft, die damals

Abb. 6
ISAAC NEWTON, nach einem Gemälde von GODFREY KNELLER.

entstand. Möglicherweise hat er selbst diese Vereinigung gegründet, jedenfalls findet man in seinem Notizbuch, in dem vor allem das *Philosophische Tagebuch* enthalten ist, Statuten einer Gesellschaft, die am 10. Januar «1705» (=1706 unserer Zeitrechnung) festgesetzt wurden. Die Mitgliederzahl war auf acht beschränkt, worunter es einen Präsidenten, einen Schatzmeister, einen Sekretär und einen Betreuer der Raritätensammlung gab. Man traf sich jeden Freitagnachmittag, um ein Thema aus irgendeinem Wissensgebiet zu diskutieren. Im Anschluß daran sollten jeweils neue Erfindungen, Ideen und Beobachtungen der Mitglieder besprochen werden. Am 7. Dezember desselben Jahres wurden wieder Statuten einer Gesellschaft festgesetzt, die sich donnerstags traf. Vielleicht handelte es sich um eine Neugründung, vielleicht aber auch nur um eine Satzungsänderung. Die Funktion BERKELEYS bei diesen Unternehmungen ist nicht ganz klar, man weiß auch nicht, welches Amt er dabei innehatte. Nur die zweite Satzung ist von seiner Hand geschrieben, doch beide stehen in seinem Notizbuch. Jedenfalls dürfte auch sein jüngerer Freund SAMUEL MOLYNEUX beteiligt gewesen sein, denn die beiden Beiträge BERKELEYS, die uns erhalten sind – die Beschreibung der Tropfsteinhöhle von Dunmore und der Vortrag vom Unendlichen – fanden sich zusammen mit Abhandlungen von anderen Teilnehmern unter den hinterlassenen Papieren MOLYNEUX', der vielleicht der Sekretär der Gesellschaft war.

2 Die ersten philosophischen Publikationen

Unter BERKELEYS Publikationen verdient der *Versuch über eine neue Theorie des Sehens* (1709) vor allem deswegen besondere Beachtung, weil es die erste auch später noch oft zitierte Publikation ist, denn seine *Arithmetica* erschien zwar früher, blieb aber fast unbekannt. Die Schrift über das Sehen war im Vergleich zu den anderen Schriften BERKELEYS weniger umstritten, außerdem fand sie auch über den engeren Bereich der Philosophie hinaus Anerkennung. Das liegt nicht nur an der Sache selbst, sondern auch an der vom Autor bewußt verfolgten Strategie, seine Ansichten nicht in ihrer vollen Radikalität zu äußern. Er hielt sich deswegen mit seiner Immaterialismusthese noch zurück und breitete sie erst in den ein Jahr später erschienenen *Prinzipien der menschlichen Erkenntnis* aus. Auch die im Wesentlichen schon konzipierte Kritik an der Infinitesimalmathematik bringt er noch nicht zur Sprache, weil sie für die Theorie des Sehens nicht unmittelbar erforderlich ist. Und doch werden auch in diesem Werk allgemeine Ansichten zur Mathematik geäußert, allerdings eher am Rande.

Wenn in § 24 festgestellt wird, daß die Konklusion in mathematischen Beweisen aus den Prämissen mit Notwendigkeit hervorgehen müsse, so mag man das als eine Trivialität ansehen, und doch ist es gerade dieser Punkt, den BERKELEY Jahrzehnte später in der *Analyst*-Kontroverse den Mathematikern als unerfüllte Forderung vorhält. Auch ein zweiter Punkt, der in der Auseinandersetzung um den *Analyst* heftig diskutiert wird, findet sich schon in der Schrift über das Sehen. Es ist BERKELEYS Ablehnung der Auffassung, Geometrie habe es mit abstrakten allgemeinen Dingen zu tun (§ 124f.). Er knüpft dabei kritisierend an LOCKES Lehre an, die besagt, wir müßten das allgemeine Dreieck durch Abstraktion bilden, und dieses abstrakte allgemeine Dreieck sei dann weder spitzwinklig noch rechtwinklig und auch nicht stumpfwinklig. Der empiristisch denkende BERKELEY lehnt ein solches abstraktes Ding ab, denn ein Dreieck müsse eine der drei genannten Eigenschaften besitzen. Ihm scheint der Begriff des abstrakten allgemeinen Dreiecks in sich widerspruchsvoll zu sein. Andererseits hält BERKELEY an der aristotelischen Auffassung fest, daß Wissenschaft immer auf das Allgemeine ausgehe. Er muß also, da er Wissenschaft für möglich hält, erklären, wie es Allgemeinheit ohne Abstraktion geben kann. In der Schrift über das Sehen vertröstet der Autor den Leser diesbezüglich auf noch erscheinende Publikationen. Und das Versprechen wird auch tatsächlich schon ein Jahr später in der Einleitung zu den *Prinzipien* durch die dort dargelegte Repräsentationslehre eingelöst. Allgemeinheit kommt dadurch zustande, daß *ein* bestimmtes *konkretes* Individuum als Repräsentant für jedes beliebige konkrete Individuum einer Gesamtheit steht, ohne daß es damit zu einem «abstrakten» Objekt wird. Die zugehörige Diskussion wird in der *Analyst*-Kontroverse zwischen JURIN und BERKELEY wieder aufgegriffen, wobei JURIN ausdrücklich auf die Schrift über das Sehen (§ 125) verweist [14].

Eine in der Schrift über das Sehen besonders häufig auftauchende Frage ist die nach der Beziehung der Mathematik zur Realität, insbesondere im Rahmen der geometrischen Optik. BERKELEY geht dabei nicht von der Mathematik aus und fragt dann nach ihrer Anwendung. Für ihn ist die Realität das Primäre, und er fragt, wie genau sie von der Mathematik erfaßt werde. Dabei kommt er zu dem paradoxen Ergebnis, daß die Mathematik sehr ungenau sei [15]. Insofern die Mathematik bei ihrer Anwendung nur das Mathematisierbare aufgreift – vor allem durch «Vereinfachung» der Realität –, stimmen ihre Ergebnisse nicht genau mit der Wirklichkeit überein, d.h. aber gemäß der klassischen Auffassung der Wahrheit als der Übereinstimmung zwischen Sache und Begriff bzw. Aussage[16], daß die mathematischen Begriffe und Aussagen strenggenommen falsch sind (§ 38). Diese Feststellung trifft BERKELEY in dieser Schrift spe-

Abb. 7
JOHN LOCKE. Stich nach einem Gemälde von GODFREY KNELLER.

ziell im Hinblick auf die geometrische Optik, weil sie die Assoziationen und Gewohnheiten, die die Wahrnehmungen komplexer Dinge mitbestimmen, unberücksichtigt läßt. Eine solche Wissenschaft kann daher nur zu «mathematischen Hypothesen» führen, denen nichts in der Natur der Dinge entspricht. Jedenfalls gebe es, so BERKELEY, keine «natürliche» [d.h. der Natur entsprechende] Geometrie[17].

Eine der wichtigsten Thesen in BERKELEYS Theorie des Sehens ist die von der Heterogenität zwischen den unmittelbaren Wahrnehmungen mit dem Auge und den Wahrnehmungen mit dem Tastsinn. Die rein optischen Phänomene sind z. B. nicht dreidimensional und die Wahrnehmungen des Tastsinns sind nicht farbig. BERKELEY wirft im Anschluß daran die Frage auf, worauf sich denn die Aussagen der Geometrie beziehen, nämlich auf die Objekte des Gesichts- oder die des Tastsinns. Dabei wird deutlich, daß ihm – wie auch seinen Zeitgenossen – die Vorstellung von mehreren Geometrien noch fehlt. BERKELEY kommt daher zur Antwort, daß sich *die* Geometrie – und das ist für BERKELEY wie für seine Zeitgenossen die EUKLIDische – nur auf die Objekte des Tastsinns beziehen könne, denn die Objekte des Gesichtssinns haben keine dritte Dimension (§ 154), und mit ihnen alleine ist, wie BERKELEY meint, der Begriff der Kongruenz nicht zu gewinnen, ja nicht einmal der Begriff der Ebene (§§ 155–158), wobei er noch gar nicht das von seinen Nachfolgern hinzugesetzte Argument verwendet, daß die Retina als Kugelfläche keine Eben abbilden könne. BERKELEY bleibt hier ebenso wie auch G. SACCHERI und J. H. LAMBERT in der ihnen selbstverständlich erscheinenden Überzeugung befangen, daß es nur darum gehe, *die* Geometrie anzuwenden bzw. weiterzuentwickeln, in einer Auffassung also, von der auch KANT nicht frei war. Dagegen hatte THOMAS REID, der Philosoph der schottischen Schule des Commonsense, bereits 1764 in Fortführung des BERKELEYschen Ansatzes explizit behauptet, daß es zwei Geometrie*n* gebe: eine für die Objekte des Tastsinns, nämlich die bekannte EUKLIDische, und eine für die Objekte des Gesichtsinns, die allerdings nicht euklidisch sei[18]. Diese «Geometrie des Sichtbaren» entwickelt REID aus BERKELEYS Modellvorstellung von einem Geist, der – was seine Sinneswahrnehmung angeht – «ganz Auge» ist. Es ergibt sich (für ein einzelnes Auge) eine elliptische Geometrie, die isomorph zur Geometrie auf der Kugeloberfläche ist. REIDS entscheidender Schritt ist, daß er hierin eine eigene Geometrie *neben* der EUKLIDS sieht und sie nicht mehr als teil *der* Geometrie betrachtet. Seit 1764 gibt es Geometrie*n*. BERKELEY hat diesen Schritt zwar wesentlich vorbereitet, aber ihn nicht selbst vollzogen.

Die Schrift über das Sehen von 1709 enthält zwar wichtige Gedanken BERKELEYS, sie war aber doch auch so etwas wie eine Vorbereitung der Leserschaft auf eine zentrale philosophische Aussage BERKELEYS, nämlich seine Lehre vom Immaterialismus. In der Theorie des Sehens wird nur bestritten, daß man alleine mit dem Gesichtssinn die Realität erfassen könne, denn dazu sei der Tastsinn erforderlich. Erst in seinen *Prinzipien der menschlichen Erkenntnis* rückt der Autor mit seiner vollen Überzeugung heraus, daß Realität in nichts anderem bestehe als im Wahrgenommenwerden, so daß auch die Gegenstände des Tastsinns nichts als Vorstellungskomplexe seien. Man wird nicht sagen können, daß BERKELEY jenes erste Buch gleichsam zu Testzwecken veröffentlicht habe, denn dazu erschien das zweite viel zu schnell nach dem ersten.

Die erste Auflage der Schrift über das Sehen war zu klein – offenbar versprach sich der Verleger keinen großen Erfolg mit einem Buch von einem jungen unbekannten Gelehrten. Noch im selben Jahr wurde die zweite Auflage mit gewissen Korrekturen vorbereitet. Gleichzeitig kamen die *Prinzipien* zum Druck. Diese schnelle Publikationsfolge war nur möglich, weil der Autor «aus dem Vollen schöpfte». Er hatte in seinem *Philosophischen Tagebuch* eine umfangreiche Sammlung von Gedanken, auf die er zurückgreifen konnte, und er war von seiner neuartigen Lehre «besessen». Ende Juni 1710 konnte BERKELEY seinem Freund PERCIVAL das Erscheinen seines neuen Buches melden, das den ersten Teil seines philosophischen Systems, die Erkenntnistheorie, enthielt [19]. Wie seine anderen Schriften stand auch das erkenntnistheoretische Werk im Dienste der Theologie. Das bedeutet: BERKELEY hatte das Ziel, Gottes Existenz und seine Attribute, die Unsterblichkeit der Seele und die Vereinbarkeit seines Vorherwissens mit der menschlichen Freiheit zu untermauern. Das heißt aber nicht, daß er seine Philosophie auf religiöse Glaubenssätze gründen wollte. Das Ergebnis ist dann zwar nicht ganz frei davon, aber große Teile seiner Philosophie sind völlig unabhängig von religiösen Voraussetzungen.

Die *Prinzipien der menschlichen Erkenntnis* sind BERKELEYS erkenntnistheoretisches Hauptwerk. Hierin versucht er, seine wichtigste philosophische Überzeugung zu begründen und zu erläutern: Ohne Wahrnehmung gibt es keine objektive Erkenntnis. Das Sein der Erkenntnisobjekte besteht nur in ihrem Wahrgenommenwerden. SCHOPENHAUER faßt diesen Gedanken später in die Worte: «Kein

Objekt ohne Subjekt». Die einzigen Dinge, deren Sein nicht im Wahrgenommenwerden besteht, sind die wahrnehmenden Subjekte selbst. Der Geist nimmt wahr, aber er wird nicht wahrgenommen. Der Hauptsatz BERKELEYS («Sein ist Wahrgenommenwerden oder Wahrnehmen») verknüpft die Erkenntnistheorie eng mit der Ontologie, also der Lehre von dem, was es überhaupt gibt und geben kann. Die darin ausgedrückte Position wurde oft für lächerlich oder absurd gehalten, doch erscheint die entgegengesetzte Position vielleicht ebenso lächerlich und absurd, wenn man sie ausformuliert. Sie lautet dann nämlich: Es gibt etwas, von dem wir schlechterdings nichts wissen und nichts wissen können. Nun gibt es allerdings noch eine dritte Position, die besagt, daß es etwas geben *könnte*, von dem wir nichts wissen können. Die Schwäche BERKELEYS *und* seiner Gegner lag darin, daß sie diese Ansicht unberücksichtigt ließen. Wie schwer sie zu fassen ist, zeigt sich darin, daß KANT sie zwar entdeckte[20], aber sie mit der Behauptung, daß es solche Dinge gebe (nicht nur geben könne), schon wieder verließ.

Sieht man einmal von den Konsequenzen des BERKELEYschen Hauptsatzes für die erkennenden Subjekte (Geister) ab, so ergeben sich vor allem für die Wissenschaften empiristische Beschränkungen. Erklärungen können dann nicht mehr durch Berufung auf obskure Qualitäten und Kräfte erfolgen, sondern müssen sich auf die wahrnehmbare Realität stützen. Insofern war BERKELEY ein «Realist», der aber die Realität auf das Wahrnehmbare beschränkte. Er hatte zeit seines Lebens gegen die Unterstellung zu kämpfen, für ihn werde die Welt zur bloßen Illusion. Wie hätte auch ein Mensch wie er, der ja gegen viele Widrigkeiten anzukämpfen hatte, der die Stürme auf der See und in der Politik selbst erlebte und auch zahlreiche Enttäuschungen durchstehen mußte, nicht zwischen Illusion und Realität unterscheiden können?

Selbst von SAMUEL JOHNSON, dem Freund BERKELEYS, der diese spitzfindige Philosophie doch besser kennen mußte, wird berichtet, er habe 1763 in einem Gespräch über BERKELEYS Versuch, «die Welt der Dinge als unwirklich zu erweisen, als nur in unserer Vorstellung vorhanden», auf die Bemerkung seines Gesprächspartners, daß man zwar von der Falschheit der Lehre überzeugt sei, sie aber nicht widerlegen könne, mit einem Tritt gegen einen Stein geantwortet und gesagt: «Das widerlege ich *so*»[21]. Eine solche Widerlegung besagt natürlich gar nichts gegen BERKELEY, denn dieser hatte ja gerade die Realität des von JOHNSON gespürten und gesehenen Steines gelehrt. Das Mißverständnis der BERKELEY-Interpreten, wie es in dieser Anekdote zum Ausdruck kommt, ist aber sehr hartnäkkig, und noch in unseren Tagen wird entsprechender Unsinn über Berkeley verbreitet[22].

Aus der Beschränkung der Wissenschaft auf das Wahrnehmbare ergibt sich auch Berkeleys Ablehnung einer mit abstrakten oder unendlichen Dingen arbeitenden Mathematik. Er greift die wegen ihrer Sicherheit und Klarheit so hochgepriesene Disziplin an (§§ 118ff.), indem er zu zeigen versucht, daß dabei die Fachleute ebenso wie die Laien in Irrtümern befangen seien, weil sie die Grundlagen oder Prinzipien ihrer Wissenschaft nicht genügend analysiert haben. Es genüge nicht, nur bis zum Begriff der Quantität vorzudringen, man müsse vielmehr darüber hinaus bis zu den allgemeinen Prinzipien (*transcendental maxims*) weitergehen. Er versteht hier unter «Irrtum» den Glauben an die abstrakten allgemeinen Vorstellungen. Im Unterschied zu seiner späteren Mathematikkritik betont er in dieser Frühschrift noch, daß er die Aussagen und Ableitungen [!] der Mathematiker nicht in Zweifel ziehe, sondern nur ihre unausgesprochenen Voraussetzungen kritisiere.

Abstrakte Zahlenspekulationen werden als komplizierte Spielereien (*difficiles nugae*) abgetan, nachdem der Autor noch drei Jahre zuvor den hohen Bildungswert mathematischer Spielereien gelobt hatte. Leibniz, der ja gewisse Neigungen zu zahlenmystischen Spekulationen hatte, mußte sich durch die empiristische, anwendungsbezogene Auffassung Berkeleys herausgefordert fühlen. Dementsprechend hat er u.a. diese Stelle in Berkeleys Buch angestrichen. Die Arithmetik bekommt bei Berkeley eine bloß instrumentelle Funktion, sie beschäftigt sich mit Zeichenbeziehungen, die sich nicht auf die Dinge selbst beziehen. Während er in anderen Punkten seiner Philosophie, vor allem in seinen späten Schriften, Platon große Bewunderung zollt, wendet er sich hier von allen pythagoreisch-platonistischen Auffassungen der Zahlen als wesentlicher, konstituierender Bestandteile unserer Welt oder der Natur der Dinge ab.

Arithmetik muß immer anwendungsbezogen bleiben, sie hat rein instrumentellen Charakter und sollte nicht als rein theoretische Spielerei betrieben werden. Weder die Einheit (Eins) noch die Zahl – aufgefaßt als Zusammenfassung von Einheiten – ist etwas, was in der Gegenstandswelt vorgefunden wird oder durch Abstraktion aus ihr herausgezogen werden kann. Zahlen sind nach Berkeley wie Wörter und Zeichen nur Hilfsmittel. Um dies zu zeigen, verweist er auf die «Mathematikgeschichte», d.h. auf die historische

Entwicklung des Zahlbegriffs, die damit begonnen habe, daß die Menschen als Merkzeichen einzelner Dinge (Einheiten) andere Dinge (Rechenmarken, Striche, Punkte und dergleichen) verwendeten (§ 121). Dann erfanden sie Abkürzungen, d.h. ein Zeichen für mehrere Einheiten und schließlich die arabischen bzw. indischen Zahlzeichen mit dem Positionssystem. Dabei, so meint BERKELEY, habe die Buchstabensprache wohl als Vorbild gedient. Der Vergleich mit der Sprache geht bis in die Kritik hinein: Reine Arithmetik wäre ebenso sinnlos wie bloße Wortspielerei. Zahlen haben nur in ihrer möglichen Bezeichnungsfunktion in Bezug auf konkrete Dinge Sinn.

Bei seinen Gedanken zu den Zahlzeichen und dem Positionssystem konnte sich BERKELEY auf seine früheren Überlegungen im Rahmen der *Arithmetica* zurückgreifen, ohne sie jedoch zu zitieren, denn inzwischen hatte sich seine Einstellung zur Mathematik doch stark verändert, so daß er nicht an seine Erstlingsschrift erinnern wollte.

Die §§ 123–132 der *Prinzipien* sind der Geometrie gewidmet. BERKELEY hält sich aber nicht mit allgemeinen Überlegungen auf, sondern geht sofort auf sein Ziel los: die unendliche Teilbarkeit endlicher Ausdehnung. Sie wird, so meint BERKELEY in wissenschaftsgeschichtlicher Naivität, von den Mathematikern unausgesprochen, stillschweigend und ohne irgendeinen Zweifel vorausgesetzt[23]. Mit Recht verweist er darauf, daß der ungebildete Mensch von den Mathematiklehrern erst mühsam dazu gebracht werden muß, die unendliche Teilbarkeit endlicher Größen zu akzeptieren, die nach Ansicht BERKELEYS die Wurzel so vieler Paradoxien ist[24].

Die philosophischen Kritiker BERKELEYS haben ihm vorgeworfen, daß er mit seinem Satz von der Identität des Seienden mit dem Wahrnehmbaren und der Leugnung einer von jedem Geist losgelösten Realität der bloßen Einbildung freien Lauf lasse, doch zeigt sich gerade in seiner Kritik an der unendlichen Teilbarkeit, daß sein philosophisches Prinzip durch die feste Bindung an die Wahrnehmbarkeit viel eher der Ruf zur «handfesten» Realität bedeutet. BERKELEY pocht darauf, daß wir in einer endlichen Ausdehnung (z. B. einer Strecke) nur endlich viele Teile wahrnehmen, ja nur endlich viele Teile vorstellen können. Und demgemäß leugnet er, daß es darin unendlich viele Teile gibt. Der Glaube an die unendliche Teilbarkeit einer einzigen Strecke beruht darauf, daß der Repräsentationsprozeß, bei dem diese für eine größere und daher weiter teilbare stehen kann, beliebig fortsetzbar ist. «So etwas wie den zehntausendsten Teil eines Zolls gibt es nicht, wohl aber den einer Meile oder des

Erddurchmessers, für die jener Zoll ein Zeichen [Repräsentant, Modell] sein kann» (§ 127). Mit Rücksicht auf diese Abbildungsfolge kann man dann auch so reden, «als ob» eine Strecke unendlich viele Teile enthielte, doch eben nur im Sinne des potentiell Unendlichen.

NIEUWENTIJTS Kritik an den Differentialen höherer Ordnung, die BERKELEY in seinem Vortrag *Vom Unendlichen* zitiert hatte, erwähnt er hier in den *Prinzipien* auch, aber ohne Namensnennung (§ 130). Auch diese Kritik an der Differentialrechnung geht ihm noch nicht weit genug. Gleichzeitig betont er, daß seine Haltung anwendungsorientiert sei, denn nichts von dem, was praxisrelevant sei, gehe verloren. Für eine Ausführung dieses Gedankens verweist er unbestimmt auf eine besondere Untersuchung, die noch anzustellen sei. BERKELEY hatte also wohl schon damals (1710) so etwas vor, wie er es dann im *Analyst* 1734 ausführte. Wie auch schon in seinem Vortrag von 1707, bezieht er sich in seiner Kritik explizit nicht nur auf den Differentialkalkül von LEIBNIZ, sondern auch auf NEWTONS Fluxionsrechnung.

BERKELEY war sich dessen bewußt, daß die Rezeption in Dublin noch nicht die Rezeption in der Welt bedeutete, deswegen interessierten ihn die Reaktionen der Gelehrten in London, doch London reagierte eben wie die Welt: Man machte sich über das Buch lustig, ohne es gelesen zu haben. Das berichtete jedenfalls Freund PERCIVAL am 26. August 1710 aus London:

> «Ein Arzt aus meiner Bekanntschaft gab eine Beschreibung Ihres Zustandes und folgerte, daß Sie geisteskrank seien und Medikamente nehmen müßten.»[25]

Vielleicht ist es für den emotionalen Hintergrund im Hinblick auf die späteren Kontroversen nicht unwichtig zu bemerken, daß es ausgerechnet ein Arzt war, der über BERKELEYS Werk spottete, denn in den Auseinandersetzungen um den *Analyst* und in denen um das Teerwasser war einer der Hauptgegner BERKELEYS der Arzt JURIN. Selbst Graf PEMBROKE, dem das Buch gewidmet war, ließ sich den Glauben an die Existenz der Materie nicht nehmen, ging aber auf BERKELEYS Bitte um eine Korrespondenz über einzelne Fragen nicht ein. Als BERKELEY erfuhr, daß SAMUEL CLARKE und WILLIAM WHISTON, zwei Theologen, untereinander über sein Buch sprachen, bat er sie schriftlich um ihre genauen Einwände, sie lehnten es aber ab, ihm zu antworten. Die BERKELEY-Rezeption ist deswegen so merkwürdig, weil im Laufe der Geschichte mehrere namhafte Leser zugeben, daß sie den Immaterialismus nicht widerlegen können, daß sie ihn aber für falsch oder absurd halten. Auf beiden Seiten stehen sich eben metaphysische Thesen «immun» gegenüber.

Zu den Vorwürfen gegen BERKELEY gehörte auch der, daß dieser junge Mann dies alles nur aus Geltungs- und Neuerungssucht geschrieben habe. Ähnliche Vorwürfe wurden BERKELEY wohl auch schon im Rahmen des Trinity College gemacht, und ähnlich klingt das, was LEIBNIZ in einem Brief an DES BOSSES schreibt. Auch im Rahmen der späteren *Analyst*-Kontroverse taucht eine derartige Einordnung wieder auf.

BERKELEY mag vom Mißerfolg seines Werks enttäuscht gewesen sein. Hätte er in die Zukunft sehen können, so hätte er sich mit den entsprechenden Erfahrungen von KANT (*Kritik der reinen Vernunft*), SCHOPENHAUER (*Die Welt als Wille und Vorstellung*) oder WITTGENSTEIN (*Logisch-philosophische Abhandlung*) trösten können. Er ließ sich jedenfalls nicht entmutigen, sondern versuchte, die Kerngedanken seines Immaterialismus leichter verständlich darzustellen. So entstanden die *Drei Dialoge zwischen Hylas und Philonous*.

3 London, Italienreisen

Im Januar 1713 verließ BERKELEY zum ersten Mal Irland und ging nach London. In den folgenden acht Jahren kam er nur 1715 für kurze Zeit nach Irland zurück. Der Wechsel von Dublin nach London bedeutete einen Wechsel aus dem Bereich der Gelehrsamkeit in die Welt der Gelehrten. Diese Stadt war neben Paris das bedeutendste Zentrum in Europa und erreichte gerade einen Höhepunkt seiner kulturellen Entwicklung. Während der kurzen Regierungszeit der Königin ANNA war London zu einem Mittelpunkt der Schriftsteller und Wissenschaftler geworden. Hier wurden in den Jahren 1711 bis 1714 hervorragende Werke publiziert. England demonstrierte, daß es auf diesem Kultursektor mit dem französischen Konkurrenten Schritt halten konnte. Hier in London trafen sich ADDISON, ARBUTHNOT, POPE, STEELE, SWIFT und viele andere.

Warum reiste BERKELEY nach London? Es war vor allem eine Bildungs- und Forschungsreise, auf der er bedeutende Menschen kennen lernen und seinen geistigen Horizont erweitern wollte. Außerdem wollte er seinen Gesundheitszustand verbessern und sein neues Buch, die *Three Dialogues between Hylas and Philonous*, in London publizieren. Es war in gewisser Hinsicht eine «Missionsreise», um seine Gedanken unter den Gelehrten Englands zu verbreiten. Auch wenn BERKELEY selbst es abstreitet, so wollte er vielleicht doch auch Vorteile für seine berufliche Laufbahn gewinnen. Zunächst wollte BERKELEY nur ein paar Monate von Dublin wegbleiben, doch dann wurden Jahre daraus. In jedem Falle war es eine Zeit der lebendigsten geistigen Auseinandersetzung. In der Londoner Gesellschaft hatte der junge Ire großen menschlichen Erfolg. A. A. LUCE schrieb darüber, daß BERKELEY «kam, sah und siegte»[26]. Seine liebenswürdige Art, seine Gewandtheit in der Unterhaltung und seine sachlich bestimmte, aber doch freundliche Art des Auftretens öffneten ihm viele Türen. In den mehr oder weniger gelehrten Gesprächen war dieser Theologe, der bereits vier Bücher publiziert[27] und das fünfte zum Druck in der Tasche hatte, meistens beliebt. Weniger durch seinen eher belächelten Immaterialismus als durch seine Gelehrtheit und seinen lebhaften Charme im Umgang mit anderen Menschen galt er als angenehmer Gesprächspartner.

Durch seinen Kollegen und Freund SWIFT, den satirischen Autor von *Gulliver's Travells*, hatte BERKELEY Zugang zu den kulturellen Kreisen Londons gewonnen. Diese Begegnungen waren wohl nicht frei von politischen Diskussionen, gingen aber über die Trennung in die beiden Lager der Whigs und Tories hinweg, so wie BERKELEY auch mit einem seiner besten Freunde, PERCIVAL, bezüglich der beiden politischen Parteien durchaus nicht immer einer Meinung war. Während der in Irland lebende PERCIVAL mit den Whigs sympathisierte, neigte der damals in London lebende BERKELEY mehr den Tories zu, denn er war an der protestantischen Thronfolge (Haus Hannover) stark interessiert, war also ein «Hannoveranischer Tory». Am 16.4.1713 schrieb BERKELEY aus London an PERCIVAL u.a., daß er mit Dr. ARBUTHNOT gegessen habe.

> «Dieser Dr. ARBUTHNOT ist der erste Proselyt, den ich mit meiner Abhandlung machte, die ich zum Druck hierher mitgebracht habe, und die bald gedruckt wird. Von seinem gewitzten Verstand findet man ein Beispiel in seiner *Kunst der politischen Lüge* und in den Abhandlungen von *John Bull*, deren Autor er ist. Er ist auch der Leibarzt der Königin und steht beim ganzen Hof in hohem Ansehen. Ebenso ist er wegen seiner Gelehrsamkeit zu schätzen, da er ein großer Wissenschaftler ist und unter die ersten Mathematiker unserer Zeit gerechnet wird. Außerdem besitzt er einen ungewöhnlich tugendhaften und rechtschaffenen Charakter.»[28]

ARBUTHNOT, der Naturwissenschaftler und Mediziner, war aber vom Immaterialismus wohl keineswegs so überzeugt, wie man aus BERKELEYS Brief lesen könnte, sondern war nur – wie so viele andere auch – gezwungen einzugestehen, daß er auf BERKELEYS scharfsinnige erkenntnistheoretisch begründete Ontologie nichts erwidern konnte. In der philosophischen Diskussion mit BERKELEY mußte ARBUTHNOT zwar den Kürzeren ziehen, war aber wohl doch nicht zu einem Anhänger BERKELEYscher Philosophie geworden, denn in einem Brief vom 19.10.1714 an SWIFT macht er sich über BERKELEYS Immaterialismus lustig:

> «Der arme Philosoph BERKELEY hat jetzt wieder die Vorstellung der Gesundheit, die nur sehr schwer in ihm hervorzurufen war, denn er hatte eine so starke Vorstellung von einem merkwürdigen Fieber in sich, daß es sehr schwer war, diese durch Einführung der entgegengesetzten zu vernichten.»[29]

Dementsprechend mußte sich BERKELEY in einem Brief an PERCIVAL (7.8.1713) korrigieren:

> «Was Sie über Dr. ARBUTHNOT schreiben, daß er nicht meiner Meinung sei, so ist es wahr, daß es in Bezug auf gewisse Begriffe, die die Notwendigkeit der Naturgesetze betreffen, eine gewisse Differenz zwischen uns gibt, aber das berührt nicht den Kernpunkt, nämlich die Nichtexistenz dessen, was die Philosophen ‹materielle Substanz› nennen. Gegen diesen Punkt kann er, wie er zugegeben hat, nichts erwidern.»[30]

Leider weiß man nichts Genaueres über die Diskussionen zwischen BERKELEY und ARBUTHNOT zur Notwendigkeit der Naturgesetze. Es dürfte sicher ein lebhaftes Gespräch gewesen sein, denn ARBUTHNOT war von der Bedeutung der Statistik überzeugt und hatte die wahrscheinlichkeitstheoretische Abhandlung von HUYGENS über das Würfeln ins Englische übersetzt. ARBUTHNOT versuchte, die Wahrscheinlichkeitsrechnung auch in der Medizin anzuwenden, und zog sogar theologische Schlüsse aus seinen statistischen Erhebungen[31]. Anders als ARBUTHNOT hat LEIBNIZ in einer Auseinandersetzung mit JAKOB BERNOULLI (April 1703–Nov. 1704) eine Erfahrungswahrscheinlichkeit ausdrücklich abgelehnt, weil eine solche empiristische Begriffsbildung seinem rationalistischen Denken widersprach[32]. Da zwischen BERKELEY und ARBUTHNOT kaum ein solcher Gegensatz bestanden hat, wäre es interessant gewesen zu wissen, worin sie verschiedener Meinung waren. ARBUTHNOT gehörte zusammen mit THOMAS BURNET, EDMUND HALLEY und anderen dem von der Royal Society 1712 eingesetzten Untersuchungsausschuß zum Prioritätsstreit zwischen NEWTON und LEIBNIZ bezüglich der Entdeckung des Infinitesimalkalküls an. Er war wohl kein besonders origineller Mathematiker und wird in dieser Hinsicht wohl von BERKELEY überschätzt, doch erkannte er offenbar die große Bedeutung der zu seiner Zeit im Entstehen begriffenen Wahrscheinlichkeitsrechnung und muß als ein früher Vertreter der statistischen Sozialwissenschaft gelten. Arbuthnot stand mit Berkeley über mehrere Jahre hin in Kontakt und hat dessen Publikation von der Beschreibung des Vesuvausbruchs von 1717 in den *Philosophical Transactions* vermittelt. Da scheint es geradezu unwahrscheinlich, daß sich die beiden Gelehrten nicht auch über die Infinitesimalmathematik und ihre Grundlagen unterhalten haben sollten, doch findet sich nirgends eine Erwähnung darüber.

Berkeley rief durch seine Kritik an geläufigen Auffassungen seinerseits auch viel Kritik hervor, doch behauptete er seine Überzeugungen seinen Gegnern gegenüber standhaft. Trotz solcher harten Auseinandersetzungen in der Sache behielt er immer den Ruf, ein liebenswürdiger, aufrichtiger Mensch zu sein. Wie seine Frau später einmal an ihren Sohn schrieb, konnte nicht einmal der scharfzüngige Swift etwas Schlechtes über Berkeley sagen.

In London lernte Berkeley auch den Zeitschriften-Herausgeber Richard Steele kennen. Dieser kam selbst aus Dublin und gab die bis Ende 1712 erscheinende Zeitschrift *Spectator* heraus. Steele war wohl kein besonders gelehrter und intelligenter Mann, aber als einer, der sich mit der Literatur befaßte, kannte er auch Berkeleys Bücher und begegnete diesem mit Interesse. Als Berkeley in London ankam, war zwar das Erscheinen des *Spectator* schon eingestellt, aber Steele plante schon eine neue Zeitschrift, den *Guardian*, wozu er auch Berkeley heranzog. Das erste Heft erschien im März 1713, das letzte im Oktober. Berkeley steuerte in dieser Zeit immerhin zwölf Artikel bei. Diese Beiträge haben vorwiegend religiöse und moralphilosophische Inhalte, gehören also zu Bereichen, die Berkeley in seinen bisher erschienenen Büchern noch nicht explizit behandelt hatte. Er greift vor allem die im ersten Jahrzehnt des 18. Jahrhunderts stark gewordenen Freidenker an. Der Kampf gegen sie bildet eine Art von Leitfaden durch Berkeleys Leben, doch erschienen die Artikel im *Guardian* anonym, und diese Anonymität herrschte so streng, daß bei einigen Artikeln die wahre Autorschaft bis in unser Jahrhundert umstritten blieb[33].

Durch Steele lernte Berkeley auch den Dichter Alexander Pope kennen, der später (1733/34) durch sein großes Lehrgedicht *Essay on Man* berühmt wurde, aus dem er aber auf Drängen Berkeleys eine religiös anstößige, der Verehrung des Epikur durch Lukrez nachgebildete *Address* an unsern Herrn und Erlöser wieder gestrichen hat. Der bissige Satiriker Pope muß also doch auf das Urteil des mäßigenden «guten Bischofs» Berkeley etwas gegeben haben. Die beiden kannten sich nicht nur beiläufig, sondern waren

Jahrzehnte gut befreundet. Mit spitzer Feder bemängelte POPE, daß sich üble Leute bei Hofe so lange halten könnten, schränkte dann aber doch seine Kritik ausdrücklich ein und gab zu, daß es im öffentlichen Leben, ja sogar unter den Bischöfen, auch lobenswerte Persönlichkeiten gebe:

> «Mancher Bischof ist zu loben, ohne Scherz:
> SECKER ist bescheiden, RUNDEL hat ein Herz.
> BENSON ist die Aufrichtigkeit mitgegeben,
> BERK'LEY alle Tugenden in diesem Leben.»[34]

Dieses Lob durch POPE entspricht ganz dem, das Bischof ATTERBURY in einem Brief an BERKELEYS Namensvetter, Lord BERKELEY OF STRATTON, auf die Frage schrieb, ob der junge BERKELEY seinen Erwartungen entspreche:

> «So viel Verstand, so viel Wissen, so viel Arglosigkeit, so viel Bescheidenheit, – ich dachte nicht, daß jemand außer Engeln sie in dem Maße besitze, bis mir dieser Herr begegnete.»[35]

BERKELEYS Bildungsweg führte ihn zunächst aus dem idyllischen Tal um Dysart Castle in das kleinstädtische Milieu von Kilkenny, dann in die irische Hauptstadt Dublin, schließlich in die Weltstadt London. Doch fehlte ihm noch immer eine wichtige Station im Werdegang eines Gebildeten: die «große Reise» (Grand Tour) durch den Kontinent nach Italien. Für BERKELEY kam die Gelegenheit im Herbst 1713. Er reiste als geistlicher Begleiter in der Gefolgschaft von Lord PETERBOROUGH, der zum Sonderbotschafter beim neuen König von Sizilien, VIKTOR AMADEUS II. von Savoyen, und zum Gesandten für alle italienischen Höfe ernannt worden war. Der Lord hatte sich im spanischen Erbfolgekrieg einige Verdienste erworben und war ein einigermaßen gut gebildeter und wissenschaftlich interessierter Mensch, der aber mit der Religion wohl nicht viel im Sinne hatte. BERKELEY reiste daher zwar in der Gruppe mit, bekam aber den Lord selbst vermutlich nur selten zu sehen. Dieser blieb BERKELEY aber insofern geneigt, als er später dessen «Bermuda-Projekt» finanziell unterstützte. BERKELEY kam auf seiner ersten Italienreise zwar nicht bis zu den ersehnten ganz großen Sehenswürdigkeiten (Rom, Neapel), sondern nur bis Livorno, von wo er, weil sich der offizielle Einzug in Sizilien inzwischen zerschlagen hatte, im Sommer 1714 enttäuscht, aber doch gerne wieder nach London zurückkehrte. Immerhin hatte er zahlreiche wichtige Eindrücke gewonnen. Von bleibender Bedeutung dürfte vor allem die Überquerung der Alpen gewesen sein, denn BERKELEY reiste trotz der winterlichen Zeit nicht, wie die übrige Reisegesellschaft, mit dem Schiff von Toulon nach Genua, sondern wählte mit einem Teil der Gruppe den Landweg über die Alpen. Die Stationen der Reisen waren: Calais, Boulogne, Montreuil, Abbeville, Poix, Beauvais, Paris, Melun, Villeneuve-sur-Yonne, Vermenton, Saulieu, Chalon-sur-Saône, Mâcon, Lyon, Chambéry, St. Jean-de-Maurienne, Lanebourg, Susa, Turin, Genua, Livorno.

Ob BERKELEY in Paris auch MALEBRANCHE getroffen hat, ist unsicher. Die Anekdote erzählt, daß sich MALEBRANCHE im philosophischen Gespräch mit BERKELEY so ereifert habe, daß er kurz darauf gestorben sei. Da MALEBRANCHE im Oktober 1715 starb, BERKELEYS Reise aber schon im August 1714 endete, kann das Erzählte nicht wörtlich stimmen. Die Pointe, daß BERKELEY die Gelegenheitsursache für den Tod des Okkasionalisten gewesen sei, ist also konstruiert, was aber nicht ausschließt, daß er den französischen Philosophen gesehen hat.

Auf dem Weg von Paris nach London reiste BERKELEY auch durch Flandern und Holland. Seine Ankunft in England fiel zeitlich etwa mit dem Tod der Königin ANNA zusammen, die als letztes Glied des Hauses STUART am 1.8.1714 starb. Als GEORG I. aus dem Hause Hannover aufgrund entfernter verwandtschaftlicher Beziehungen zu England und mit nur mangelnden Kenntnissen der englischen Sprache den englischen Thron bestieg, kam es zu jakobitischen Unruhen. BERKELEY beteiligte sich an den politischen Auseinandersetzungen durch eine anonym publizierte Schrift: *Rat an die Tories, die den Eid abgelegt haben*[36]. Darin widerspricht er denen, die glauben, die Treue zur Religion bzw. zur anglikanischen Kirche entbinde einen Jakobit von der Treue zum König. BERKELEY hält ihnen entgegen, daß die Heiligkeit ihres Eides unverbrüchlich gelte, und daß sie an die Kirche und an den König GEORG I. gebunden seien. Ein Angriff auf die staatliche Herrschaft sei geradezu eine Verletzung des göttlichen Willens. BERKELEY war kein politischer Revolutionär. Ähnliches hatte er in drei Predigten 1712 geschrieben, die ihm aber trotzdem den Vorwurf eingebracht hatten, ein Jakobit zu sein. Er vertrat darin unter dem Titel *Passiver Gehorsam*[37] die Auffassung, daß die von Gott gewollte Unterwerfung unter die staatliche Obrigkeit nicht auch Übereinstimmung und Kooperation erfordere, sondern daß es im Falle von Differenzen genüge, sich passiv zu verhalten, d.h. nur nicht zu rebellieren. Der Obrigkeit keinen Widerstand zu leisten, sei ein allgemeines moralisches Gebot, im Falle von Tyrannei könne es davon zwar Ausnahmen geben, aber dadurch werde die Regel nicht hinfällig, ebenso wie die allgemeinen geometrischen Gesetze nicht dadurch hinfällig werden, daß z. B. ein tatsächlich vermessenes Dreieck ihnen nicht entspricht.

Daß man BERKELEYS loyale Haltung nicht erkannte, hatte zur Folge, daß er bei seinen ersten Anstellungsbemühungen Schwierigkeiten bekam, so daß sich sein Freund SAMUEL MOLYNEUX, der Sekretär des Prinzen von Wales, für ihn einsetzen mußte, um zu zeigen, daß BERKELEY kein Jakobit sei. BERKELEY hielt sich unterdessen vorwiegend in London auf, doch da er keine adäquate Anstellung fand, war er frei, erneut auf Reisen zu gehen.

War die erste Italienreise für BERKELEY auch nicht ganz befriedigend, so war doch seine zweite Reise in den Süden erheblich ergiebiger. Dr. ASHE, der Bischof von Clogher, hatte BERKELEY als Reisebegleiter und Tutor seines Sohnes ausgewählt. Der Bischof kannte BERKELEY gut, denn er selbst hatte ihn 1709 zum Diakon und 1710 zum Priester geweiht. Damals war ASHE Vizekanzler der Universität, aber nicht zur Priesterordination berechtigt. BERKELEY war also irregulär ordiniert worden. Ihm war die Unrechtmäßigkeit dieses Verfahrens zwar nicht bekannt, doch hatte sie für ihn zur Folge, daß ihm der Erzbischof die Auflage erteilte, in der Diözese Dublin nur mit seiner ausdrücklichen Erlaubnis kirchliche Amtshandlungen vorzunehmen. Aufgrund dieser ungewöhnlichen Umstände konnte er bei ASHE nicht in Vergessenheit geraten sein. Gegenüber der ersten Italienreise hatte diese zweite den Vorteil, daß sie – abgesehen von der Gesundheitspflege des kränklichen jungen ASHE – vor allem eine Bildungsreise sein sollte, und BERKELEY nahm sie in dieser Hinsicht sehr ernst, wie seine mit Notizen über Besichtigungen gefüllten Tagebuchaufzeichnungen aus dieser Zeit zeigen. Die Reise begann im Herbst 1716. Am 24. 11. 1716 waren die Reisenden schon in Turin, doch der Weg über die Alpen war in dieser Jahreszeit nicht besser als in der Mitte des Winters bei der ersten Reise. Die Herren wurden zwar durch hüfthohen Schnee getragen, doch hatten die Träger offenbar große Mühe:

> «Sechs- oder siebenmal ließen sie mich fallen, davon dreimal auf den Rand schreckenerregender Überhänge. Der Schnee hatte den Weg bedeckt, so daß es unmöglich war, Fehltritte zu vermeiden.»

Die damals übliche Bildungstour nach Italien ging gewöhnlich nicht über Neapel hinaus. Noch für GOETHE war es keineswegs selbstverständlich, auch nach Sizilien zu reisen, doch war BERKELEYS Interesse durch die erste Italienreise mit Lord PETERBOROUGH von vornherein auch auf Sizilien ausgerichtet. Vier Jahre lang bereiste BERKELEY zusammen mit George Ashe Italien. Mit offenen Augen besichtigten sie Rom und Neapel. Berkeley, der ja eine *Theorie des Sehens* geschrieben hatte, interessierte sich lebhaft für die Gemäldegalerien und die großartige Architektur. Er notierte sich aber auch viele Bemerkungen über «Land und Leute», über Handel und Politik, Religion und Wissenschaft. Mit seiner genauen Beobachtung nahm er die Naturphänomene wahr: In Neapel erlebt er einen Vesuvausbruch, den er genau beschreibt. In Messina nimmt er ein Erdbeben wahr, über das er noch nach Jahren berichtet. Er beobachtet die Änderung der scheinbaren Entfernung der Gegenstände in der klaren Luft Italiens[38]. Berkeley genießt die landschaftliche Schönheit von Apulien und Calabrien, die antiken Sehenswürdigkeiten in Brindisi, Tarent, Venosa («wo Horaz geboren ist») und Cannae, dem Ort des großen Hannibal-Sieges.

Berkeley hatte ein waches naturwissenschaftliches Interesse. Er widmete sich wiederholt der Beschreibung außergewöhnlicher Naturphänomene. Seine Beschreibung der Höhle von Dunmore wurde zwar erst posthum veröffentlicht, doch die Schilderung des auf seiner Italienreise 1717 beobachteten Vesuvausbruchs und ein Bericht über das von ihm 1718 in Messina miterlebte Erdbeben erschienen noch zu seinen Lebzeiten in Zeitschriften. Die Schilderung des Vesuvausbruchs teilte Berkeley brieflich dem befreundeten Londoner Arzt und Gelehrten John Arbuthnot mit, der den Brief aus Neapel mit der von Berkeley erteilten Vollmacht in den *Philosophical Transactions* der Royal Society vom Oktober 1717 teilweise abdrucken ließ. Der Bericht ist äußerst anschaulich und in eindrucksvollen Worten geschrieben.

Berkeley ist von dem Naturschauspiel tief beeindruckt, stellt aber nüchtern fest, daß Borelli die Lavaströme in seinem Bericht über den Ätna exakt beschrieben habe. Von Neugierde getrieben wagt sich Berkeley weiter vor als seine Begleiter, muß dann aber eilends wieder umkehren. Mit Akribie hält Berkeley alle Beobachtungen fest.

Wie Berkeley in seinem Bericht an Arbuthnot schrieb, hatte er sich einige kritische Gedanken über Borellis Erklärung der Vulkanausbrüche gemacht. Diese Überlegungen hat Berkeley leider nicht publiziert, sie sind nur in seinen privaten Tagebüchern seiner Italienreisen enthalten[39]. Borelli hatte im 13. Kapitel seiner Geschichte der Ätna-Ausbrüche die Meinung vertreten, unter der Oberfläche des Berges verliefen röhrenartige Höhlen, die einen Syphon-Effekt erzeugten, so daß die Lava aufgrund des Prinzips der kommunizierenden Röhren aus dem Berg austrete und nicht wie aus einem kochenden Topf aufgrund von Überdruck. Diese Erklärung hielt BORELLI nämlich für unvereinbar mit dem Gewicht und der Dichte der herauskommenden Materie. Nach seinen Kenntnissen sei die Lava am Ätna auch immer nur seitlich ausgetreten. Dem hält BERKELEY seine eigenen Beobachtungen am Vesuv entgegen. BORELLI meinte auch, es könne in Vulkanen nur kleinere Höhlungen geben, weil größere dem ungeheueren Gewicht der Bergmasse nicht standhalten könnten. Dagegen behauptet BERKELEY unter Hinweis auf die Fernwirkung der Erdbeben und auf die vulkanischen Aktivitäten im Meer, es müsse auch größere Höhlen geben. Bei alledem ist BERKELEY in seinem wissenschaftlichen Urteil abwägend, und er sammelt eifrig mehrere Berichte über die Tätigkeit der Vulkane, speziell des Vesuvs, von denen die meisten aus antiken Quellen stammen[40].

Am 22.10.1717 berichtet BERKELEY von seinem dreimonatigen Aufenthalt auf der Insel Ischia, sie sei ein Extrakt der gesamten Welt, doch das Glück der Einwohner sei getrübt, weil sie leicht dazu neigen, einander wegen Kleinigkeiten umzubringen. Man könne aber unter diesen gefährlichen Leuten leben, wenn man seine eigenen Ansichten nur für sich behalte. Er ist begeistert von den herrlichen Südfrüchten und den paradiesischen Zuständen auf dieser Insel.

> «Die Inseln Capri, Procida und Ventotente zusammen mit Gaeta, Cumae, Monte Miseno, Monte Circeo, Li Galli und die Laestrygonen, die Bai von Neapel, das Vorgebirge von Minerva [=Punta della Campanella] und die ganze Campania felice bilden nur einen Teil dieser großartigen Landschaft.»[41]

BERKELEY reist nicht zur Bildung seines künstlerischen Genies, er reflektiert auch kaum über die unterschiedlichen ästhetischen Weltbilder, sondern nimmt in typisch aufklärerischer Neugierde die fremdartigen Eindrücke auf, die er zwar klassisch gebildet und mit offenem Geist rezipiert, doch wenn er über die Begegnung mit der italienischen Bevölkerung schreibt:

> «Wir werden angestarrt wie Menschen, die vom Himmel gefallen sind, und manchmal folgt uns eine große Zahl von Leuten, die uns aus Neugierde durch die Straßen begleiten»[42],

so drückt er damit nur eine Seite einer Wechselbeziehung aus. Unerschrocken wagen sich die beiden Iren in die entlegensten Winkel. Lecce sei die schönste Stadt Italiens, in die aber aufgrund der Banditenfurcht nur wenige Fremde kämen, doch diese Furcht sei nichts als ein Popanz[43]. Während der Bildungserfolg der Reise für BERKELEY

Abb. 8
GEORGE BERKELEY (ca. 1720). Ölbild von JOHN SMIBERT.

und ASHE sehr groß war, brachte er doch für ASHE keine gesundheitliche Besserung. Er starb kurz nach der Reise 1721 in Brüssel.

BERKELEY war auf den Italienreisen auch wissenschaftlich tätig. Er arbeitete am zweiten Teil seines philosophischen Hauptwerks, das die Lehre vom Willen, Geist und der Moral enthalten sollte. Wie er später in einem Brief an SAMUEL JOHNSON schrieb, ging dieser zweite Band seines Hauptwerks aber leider auf der Reise irgendwie verloren, und BERKELEY hat nicht versucht, ihn noch einmal neu zu schreiben. Auch an den dritten geplanten Teil, der die Naturphilosophie enthalten sollte, mag BERKELEY in Italien gedacht haben, doch ist nur ein kleines Ergebnis dieser Arbeit erhalten, nämlich der lateinische Traktat *De Motu*, der auf der Rückreise von Italien in Lyon entstanden sein soll, und den BERKELEY der Académie Royale des Sciences in Paris einreichte, denn diese hatte 1720 einen Preis für eine Arbeit über die Natur, den Ursprung und die Mitteilung der Bewegung ausgesetzt.

BERKELEYS berühmtes ontologisches Prinzip wird in seinem *Philosophischen Tagebuch* (Nr. 429) zum ersten Mal explizit formuliert.

> «Sein ist Wahrgenommenwerden oder Wahrnehmen oder Wollen, d. h. Handeln.»

Es ist bezeichnend, daß dieser Kernpunkt seines Denkens zwischen einer Eintragung über die Mathematik und einer über die Physik steht. Von Anfang an waren BERKELEYS Überlegungen über Erkenntnistheorie und Ontologie mit solchen über Mathematik und Physik verknüpft. Schon in der Eintragung Nr. 13 hatte er bemerkt, Zeit sei eine Empfindung und deswegen im Geiste. Auch die Relativität der Bewegung wurde unter den frühen Eintragungen erwähnt (Nr. 36): Die Bewegung zweier Kugeln im leeren Raum ist immer noch auf eine denkende Person bezogen, die die zugehörigen Empfindungen hat (bzw. haben könnte). Alle «primären» Qualitäten, d. h. solche, die den Dingen selbst zukommen, werden auf Gott, das aktive kraftvolle Wesen, zurückgeführt (Nr. 41). Von Anfang an ist sich BERKELEY auch seiner Differenzen zu NEWTON bewußt, darum fragt er sich selbst, wie NEWTONS Lehre von den zwei Bewegungsarten – absolute und relative – mit seiner eigenen Lehre in Übereinstimmung gebracht werden könne (Nr. 30). Physikalische Erkenntnis besteht nach den Aufzeichnungen des jungen BERKELEY in der Erkenntnis der «Koexistenz» von Vorstellungen (Wahrnehmungen)[44], wobei er den Begriff der Koexistenz von LOCKE übernommen hatte. BERKELEY benutzt ihn

1) in Bezug auf Objekte als Kollektionen von Vorstellungen,
2) in Bezug auf zwei oder mehrere dieser Objekte und
3) in Bezug auf ein Objekt und seine Teile.

Man könnte Bedenken haben, daß diese Koexistenzen Ergebnisse beliebiger Konventionen würden, wenn man keine materielle Substanz als Träger der physischen Eigenschaften zugrundelegt. Lassen sich dann nicht die Vorstellungen ganz beliebig kombinieren? BERKELEY leugnet das[45], denn man setzt «mehrere Vorstellungen zusammen, die durch verschiedene Sinne aufgefaßt werden oder durch denselben Sinn zu verschiedener Zeit oder unter verschiedenen Umständen, bei denen man aber trotzdem eine Verbindung in der Natur entweder in bezug auf ihr Zugleichsein (coexistence) oder auf eine Aufeinanderfolge beobachtet». Die räumlichen oder zeitlichen Relationen führen also zu Verknüpfungen[46]. Dabei kann die Analyse sogenannter «Sinnestäuschungen» Kriterien dafür liefern, welche Vorstellungen «in der Natur» verknüpft sind.

Diese Auffassung von der bloßen Koexistenz von Wahrnehmungsinhalten benutzt BERKELEY zur Ablehnung der Aktivität physischer «Kräfte». Wenn sich die Naturwissenschaft nur auf koexistierende wahrnehmbare Vorstellungen bezieht, diese aber selbst nicht aktiv sein können, so verschwindet aus der physikalischen Kraft jede Aktivität. Aktivität wird dann zu einem Merkmal, das zur Auszeichnung geistiger Wesen reserviert werden kann. «Substanz eines Geistwesens ist, daß es handelt, verursacht, will, operiert, oder wenn man will (um die Haarspalterei, die man um das Wort «es» machen könnte, zu vermeiden) zu handeln, verursachen, wollen, operieren.»[47] Vor allem aber wird damit Gott die unabhängige Aktivität als Attribut der Macht vorbehalten[48]. Solche Überlegungen bilden den Hintergrund für BERKELEYS Wissenschaftstheorie, doch sind die daraus resultierenden wissenschaftlichen Methoden – Ironie der Wissenschaftsgeschichte! – die gleichen wie die von ERNST MACH propagierten, der doch ein so heftiger Gegner der Metaphysik war. Was wird aber aus den Ursachen, wenn man aus der Physik alle aktiven Kräfte beseitigt? Es gibt dann keine wirkenden Ursachen mehr innerhalb der Physik. Das ist aber gerade das Ziel BERKELEYS, denn für ihn ist Gott die einzige Ursache aller natürlichen Dinge[49]. BERKELEY legt Wert darauf, daß es nicht nur um einen Streit über Worte gehe, weil man unter «Ursache» dieses oder jenes verstehen könne (Nr. 850). Die Kenntnis der Natur der Dinge besteht also nur in der Kenntnis der Verknüpfung von Vorstellungen.

Dieser Ansatz BERKELEYS hat Konsequenzen: Der Naturwissenschaftler hat nicht mehr nach wahren Ursachen hinter den wahrnehmbaren Dingen zu suchen. Diese praktische Regel wurde von KARL POPPER auch – in Analogie zum OCCAMschen Rasiermesser – als «BERKELEYS Rasiermesser» bezeichnet. Einerseits wird aufgrund dieser Regel die Physik einfacher, andererseits verliert sie an Relevanz, weil sie nicht mehr die eigentlichen Ursachen der Vorstellungen erkennen kann. BERKELEY scheint das Dilemma nicht gesehen zu haben: Entweder ist Physik nichts anderes als Beschreibung von Wahrnehmungen ohne Forschung nach ihren eigentlichen Ursachen, und dann bleibt sie eine unvollständige Erkenntnis, oder sie versucht, die Erkenntnis zu vervollständigen, aber dann ist sie gezwungen, metaphysisch zu werden und ihr ursprüngliches Gebiet zu verlassen.

Aufgrund seiner phänomenalistischen Haltung in der Naturwissenschaft leugnet BERKELEY die Realität der absoluten Bewegung und dementsprechend auch die des absoluten Raumes, denn NEWTONS Kriterium für die Existenz des absoluten Raumes war ja die Existenz einer absoluten Bewegung. NEWTONS Beweis für absolute Bewegung waren die bei Rotationen auftretenden Zentrifugalkräfte. Dabei ist es wichtig, daß diese «Kräfte» durch wahrnehmbare Veränderungen gemessen werden und man dazu BERKELEYS nicht-wahrnehmbare eigentliche Kräfte nicht braucht.

NEWTON gab zwei Argumente zugunsten des absoluten Raumes an[50]:

1) das berühmte Eimerexperiment (das an den Rändern des rotierenden Eimers aufsteigende Wasser),
2) die Spannung eines zwei Kugeln verbindenden Fadens, die um ihren gemeinsamen Schwerpunkt rotieren.

Schon in seiner Eintragung Nr. 876 im *Philosophischen Tagebuch* hatte sich BERKELEY notiert[51]: «Wenn es nur eine Kugel in der Welt gäbe, könnte sie sich nicht bewegen». Nach NEWTONS Lehre müßte die Rotation einer solchen Kugel von ihrer Ruhe verschieden sein, doch BERKELEY meint: «Es könnte keine Vielfalt der Erscheinungen geben.» NEWTON könnte konzedieren, daß wir die Bewegung nicht beobachten könnten, doch BERKELEY behauptet, daß es in dem genannten Fall gar keine Bewegung geben könne, denn nach seiner Auffassung gehört zu Bewegung eine Veränderung der Erscheinungen als wesentlicher Bestandteil.

Stellt man sich auf BERKELEYS phänomenalistischen Standpunkt, so kann es nicht einmal Bewegung geben, wenn es nur zwei Kugeln gibt [52]. NEWTON vernachlässigte den Umstand, daß jemand die bei Rotation wachsende Fadenspannung wahrnehmen müßte, während BERKELEY gerade diesen Punkt hervorhebt [53]:

> «Man stelle sich ferner vor, daß zwei Kugeln existieren und sonst nichts Körperliches; weiter, daß auf irgendeine Weise Kräfte hinzugefügt werden – was wir auch immer unter Hinzufügung von Kräften verstehen mögen –, eine Kreisbewegung beider Kugeln um den gemeinsamen Mittelpunkt kann man dann nicht durch die Einbildungskraft erfassen. Nehmen wir an, daß dann der Fixsternhimmel geschaffen werde: sogleich wird man sich wegen der vorgestellten Annäherung der Kugeln an die verschiedenen Teile des Himmels eine Bewegung vorstellen. Weil nämlich die Bewegung ihrer Natur nach relativ ist, konnte sie nicht vorgestellt werden, ehe es [drei!] aufeinander bezogene Körper gab. Ebensowenig kann irgendeine andere Beziehung ohne aufeinander Bezogenes vorgestellt werden.»

Wie MAX JAMMER mit Recht betont hat, benutzt BERKELEY den Fixsternhimmel hierbei nur kinematisch und nicht dynamisch. Er nimmt also den Gedanken ERNST MACHS, daß die Anziehung durch die Fixsterne für die Trägheit verantwortlich sei, keineswegs vorweg. POPPER unterstrich mehr die Gemeinsamkeiten zwischen BERKELEY und MACH, ohne aber BERKELEYS Argumente gegen NEWTON im einzelnen zu untersuchen [54]. BERKELEY lieferte drei Argumente gegen NEWTON:

1) Das erste Argument ergibt sich aus BERKELEYS Trennung von Bewegung und Kraft: Die Entfernung von der Achse bei der Rotation ist nicht ein Indiz, ein Maß oder eine Wirkung einer absoluten Bewegung, sondern zeigt nur an, daß eine Kraft im Spiel ist, und auf welchen Körper sie wirkt [55].
2) Wenn man den absoluten Raum annimmt, dann hat das im Eimer rotierende Wasser eine sehr komplizierte absolute Bewegung, weil die Erde rotiert und um die Sonne kreist usw. Es müßte also verschiedene unterschiedliche Zentrifugalbewegungen haben [56].
3) In diesem Argument benutzt BERKELEY eine Bewegungsdefinition, die in eigenartiger Weise von seinem phänomenalistischen Programm abweicht [57]: «Denn um einen Körper bewegt zu nennen, ist erforderlich: 1) daß er seinen Abstand oder seine Lage in Beziehung auf einen anderen Körper ändert, 2) daß die diese Änderung veranlassende Kraft oder Tätigkeit auf ihn gerichtet ist». Wenn die Kraft auf den Wassereimer einwirkt, ergibt sich zuerst, wenn nur das Gefäß, aber nicht das Wasser rotiert, daß

das Wasser eine Relativbewegung zum Eimer hat, ohne daß sich eine Kraftwirkung beobachten läßt, denn das Wasser hat ja noch seine ebene Oberfläche. Nach BERKELEYS Interpretation, die hier mit der alltäglichen Laienansicht übereinstimmt, ruht das Wasser noch. Da sich aber beide Körper relativ zueinander bewegen, muß wenigsten auf einen eine Kraft einwirken. BERKELEY gibt keinerlei Hinweis, wie man den Körper identifizieren könnte, auf den die Kraft wirkt. Er sagt nur, daß wir uns dabei irren können.

BERKELEYS Kritik ist insofern merkwürdig, als sie mit NEWTONS Erklärungen übereinstimmt, der ja sagt, daß die Relativbewegung des Wassers keine Krafteinwirkung auf das Wasser erfordert. BERKELEY scheint diese Schwäche seines Arguments nicht erkannt zu haben. Auch wenn BERKELEYS Argumente ungenügend sind, so hatte der nicht-professionelle Physiker doch erkannt, daß NEWTONS Experimente nicht die gewünschte Interpretation erzwingen. Doch so einfach sind Giganten nicht erfolgreich zu erschüttern. BERKELEYS Kritik wurde von den Fachleuten einfach ignoriert, sie fand eher in Theologenkreisen Beachtung, so machte ALLARD HULSHOFF später KANT auf BERKELEYS Werk aufmerksam[58], der es aber nicht für nötig hielt, sich damit genauer zu befassen.

Wie auch schon die *Prinzipien der menschlichen Erkenntnis* und später der *Analyst*, ist auch die Abhandlung über die Bewegung mit theologischer Absicht geschrieben, was aber nicht bedeutet, daß sie auf Glaubenssätzen beruhe. BERKELEY will darin vor allem zeigen:

1) Die Physik kann die primären Ursachen aller Bewegungen nicht angeben, sie muß voraussetzen, daß es Bewegung bzw. Energie gibt. Auf diese Weise soll Gott als die Letztursache aller Bewegung erwiesen werden.
2) Da alle Objekte als Kollektionen unserer Perzeptionen passiv sind und keinerlei Aktivität in sich enthalten, ist die Mitwirkung Gottes bei allen Bewegungen (Veränderungen) erforderlich.
3) Durch die Leugnung des absoluten Raumes und der unendlichen Teilbarkeit sollen die absolute Existenz und das Attribut der Unendlichkeit Gott alleine vorbehalten bleiben.

Die wissenschaftsgeschichtliche Pointe von BERKELEYS Ausführungen liegt darin, daß sich seine Ansichten zur Wissenschaftsmethodologie beschränkt auf die Naturwissenschaften weitgehend mit solchen Auffassungen decken, wie sie von positivistischen Religionsgegnern vertreten wurden. Wer nur Berkeleys Ziele, aber nicht seine Methoden und Ergebnisse beachtet, gewinnt ein ebenso einseitiges Bild von ihm, wie derjenige, der den religions-politischen Aspekt ganz ausklammert.

4 Das «Bermuda-Projekt»

Wo sich Berkeley nach seiner Rückkehr aus Italien im Herbst 1720 bis zum Herbst des folgenden Jahres aufhielt, weiß man nicht genau. Wahrscheinlich lebte er in oder bei London [59]. Hier traf er unter den Gelehrten, Dichtern und Geistlichen viele seiner früheren Bekannten wieder und knüpfte neue Bekanntschaften an. Durch Alexander Popes Vermittlung lernte er den Architekten Earl of Burlington and Cork kennen, mit dem er seine gerade in Italien gepflegte Begeisterung an Kunst und Architektur teilen konnte. Durch den Grafen wude Berkeley mit dem Herzog von Grafton, dem Vizekönig in Irland bekannt, dessen Frau auch eine Freundin der Lady Percival war. Ein Versprechen des Herzogs, Berkeley in Irland ein Amt zu verschaffen, bewog diesen in sein Heimatland zurückzukehren. Berkeley kehrte daher für zweieinhalb Jahre an das Trinity College in Dublin zurück, obwohl er die Erlaubnis hatte, noch länger abwesend zu bleiben. Nach seiner langen Unterbrechung durch die Italienreisen und das Leben in London widmete sich Berkeley nun wieder dem akademischen Leben. 1721 publizierte er zwei kleinere Schriften, nämlich die abgelehnte naturphilosophische Preisschrift *Über die Bewegung* und einen politisch-ökonomischen Essay über die Verhütung von Großbritanniens Ruin.

In seinem Essay über die Verhütung von Großbritanniens Ruin entwickelt Berkeley allgemein Gedanken, die er später im *Querist* speziell auf die Verhältnisse Irlands anwendet. Er sieht die Gefahren für den Staat in mangelndem Arbeitseifer, der Förderung unproduktiver Tätigkeiten (des Spiels), im Luxus (vor allem der Kleidung) und in der antireligiösen Bewegung der Freidenker, durch die gerade die Denkfreiheit bedroht werde. Aufgrund seiner durch die Italienreisen noch geförderten Vorliebe für repräsentative Architektur schlägt Berkeley zur Stärkung der nationalen Identität und des «öffentlichen Geistes» die Errichtung von Repräsentativbauten vor (Parlamentsgebäude, Gerichtsgebäude, königlichen Palast usw.). Diese sollten durch Gemälde und Statuen reichlich geschmückt werden. Außerdem schlägt er die Gründung einer wissenschaftlichen Akademie vor und polemisiert gegen den ruinösen Kampf der politischen Parteien.

Am College rückte Berkeley in den Kreis der Senioren auf. Im November 1721 wurde er Doktor der Theologie. Seine bisherigen philologischen Lehrveranstaltungen in Griechisch kann er zugunsten theologischer Vorlesungen und Predigten, mit Ausnahme der 1723 aufgenommenen Hebräisch-Vorlesung, aufgeben. Auch an der College-Verwaltung nimmt er regen Anteil. Er war 1722 und 1723 Senior Proktor.

Manchmal schildert man Berkeley als einen weltfremden Asketen, der an Geld, Titeln und Macht völlig uninteressiert gewesen sei – ein Bild, das auch sein Freund Swift von ihm gezeichnet hat. Doch wie aus seinen Briefwechseln hervorgeht, achtete Berkeley sehr wohl auf die nötigen Geldgeschäfte. Wie viele junge Menschen war auch Berkeley zunächst nicht sehr stark an einer persönlichen Karriere oder an seinem beruflichen Fortkommen interessiert. Inzwischen stand er aber in der zweiten Hälfte des vierten Lebensjahrzehnts und begann sich auch um seine berufliche Laufbahn zu kümmern, denn ein Asket war Berkeley nicht. Und auch wenn er noch nicht an eine Ehe dachte, so war das Einkommen, das er durch seine akademische Tätigkeit am College hatte, trotz einer Aufbesserung im Juli 1722 nicht besonders groß. Seit seiner Rückkehr nach Irland war er in Zusammenarbeit mit dem Herzog von Grafton bemüht, eine Dekan-Stelle zu finden. Eine solche Stelle wurde in Dromore, einer kleinen Diözese im Norden Irlands, frei. Berkeley konnte eine Sinekure ohne Amtsgeschäfte erwarten, die ihm erlauben würde, nebenbei die Arbeit am College aufrecht zu erhalten. Nun entstand aber ein Streit zwischen Kirche und Staat, denn der Bischof der Diözese reklamierte für sich das Recht, die Stelle zu besetzen, mit der er einen anderen Kandidaten betrauen wollte. Der juristische Streit, in dem der Herzog von Grafton Berkeley nicht nur mit Worten, sondern auch mit Geld untersützte, endete mit einem für Berkeley nicht sehr erfreulichen Vergleich, der ihm aber auch nicht sonderlich schadete: Er erhielt zwar den Titel eines Dekans, aber ohne die Stelle und ohne das Gehalt.

Schon während der Prozeß um das Dekanat von Dromore lief, bemühte sich Berkeley um eine andere Stelle. Sein Freund Percival hatte im geraten, doch nach London zu kommen, um sich persönlich bei dem Herzog in Erinnerung zu bringen. Berkeley unternahm im frühen Winter 1722 eine Reise nach England, wobei die Überfahrt äußerst gefährlich war, wie er später in bewegenden Worten schilderte:

«insgesamt erwarteten wir 36 Stunden lang, jeden Augenblick von einer Welle verschlungen oder an einem Felsen zerschmettert zu werden. Wir schlugen leck, der Mast brach, wir verloren unseren Anker und hievten unsere Kanonen über Bord. Sturm und See waren über jede Beschreibung heftig, aber Gott hat es gefallen, uns zu retten.»[60]

Berkeley nutzte die Reise nicht nur, um seine Freunde zu besuchen, sondern auch dazu, sich juristischen Rat für seinen Prozeß zu holen. Er blieb einige Monate und versuchte auch, Unterstützung für sein «Bermuda-Projekt» zu finden. Diese Pläne schildert er ausführlich in einem Brief vom 4.3.«1722» (=1723 unserer Zeitrechnung) an Percival, der sich während des Winters mit seiner Frau in Bath aufhielt:

«Seit etwa zehn Monaten bin ich entschlossen, den Rest meiner Tage auf den Bermuda-Inseln zuzubringen, wo ich im Vertrauen auf die Vorsehung als Hauptinstrument dazu dienen werde, Gutes für die Menschheit zu tun. Man muß Eurer Lordschaft nicht erst sagen, daß die Reformation der Sitten unter den Engländern in unseren westlichen Kolonien und die Ausbreitung des Evangeliums unter den amerikanischen Wilden zwei Punkte von höchster Bedeutung sind. Der natürliche Weg, dies zu erreichen, ist die Gründung eines Colleges oder Seminars in irgendeinem angenehmen Teil Westindiens, wo die englische Jugend aus unseren Kolonien erzogen werden könnte, um die Kirchen mit Pfarrern mit guter Moral und Bildung zu versorgen, eine Sache – Gott weiß es! – die sehr nötig ist. Im selben Seminar kann auch eine Anzahl junger amerikanischer Wilder erzogen werden, bis sie ihren Master of Arts gemacht haben. Und wenn sie in dieser Zeit in der christlichen Religion, in der praktischen Mathematik und anderen freien Künsten und Wissenschaften unterrichtet sind und rechtzeitig mit Prinzipien und Neigungen versehen sind, die vom Allgemeinwohl inspiriert sind, können sie bei ihren Landsleuten zu sehr geeigneten Missionaren für die Ausbreitung der Religion, der Moral und des staatlichen Lebens werden, denn sie können keinen Verdacht oder Neid unter den Menschen ihres eigenen Blutes und ihrer Sprache erregen, wie es bei englischen Missionaren möglich ist, die deswegen nie so gut für dieses Werk qualifiziert sein können. Es wurden schon einige Versuche im Hinblick auf ein College im Westen unternommen, aber nur mit geringem Erfolg. Wie ich meine, hauptsächlich aus Mangel an einem geeigneten Ort für ein solches College oder Seminar wie auch aus Mangel an einer genügenden Zahl fähiger Leute, die gut mit theologischer und menschlicher Bildung versehen waren sowie mit

Begeisterung, um ein solches Unternehmen durchzuführen. Zum ersten: Ich halte die kleine Gruppe der Bermuda-Inseln wegen der folgenden Punkte für den geeignetsten Ort für ein College:

1) Es ist der Teil unserer Kolonien, der von allen übrigen, sowohl auf dem Kontinent als auch auf den Inseln, am ehesten gleich weit entfernt ist.
2) Es ist die einzige Kolonie, die mit allen übrigen einen allgemeinen Handel und eine Verbindung unterhält, da es 60 Federnschiffe gibt, die den Einwohnern der Bermudas gehören. Diese verwenden sie als Transportmittel in allen Teilen von englisch Westindien, so wie die Holländer Transportunternehmer in Europa sind.
3) Das Klima ist bei weitem das gesündeste und heiterste und folglich für ein Studium am geeignetsten.
4) Es gibt den größten Überfluß an allem Lebensnotwendigen, was an einem Ort der Erziehung besonders beachtet werden muß.
5) Es ist der sicherste Ort der Welt, da er abgesehen von einem schmalen Eingang mit Felsen umgeben ist, bewacht von sieben Forts, die ihn nicht nur für Piraten, sondern auch für die vereinte Streitmacht Frankreichs und Spaniens unzugänglich macht.
6) Die Einwohner haben äußerst einfache Sitten, sind harmloser, ehrlicher und besserer Natur als irgendwelche andere unserer Kolonisten, von denen viele von Huren, Vagabunden und deportierten Verbrechern abstammen, während sich keine davon auf den Bermudas angesiedelt haben.
7) Die Bermuda-Inseln produzieren keine Wertgüter, weder Zucker, Tabak, noch Indigo oder dergleichen, was die Menschen dazu verleiten könnte, Händler zu werden, wie es sonst die Pfarrer allzu oft tun.

Es würde die Zeit Eurer Lordschaft zu sehr in Anspruch nehmen, die Schönheiten der Bermudas im einzelnen zu beschreiben, die erfrischenden Sommer mit einer beständigen kühlen Brise, die Winter so mild wie unser Mai, der Himmel so hell wie ein Saphir, die immergrünen Weiden, die Erde ewig geschmückt mit Früchten und Blumen. Die Wälder von Zedern, Palmen, Myrthen, Orangen usw. immer frisch und blühend. Die schönen Landschaften und Aussichten auf Hügel, Täler, Vorgebirge, Felsen, Seen und Meeresbuchten. Die große Mannigfaltigkeit, Vollkommenheit und Fülle an Fisch, Geflügel, Gemüse aller Art und – was es auf keiner anderen unserer westlichen Inseln gibt – äußerst ausgezeichnete Butter, hervorragendes Rind-, Kalbs-, Schweine- und Hammelfleisch. Vor allem aber diese ununterbrochene Gesundheit und Heiterkeit des Geistes, die das Ergebnis des besten Wetters und angenehmsten Klimas auf der Welt ist, und die von allen das wirksamste Mittel gegen Kolik ist, wie mir durch die Information vieler sehr zuverlässiger Personen jeden Standes, die dort waren, höchst glaubhaft versichert wurde.

Falls ich Dekan werde – wie ich gute Hoffnung habe – plane ich, in Dromore eine Armenschule zu errichten und auf der Bermuda-Universität je zehn Wilde und zehn Weiße unterzubringen. Was aber auch geschieht, ich bin entschlossen zu gehen, wenn ich es noch erlebe. Ein halbes Dutzend der sympathischsten und geistreichsten Menschen halten in diesem Projekt zu mir. Und seitdem ich hierher [nach London] kam, habe ich zusammen etwa ein Dutzend Engländer, vornehme Herren, gewonnen, die beabsichtigen, sich auf jene Inseln zurückzuziehen, dort Villen zu bauen, Gärten zu bepflanzen und die Gesundheit ihres Körpers sowie den Frieden ihres Geistes zu genießen, wo es einen ebenso weichen Sandstein wie in Bath gibt und einen Boden, der alles das hervorbringt, was in Amerika, Europa oder im Osten wächst, und wo ein Mensch für 500 Pfund im Jahr mit mehr Vergnügen und Würde leben kann als für 10000 Pfund hier; kurz: wo die Menschen in der Tat all das finden können, was sich die dichterischste Einbildungskraft im goldenen Zeitalter oder in den elysischen Gefilden ausdenken kann.»[61]

Bevor BERKELEY an die Inszenierung seines Projektes gehen konnte, mußte er sich nach seiner Rückkehr aus London zunächst wieder auf das Gerangel um ein Dekanat einlassen. Das Schloß von Dublin soll damals einem Taubenschlag geglichen haben, wo die Kandidaten bzw. ihre Fürsprecher zuhauf kamen. BERKELEY soll es geradezu peinlich gewesen sein, sich auch noch unter die Menge mischen zu müssen. Er hielt sich auch mit Äußerungen bei diesem Positionenkampf weitgehend zurück, wodurch er den Neid anderer noch anfachte. Auch vom Trinity College unterstützt erhielt er schließlich im Mai 1724 das Dekanat von Londenderry. Daraufhin schied er aus dem College aus, womit eine entscheidende Phase seines Lebens ihr Ende fand.

Inzwischen hatte das Bermuda-Projekt durch eine göttliche Fügung – so interpretierte es BERKELEY – eine starke Unterstützung erfahren. BERKELEY hatte auf eine überraschende und merkwürdige Weise eine Erbschaft gemacht. Um wenigstens etwas von den Hintergründen dieser Erbschaft zu verstehen, muß man wissen, daß sein älterer Freund und dichtender Kollege in Dublin, JONATHAN SWIFT, ein geheimnisumwittertes Verhältnis zu zwei Frauen hatte. Seit 1708 ließ sich der Junggeselle seinen Haushalt von ESTHER JOHNSON – SWIFT gab ihr den Namen «STELLA» – und deren Freundin REBEKKA DINGLEY führen. SWIFT konnte seine sehr enge Beziehung zu STELLA vor der Öffentlichkeit nicht ganz verbergen, und die kirchlichen Kreise in Dublin hätten gerne eine Heirat SWIFTS gesehen. Man erzählte später, SWIFT habe 1716 STELLA heimlich geheiratet. Seit 1708 kannte SWIFT auch eine andere Frau, die eine Generation jünger als er selbst war, ESTHER VAN HOMRIGH. Während er seine unverbindliche Freundschaft zu dieser jungen Frau unterhalten wollte, die er allerdings unter dem Namen «VANESSA» in seine Dichtungen einfügte, verehrte sie den älteren Freund in leidenschaftlicher Liebe, die sie in einer Reihe von Briefen auch zum Ausdruck brachte. Nach dem Tod ihrer Mutter zog VANESSA mit ihrer Schwester in ein geerbtes Haus in die Nähe von Dublin. Von hier aus verfolgte sie das gemeinsame Leben von SWIFT mit STELLA eifersüchtig. Als sie in einem Brief an SWIFT oder STELLA die Frage gestellt habe, ob das Gerücht von der heimlichen Ehe war sei, soll SWIFT zu VANESSA geritten sein, ihr den Brief zurückgegeben und damit eine endgültige Absage erteilt haben. VANESSA starb wenige Tage später am 4.6.1723. Ursprünglich wollte sie SWIFT zu ihrem Erben einsetzen, änderte aber ihre Absicht kurz vor ihrem Tode. Nun ging die Erbschaft, wie es das Testament verfügte, an GEORGE BERKELEY und ROBERT MARSHALL von Clonmel. BERKELEY kannte VANESSA wohl nur sehr flüchtig, doch hatte er in Dublin einen ehrenhaften Ruf, war ein prominenter Theologe und galt als Menschenfreund. Sein geplantes Bermuda-Projekt war schon bekannt, so daß VANESSA vielleicht dieses unterstützen wollte. BERKELEY deutete es jedenfalls so. Die Freundschaft zwischen SWIFT und BERKELEY wurde durch die Wirren im Zusammenhang mit VANESSAS Erbschaft auf eine harte Probe gestellt, aber nicht zerstört. Ja sie wurde dadurch vielleicht sogar noch gefestigt, weil BERKELEY möglicherweise die vollständige Publikation des Briefwechsels zwischen SWIFT und VANESSA verhindert hat, er soll nämlich einige dieser Briefe verbrannt haben. Für BERKELEY kam die Erbschaft wie ein Wink des Himmels, und nachdem er das Dekanat von Londonderry erhalten hatte, widmete er sich nun ganz seinem missionarischen Unternehmen.

Nachdem BERKELEY in Italien Jahre relativer Freiheit verbracht hatte, war er in das Gezänk um Ämter geraten. Der Prozeß um das Dekanat von Dromore hatte ihm einige Enttäuschungen bereitet. Vielleicht hängt die Entstehung des Bermuda-Projekts mit dem Gedanken zusammen, sich aus der spießigen Atmosphäre durch

Abb. 9
JONATHAN SWIFT. Ölbild von CHARLES JERVAS.

eine Flucht in ein Entwicklungsland zu befreien. Das Projekt entsprach manchen Charakterzügen und Tendenzen BERKELEYS: seinem missionarischen Eifer, seinem Trieb zur Gelehrsamkeit, seiner Reiselust, seiner Sorge um das Gemeinwohl, seiner Gründerhaltung, seinem pädagogischen Impetus und seinem Interesse an der Architektur. BERKELEY konnte sich im Gedanken an sein missionarisches Untenehmen, den Neuanfang im Vergleich zum muffigen Heimatland mit seinen klerikalen Querelen lebhaft begeistern. Er blieb mit dieser Begeisterung aber nicht allein, sondern konnte auch andere für diese Idee gewinnen. Er fand zunächst aktive Unterstützung für sein Projekt bei seinem Intimus THOMAS PRIOR und im Kreise des Trinity Colleges in Dublin. Es war eine Zeit missionarischen Aufbruchs und einer westwärts gerichteten staatlichen und kirchlichen Expansionspolitik. Man hat BERKELEYS Projekt später manchmal als die versponnene Idee eines Schwärmers abgetan. Dem kann man mindestens entgegenhalten, daß er doch sehr viele Details – wenn auch aufgrund von Fehlinformationen – durchdacht hat, und daß sich dieser «Schwärmerei» doch sehr viele ernstzunehmende Persönlichkeiten anschlossen. LUCE hält der These von der bloßen Schwärmerei außerdem entgegen, daß BERKELEYS Geist phiolosophisch geübt und diszipliniert gewesen sei, daß er gewohnt war, Fakten zu suchen und seine Einbildungskraft zu zügeln[62] sowie Einwände zu berücksichtigen. Die Charakterisierung BERKELEYS durch LUCE trifft in diesen Punkten sicher zu, und doch wird man zugeben müssen, daß BERKELEY in Bezug auf das Bermuda-Projekt sich schwärmender Begeisterung überläßt. Das zeigt sich nicht nur bei der ersten Schilderung des Projektes im Brief an PERCIVAL, sondern auch darin, daß BERKELEY im Gedanken an die Neugründung auf den Bermudas und im Hinblick auf die Auswanderung aus dem europäischen Staub in eine poetische Sprache verfällt. 1726 drückte er seine Vorstellungen vom kulturellen Niedergang Europas und der Auswanderung der Kultur nach Amerika in einem Gedicht aus[63]:

Amerika
oder
Die Musenzuflucht
Eine Prophezeiung

Die Muse sich nun weg von unsrer Zeit
und Gegend überdrüssig kehrt,
erwartet, in der Ferne sei bereit
das Bessere, des Ruhmes wert.

O glücklich' Land, wo sich im Sonnenstrahl
auf Erd' ein neuer Schauplatz schafft,
wo vor Natur die Künstlichkeit wirkt schal
und Schönheit nicht nach Mode gafft.

O glücklich' Land, du bist der Unschuld Sitz,
hier herrscht die Tugend, führt Natur,
wo Sinn und Wahrheit man nicht trügt durch Witz
des Höflings und Pedanten nur.

Da tönt der neuen goldnen Zeiten Klang:
Die Kunst erwacht und auch das Reich
voll der Begeisterung, voll Dichtersang,
voll edler Weisheit. Kein Vergleich!

Nicht wie Europa brütet, alt und taub.
Nein! Wie das Junge ihr entspringt,
wenn Himmelsglut beseelt der Erde Staub,
des Dichters Wort in Zukunft singt.

Nach Westen nimmt das Reich nun seinen Lauf.
Vier Akte sind vorbei bis jetzt.
Bald hört das Schauspiel mit dem fünften auf,
die schönste Frucht der Zeit zuletzt!

Was die finanzielle Seite des Projektes angeht, so wird man es nicht ohne Zusammenhang mit der «Seifenblase» der Südseegesellschaft (south sea bubble) sehen dürfen. Diese Gesellschaft war zur Förderung des Negerhandels von Afrika nach Amerika und für den englisch-südamerikanischen Handel gegründet worden und wurde für die Aktionäre zu einem fürchterlichen Verlustgeschäft. Trotzdem gelang es BERKELEY, eine beachtliche Anzahl von namhaften Personen aus Kirche und Staat zur Subskription zu gewinnen. Das Projekt wurde unterstützt von dem gelehrten Arzt ARBUTHNOT und dem Musiker PEPUSCH, von dem Erzbischof von Canterbury und dem Bischof von London sowie vielen anderen Honoratioren. Das Bermuda-Projekt war aus einer privaten Idee zu einer öffentlichen Angelegenheit geworden. Das Unternehmen wurde öffentlich diskutiert. Der König gab seine Zustimmung zur Errichtung eines Colleges («St. Paul's College») auf den Bermudas, und BERKELEY sollte der erste Präsident desselben sein. Er hatte bereits einen Lageplan aller Gebäude auf dem zukünftigen Campus entworfen. Als sich gegen Ende des Jahres 1725 abzeichnete, daß die privaten Spen-

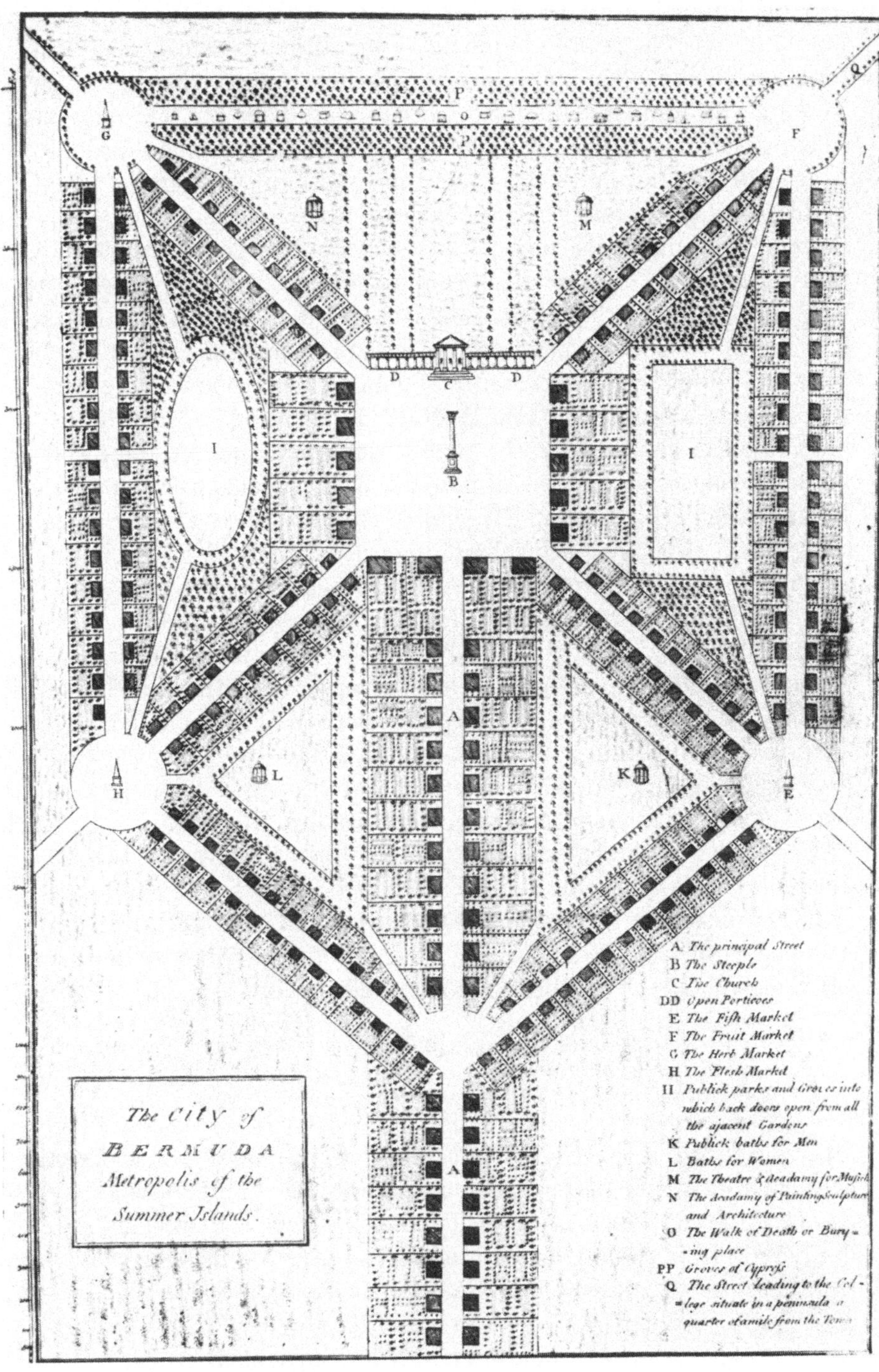

Abb. 10
The City of Bermuda (Plan).

den zur Finanzierung des Projektes doch nicht ausreichen würden, bemühte sich BERKELEY um eine staatliche Finanzierung. Er selbst fand auch einen Weg, um diese zu ermöglichen. Sie sollte durch den Verkauf von Ländereien auf St. Christopher, einer der Kleinen Antillen, gesichert werden. BERKELEYS Finanzierungsantrag wurde im Mai 1726 im Unterhaus behandelt und mit einer großen Mehrheit befürwortet. Es gab nur geringe Bedenken von wirtschaftlich orientierten Kreisen, jedoch nicht, weil sie Bedenken gegen die Durchführbarkeit des Unternehmens gehabt hätten, sondern weil sie befürchteten, die Abhängigkeit der englischen Kolonien könne durch das Bermuda-College geschwächt werden. Nun gab es nur noch Einwände von der Schatzkammer. Sie ließ eine Kommission einsetzen, um den Umfang und den Wert der Ländereien auf St. Christopher zu erkunden, denn vorher wollte der Schatzmeister keine endgültige Zusage über die Auszahlung des Geldes machen. Nach vielen Bemühungen erhielt BERKELEY schließlich auch diese *Zusage*, allerdings – und das erwies sich später als der Pferdefuß der Sache – ohne einen bestimmten *Termin* für die Auszahlung.

Fast zwei Jahre wartete BERKELEY auf die Bereitstellung des Geldes, doch immer noch ohne Erfolg. In dieser Zeit war er nicht untätig, sondern sammelte eine kleine Gruppe von Mitreisenden um sich, mit denen er in der ersten Septemberwoche 1728 heimlich nach Amerika aufbrach. An Bord waren 58 Kisten mit Büchern und Instrumenten. Unter den Mitreisenden war aber auch die junge Frau BERKELEYS, die er im Monat zuvor geheiratet hatte, nämlich ANNE FORSTER, die Tochter des Hauptrichters JOHN FORSTER in Dublin, der zeitweise Sprecher des irischen Unterhauses war. ANNE BERKELEY war nicht nur «Hausfrau», sondern wohl eine gebildete und belesene Frau, die – so sagt man – zur Mystik von FENELON und der Madame DE GUYON neigte. BERKELEY selbst schreibt:

> «Ich wählte sie ihrer Geistesqualitäten wegen und wegen ihrer natürlichen Neigung zu Büchern. Sie ist gerne bereit, das Leben einer einfachen Bauersfrau zu führen und selbstgewebte Stoffe zu tragen.»[64]

Über die zweite mitreisende Frau weiß man nur wenig. Es war eine Miß HANDCOCK und offenbar eine Freundin der Familie BERKELEY. Zur Gruppe gehörte auch der Maler JOHN SMIBERT. BERKELEY hatte ihn 1717 in Italien kennengelernt und sich später auf SMIBERTS Fachkenntnisse gestützt, als er Bilder aus der Erbschaft VANESSAS versteigern mußte. SMIBERT dürfte BERKELEYS Idee von der Pflege der Künste in Amerika stark unterstützt haben. Tatsächlich wurde er zu einem der Begründer der amerikanischen Potraitmalerei und portraitierte nicht nur BERKELEY selbst, sondern auch die gesamte Reisegesellschaft der Amerikafahrt (s. Abb. 11). Zu ihr gehörten außerdem noch zwei Vergnügungsreisende: JOHN JAMES und RICHARD DALTON. Sie verließen das Schiff schon in Virginia, trafen sich aber später mit SMIBERT in Boston.

Die Abreise nach Amerika war ungewöhnlich, denn die öffentlich unterstützte Expedition reiste ohne Kenntnis der Öffentlichkeit ab. BERKELEY stand unter Erfolgszwang, denn es gingen Gerüchte um, er werde das gespendete Geld niemals für das Bermuda-Projekt verwenden. Eine öffentlich angekündigte Abreise vor der Auszahlung des Geldes hätte aber die Befürworter des Unternehmens in Unruhe versetzt, weil die staatlichen Gelder noch nicht ausgezahlt waren. Die Reise nach Amerika war aber noch unter anderen Aspekten merkwürdig, denn BERKELEY fuhr nicht zu den Bermudas, sondern nach Newport (Rhode Island). Er wurde dorthin nicht durch die Ungunst des Wetters oder andere Zufälle verschla-

Abb. 11
BERKELEYS Reisegesellschaft (Bermuda-Gruppe, Dublin).
Ölbild von JOHN SMIBERT (1730?)

gen, sondern hatte dieses Ziel schon bei seiner Abreise im Auge, denn er hatte acht Empfehlungsschreiben von HENRY NEWMANN, ehemals Bibliothekar in Harvard, dann Sekretär der Society for Promotion of Christian Knowledge, in der Tasche, die ihm den Neubeginn in Rhode Island erleichtern sollten. Es gibt massive Gründe dafür, das BERKELEY von dort nicht sofort zu den Bermudas aufbrach. Er stand unter einem Dienstvertrag, der besagte, daß er achtzehn Monate nach seiner Ankunft auf den Bermudas sein Dekanat in Londonderry verlieren würde. Er zögerte also absichtlich, die Bermudas zu betreten. Außerdem benötigte er einen Brückenkopf auf dem Festland, um die Verbindung zu dem geplanten College aufrechtzuerhalten. Ferner waren ihm inzwischen wohl schon Zweifel gekommen, ob die Bermudas überhaupt der geeignete Standort für das geplante College seien. Die Überfahrt war lang und stürmisch, so daß das Schiff sogar schon als verschollen galt, doch BERKELEY war an solche gefährliche Reisen gewöhnt.

In Newport wurde BERKELEY aufgrund der Empfehlungsschreiben von NEWMAN durch den dortigen Pfarrer HONEYMAN und dessen Gemeinde freundlichst aufgenommen. Drei Wochen lang wohnte man bei dem Amtsbruder, dann zog BERKELEY in das neuerworbene Anwesen in Middletown, wenige Meilen von Newport entfernt. Das schon vorhandene Haus ließ BERKELEY entweder erneuern oder umbauen, jedenfalls steht das schlichte zweistöckige Wohnhaus mit dem Namen «Whitehall», worin BERKELEY damals lebte, heute noch.

Die Hauptaufgabe BERKELEYS bestand darin, auf das von England zugesagte Geld zu warten. Die äußere Ruhe, die ihn hier umgab, steht in einem gewissen Gegensatz zur inneren Anspannung in der er sich befand. Er predigte zwar oft in der Trinity Church von Newport, zweimal jährlich trafen sich die englischen Missionare aus dem Umkreis von hundert Meilen zu einer Art Synode in Whitehall, doch die meiste Zeit verbrachte BERKELEY – von den wenigen Unterbrechungen durch Besucher abgesehen – als Bauer und Privatgelehrter. Er vermied alle politischen Aktivitäten, denn er wußte, daß man ihn von amerikanischer Seite, aber noch mehr von englischer mißtrauisch beobachtete. Gemeinsam mit seinem Freund SMIBERT unternahm er Exkursionen in die Umgebung, um das Leben der eingeborenen Indianer kennenzulernen. So wollte er sich auf sein Missionsprojekt vorbereiten. Geblendet von seinem missionarischen Eifer und ganz im Stile des 18. Jahrhunderts hat BERKELEY, der Naturphänomene genau zu beobachten verstand, wohl auch die

Indianer eher wie Naturphänomene betrachtet, aber darüber hinaus wohl nicht viel von der ihm fremden Kultur aufgenommen. Wichtiger war für ihn die Begegnung mit einem gebildeten eingewanderten Amerikaner: SAMUEL JOHNSON. Dieser war früher in Yale tätig gewesen und hatte sich auch ein Jahr in England aufgehalten. Nun war er Pfarrer in Stratford (Connecticut). Schon vor seiner persönlichen Bekanntschaft mit BERKELEY hatte er die Bücher des irischen Philosophen gelesen[65]. BERKELEY und JOHNSON hatten also einige Anknüpfungspunkte, und tatsächlich entwickelte sich eine lebenslange Freundschaft zwischen ihnen. Allerdings stand JOHNSON dem Immaterialismus BERKELEYS sehr kritisch gegenüber. Daher entspann sich schon in Amerika ein philosophischer Briefwechsel zwischen den beiden, wobei BERKELEY gezwungen war, seine ontologische Haltung genauer zu erklären. Ganz sicher aber war JOHNSON ein Multiplikator für BERKELEYS Denken.

Das Bermuda-Projekt war keineswegs das realitätsferne Hobby eines einsamen, frommen Predigers vom Lande, sondern ein Unternehmen, das sich auf die Zustimmung des Königs, des Parlaments und weiter Kreise in der Bevölkerung stützte. Der Premierminister ROBERT WALPOLE hatte selbst eine Spende zugunsten des Pro-

Abb. 12
Whitehall in Middletown, R.I.

Abb. 13
Trinity Church Newport, R.I.

jekts gezeichnet. Daß das jahrelang vorbereitete Unternehmen letztlich doch scheiterte, hatte mehrere Gründe:

1) BERKELEY besaß nur mangelhafte bzw. fehlerhafte Informationen über die geographischen und sozialen Verhältnisse in Amerika. Es gab kaum zuverlässige Landkarten, aus denen die Entfernungsverhältnisse genau hervorgegangen wären. Die Kenntnisse über die landwirtschaftlichen und klimatischen Verhältnisse auf den Bermudas beruhten auf einzelnen Berichten, die kein adäquates Bild vermittelten. Nicht einmal die Informationen über die zu missionierende Bevölkerung stimmten, denn auf den Bermudas gab es keine Indianer, und auf dem küstennahen Festland nur wenige. Ein in Virginia lebender Freund PERCIVALS, WILLIAM BYRD, der die Gegend besser kannte, schrieb, als er von der Ankunft BERKELEYS in Rhode Island erfuhr, nach England, daß er das Unternehmen für eine Phantasterei und BERKELEY für einen eifernden DON QUICHOTE halte. Dabei bezog sich BYRD nur auf die technischen Schwierigkeiten des Projekts.
2) Trotz seiner jahrelangen Erfahrung mit Kirchen- und Staatspolitik, seiner Vertrautheit mit höfischen Kreisen und seines keineswegs provinziellen Horizonts, hatte BERKELEY sich allzu sehr auf politische, ja sogar schriftliche Versicherungen verlassen.
3) Durch sein eigenes Verhalten hatte er einige Unterstützer des Projektes brüskiert. Seine eigenmächtige Abreise nach Amerika, die er überraschend und heimlich vollzog, sollte zwar die an seiner Ernsthaftigkeit Zweifelnden überzeugen, sie dürfte aber auch einige Freunde verunsichert haben. Kurz nach seiner Ankunft in Newport war BERKELEY selbst davon überzeugt, daß Rhode Island der bessere Standort für das geplante College sei, und er kaufte dort wohl auch unter diesem Aspekt Land. Als diese Umstände in England bekannt wurden, waren einige mit dem Standortwechsel einverstanden, doch andere versetzte es in Unsicherheit. Daraufhin versuchte BERKELEY, den Eindruck aufrechtzuerhalten, daß er noch immer das College auf den Bermudas plane, daß er wenigstens dorthin gehen werde, falls das Parlament es so wünsche. In jedem Falle bedeutete der Gedanke an einen Standortwechsel das Eingeständnis eines Planungsfehlers.
4) In kirchlichen Kreisen war mit Recht Unmut darüber entstanden, daß BERKELEY sein Dekanat so lange verlassen hatte, ohne die Stelle freizugeben.

Während seines jahrelangen Wartens in Amerika dachte Berkeley darüber nach, wie er den Staat dazu zwingen könne, das schriftlich zugesagte Geld endlich auszuzahlen. Er dachte daran, daß einer seiner Freunde mit dem in Europa zurückgelassenen Schreiben beim Schatzmeister vorstellig werden sollte, doch Percival riet von diesem Schritt ab, weil es nur zu einem unerwünschten Prozeß mit der Krone führen würde und das Bermuda-Projekt ohne staatliche Unterstützung nicht durchführbar war.

5 Rückkehr aus Amerika

In der zweiten Hälfte des Jahres 1730 sieht Berkeley seine Aussichten schwinden. Er berichtet, daß die Enttäuschungen an seinen Nerven und seiner Gesundheit zehren. Anfang des Jahres 1731 erhält er einen Brief von seinem Freund, der ihn zu trösten versucht, indem er die Schuld für das Scheitern des Unternehmens auf die Kurzsichtigkeit der Politiker schiebt, zugleich aber auch alle Hoffnungen zunichte macht. Als Grund für die Hoffnungslosigkeit erfährt Berkeley, daß der Premierminister Walpole in einem Gespräch geäußert haben soll, das Geld werde niemals ausgezahlt. Das Gleiche habe Walpole auch dem Bischof von London gegenüber geäußert:

> «Wenn Sie die Frage an mich als Minister stellen, kann und muß ich Ihnen versichern, das Geld werde gemäß der staatlichen Zusage zweifellos bald ausgezahlt. Wenn Sie mich aber als Freund fragen, ob Dekan Berkeley weiterhin in Erwartung der Zahlung der 20 000 Pfund in Amerika bleiben soll, so gebe ich ihm den Rat, auf jeden Fall nach Europa zurückzukehren und seine derzeitigen Erwartungen aufzugeben.»[66]

Am 2. 3. 1731 schreibt Berkeley an Percival, daß er nun selbst auch alle seine Hoffnungen bezüglich der Ausführung seines Planes aufgegeben habe, und daß er sich bemühe, trotz seiner Enttäuschung das Beste daraus zu machen. Sein Denken sei nun wieder auf Europa gerichtet, um sich dort auf irgendeine Weise nützlich zu machen. Unmittelbar im Anschluß daran macht sich Berkeley in diesem Brief Gedanken darüber, warum sein Unternehmen scheiterte. Er sieht die Gründe nicht so sehr in den obengenannten Umständen, sondern in folgendem:

> «Was törichterweise «Freidenkertum» genannt wird, scheint mir die Hauptwurzel und Quelle nicht nur für die Opposition gegen unser College zu sein, sondern auch für die meisten Übel unserer Zeit. Und solange dieser Wahnsinn fortbesteht und sich ausbreitet, ist es vergeblich, auf irgendetwas Gutes im Mutterland oder den Kolonien, die immer den Moden des alten Englands folgen, zu hoffen. Es wurde mir glaubhaft

berichtet, daß man eine große Menge jeder Art blasphemischer Bücher, die in London erschienen, nach Philadelphia, New York und andere Orte geschickt hat, wo sie Atheisten und Ungläubige in großer Zahl hervorbringen werden.»[67]

BERKELEY macht also die Freidenker für die größte Enttäuschung seines Lebens verantwortlich.

Im Hinblick auf sein unmittelbares Ziel betrachtet war das Bermuda-Projekt gescheitert, doch unter einem weiteren Blick war es ein großer Erfolg oder wenigstens der Grund für einen Erfolg

Abb. 14
SAMUEL JOHNSON. Ölbild von JOHN SMIBERT (ca. 1730).

Berkeleys. Durch seine Begegnungen mit Johnson war nicht nur eine Beziehung zwischen diesen beiden Denkern entstanden, sondern eine Freundschaft zwischen beiden Familien bis in die nächste Generation. Berkeley hat bei seiner Abreise aus Amerika sein Haus und sein Land sowie acht Kisten voll Bücher dem Seminar von Yale, dieser Keimzelle der später so berühmten Universität, geschenkt. Kurz bevor er Boston verließ, bemerkte er, daß in der Bibliothek von Harvard die lateinischen Klassiker fehlten, also schickte er später eine Kiste mit diesen Büchern dorthin. Der Trinity Church in Newport, wo er so oft gepredigt hatte, stiftete er eine Orgel. Auch von Europa aus hielt Berkeley seine Beziehungen zu Harvard und Yale aufrecht. Samuel Johnson wurde – allerdings erst nach Berkeleys Tod – der erste Präsident am King's College New York, der späteren Columbia University. Berücksichtigt man auch diese indirekte Beziehung, so war Berkeley an der ersten Entwicklung dreier bedeutender amerikanischer Universitäten beteiligt, jedoch nicht an der, mit der später sein Name verknüpft wurde. Ihm, der in seinen Schriften mehrfach über die Gründung von Akademien nachgedacht hat, war es nicht vergönnt, das von ihm geplante College zu gründen, aber er hatte doch wenigstens unterstützende Funktion bei der Entstehung namhafter anderer Universitäten. Wie die Fragen 188 bis 191 im *Querist* zeigen, dachte Berkeley auch nach seiner Rückkehr aus Amerika noch an eine College-Gründung, nun allerdings innerhalb Irlands, doch ohne daß er auch nur ernsthaft versucht hätte, dieses zu realisieren.

Man hätte es als ein Zeichen des Himmels ansehen können, daß er bei der Fahrt nach Amerika buchstäblich gegen den Wind kämpfen mußte. Als er im Oktober 1731 nach England zurückkehrte, hatte er eine schnelle glückliche Überfahrt. Er kehrte aber nicht unmittelbar in sein verlassenes Dekanat, nicht einmal nach Irland zurück, sondern blieb in London, wo er wieder einmal wartete. In Londonderry, das er so schmählich im Stich gelassen hatte, hätte er sicher einen schweren Stand gehabt. So war es denn ratsam, bis zur Verbesserung seiner Position in London zu warten. Wieder kam es zu den üblichen Positionsstreitigkeiten, als Berkeley nun für das Dekanat von Down in Erwägung gezogen wurde. Der Erzbischof von Dublin intervenierte und ließ durch den dortigen Statthalter, Herzog von Dorset, melden, Berkeley sei ein Wahnsinniger und in Irland bei allen Freunden des Königs unbeliebt. Percival konnte aber den Bischof von London davon überzeugen, daß man mit einer solchen Beleidigung Berkeley Unrecht getan hatte. Da man aber in England BERKELEY keine Position verschaffen konnte, war er gezwungen, nach Irland zurückzukehren. Immerhin versprach man ihm das nächste freiwerdende Bischofsamt. Anfang 1734 wurde ihm das Episkopat von Cloyne in Südirland angetragen – weit genug entfernt vom Bischof von Dublin –, und am 19. 5. 1734 wurde er in Dublin zum Bischof geweiht.

Die lange Zeit der Unruhe, die sowohl in Amerika als auch in London eine Zeit zermürbenden Wartens war, hatte er zur wissenschaftlichen Tätigkeit genutzt. In Newport hatte er sein umfangreichstes Werk, den philosophisch-theologischen Dialog *Alciphron* verfaßt, der 1732, kurz nach BERKELEYS Rückkehr aus Amerika, in London erschien. Es ist eine breit angelegte Verteidigung des Christentums, genauer gesagt: der anglikanischen Konfession, gegen die Freidenker. Das Buch ist jedoch keine rein theologische Schrift, auch nicht eine des bloßen Glaubenskampfes, sondern eine, die zu zeigen versucht, daß die theologischen Überzeugungen des Autors mit seinen philosophischen völlig übereinstimmen. Der *Alciphron* enthält also eine doppelte Verteidigung, nämlich sowohl eine der christlichen Offenbarungsreligion als auch eine der Philosophie des Immaterialismus. Gleichzeitig werden darin die verschiedenen Freidenker und

Abb. 15
GEORGE BERKELEY, Bischof von Cloyne. Stich von SKELTON nach einem Bild von JOHN VANDERBANK.

Kritiker des Christentums dargestellt, um sie als Skeptiker zu entlarven und sie so besser bekämpfen zu können. Für diese Zwecke eignet sich die Form des Dialogs besonders gut. In den *Dialogen zwischen Hylas und Philonous* ging es nur um die Gegenüberstellung des Materialismus und des Immaterialismus, daher genügten dort zwei Dialogpartner. Im *Alciphron* schlägt sich die Vielfältigkeit der bekämpften Meinungen in einer großen Anzahl von Dialogpartnern nieder. Während in jenem frühen Dialog die Positionen eindeutig verteilt sind und kein Zweifel besteht, daß PHILONOUS die Meinung BERKELEYS vertritt, hat der Autor im *Alciphron* die Positionen so differenziert verteilt, daß es Zweifel gab, wer die eigentliche Stimme des Autors vertrete. Das Gespräch wird von einem nicht weiter beteiligten Teilnehmer mit dem Namen des PLATONfreundes DION [68] seinem Freund mit dem PLATONischen Namen THEAGES [69] schriftlich berichtet, wobei die Einleitung ganz und gar auf die Situation BERKELEYS in Newport anspielt. Es geht um die Erklärung der Einzelheiten des Mißerfolgs einer «Angelegenheit». Der Dialog soll also über die philosophisch-theologische Abhandlung hinaus eine hintergründige Erklärung für das Scheitern des Bermuda-Projekts liefern. Die Namen der Gesprächspartner sind etymologisch bezeichnend: ALCIPHRON ist der «Starkgeist» (= Freidenker), LYSIKLES der «Auflöser», der sich weder um Wahrheit noch um Sittlichkeit kümmert. EUPHRANOR ist der mit der «guten Gesinnung», der in naiver Unerfahrenheit den anderen nichts Böses zutraut, und CRITO ist der «Auserwählte» mit einem Anklang an «Krites» (Richter). Während ALCIPHRON und LYSIKLES die Seite der Freidenker vertreten, wird BERKELEYS Meinung mehr oder weniger von EUPHRANOR und CRITO vertreten. Nicht immer sind die gemeinten Gegner BERKELEYS persönlich greifbar, doch wird im zweiten Dialog vor allem MANDEVILLE angegriffen, der in seiner «Bienenfabel» das Wohl der Gesellschaft auf die privaten moralischen Laster der Einzelnen gründete. Dieses zynische Lob des Egoismus rief BERKELEYS Kritik hervor. Im Gegensatz zu MANDEVILLE, der die Moral von innen aufzulösen versuchte, legte SHAFTESBURY, dessen Meinungen im dritten Dialog behandelt werden, dem Menschen einen spezifischen angeborenen moralischen Sinn bei, weswegen er auch von MANDEVILLE angegriffen wurde. Der Grund dafür, daß sich SHAFTESBURY auch die Gegnerschaft BERKELEYS zuzog, liegt – abgesehen von einer Mißdeutung – darin, daß BERKELEY in SHAFTESBURY die Unterhöhlung der Offenbarungsreligion bekämpft.

Der Ablehnung aller bisherigen Beweise für die Existenz Gottes stimmen auch EUPHRANOR und CRITO zu. Doch sie geben damit BERKELEY nur Gelegenheit, eine neuartige Beweisführung vorzulegen: Wir nehmen Gott ebenso wahr wie andere Menschen, denn auch diese nehmen wir nicht unmittelbar wahr, sondern nur aufgrund von einzelnen Wahrnehmungen der Sinne. Die Wahrnehmungen mit dem Gesichtssinn sind gleichsam die Wörter einer Sprache, die wir mit ihren Bedeutungen, nämlich den haptischen Dingen, verknüpfen. Mit dieser Sprache spricht Gott unaufhörlich zu uns. Diese Überzeugung hatte BERKELEY bereits in seiner Frühschrift über das Sehen dargelegt, allerdings nicht als Sprache Gottes, sondern als Sprache der Natur, doch nimmt BERKELEY den *Alciphron* zum Anlaß, seine Schrift über das Sehen im Anhang dieses Dialogs noch einmal neu zu publizieren.

Obwohl BERKELEY seinen *Alciphron*, der anonym erschien, auch anonym an seinen Freund PERCIVAL schickte, vermutete dieser sogleich, daß BERKELEY der Autor sei, was sich auch bald als richtig herausstellte[70]. Das Buch erregte Aufmerksamkeit, es wurde viel gelesen, z. B. auch im Salon der Königin. Die Gegner BERKELEYS setzten sich zur Wehr. Sofort erschienen Schriften der Erwiderung auf den *Alciphron*: MANDEVILLE schrieb *A Letter to Dion* (London 1732), worin er in gemäßigtem, ruhigem Ton BERKELEYS Anwürfe entkräftete und ihm nachwies, daß er die *Bienenfabel* offenbar nicht genügend kannte. JOHN, Lord HERVEY VON ICKWORTH[71], ein schriftstellernder Politiker, antwortete mit *Some Remarks*. Im vierten Dialog (§ 21) hatte BERKELEY ausführlich den Begriff der Analogie erläutert, um die Anwendung dieses Begriffs bei der Erkenntnis der Eigenschaften Gottes einzudämmen. Dies provozierte eine eingehende Erwiderung von seinem Kollegen PETER BROWNE, in dessen Buch *Things Divine* (London 1733). 1734 erschien in London und Edinburgh ein gegen den *Alciphron* gerichtetes Pamphlet mit dem ironischen Titel «Eine Verteidigung des Dekans BERKELEY»[72]. Die im Anhang erneut publizierte Abhandlung über das Sehen provozierte eine Erwiderung, die am 9.9.1732 anonym im *Daily Postboy* erschien. Während BERKELEY alle anderen Erwiderungen unbeachtet ließ, wurde er durch diese anonyme Schrift zu einer ausführlichen Antwort veranlaßt[73]. Auch diese Schrift ist ein Teil des Angriffs auf die Freidenker und nicht auf eine bloße Theorie der Wahrnehmung beschränkt. BERKELEY stand nach seinem gescheiterten Amerikaunternehmen unter einem starken Selbstrechtfertigungszwang. In seinem Brief an PERCIVAL hatte er deutlich gezeigt, daß er in den

Freidenkern die Schuldigen für das Scheitern des Projekts sah. Er ließ sich bei seiner Polemik aber nicht auf die Niederungen bloßer Beschimpfung herab, sondern sublimierte seine Resentiments in Argumenten. So war das große Werk des *Alciphron* entstanden, und so hatte er auch die kleine Verteidigungsschrift von 1733 geschrieben. Doch damit war sein Eifer gegen die Freidenker noch nicht erschöpft. Er holte zu einem neuen Schlag aus.

Abb. 16
Bischof BERKELEY. Ölbild von JOHN VANDERBANK?

In einem Brief vom 7.1.1734 schreibt BERKELEY an seinen Freund PRIOR, er verbringe die Morgenstunden damit, über einige mathematische Dinge nachzudenken, woraus vielleicht etwas entstehen könne. Nach dieser geheimnisvollen Ankündigung erschien in den letzten Märztagen desselben Jahres das provokative Buch *The Analyst*[74]. Diese Schrift war aus einem persönlichen Antrieb entstanden, nämlich den Freidenkern heimzuzahlen, daß sie das Bermuda-Projekt vereitelt hatten, also aus dem gleichen Beweggrund wie der *Alciphron* und die *Verteidigung der Theorie des Sehens*. Daß BERKELEY seine nun 25 Jahre ruhenden Angriffe gegen die Infinitesimalmathematik[75] wieder aufgriff, hatte darüber hinaus zwei akute Anlässe: einerseits die im *Analyst* (§ 50) erwähnte, «kürzlich» an ihn ergangene Aufforderung, seine früheren Vermutungen zu belegen, und – wie BERKELEY in seiner *Verteidigung des freien Denkens in der Mathematik* (§ 7)[76] erklärt – der Bericht von ADDISON, daß ein ihm bekannter, gebildeter Mann seiner Zeit als Grund für seine ungläubige Haltung die Ungläubigkeit eines bekannten Mathematikers angeführt habe. Wie der BERKELEY-Biograph STOCK berichtet, soll dieser «gebildete Mann» der mit ADDISON und BERKELEY befreundete Arzt Dr. SAMUEL GARTH gewesen sein, der kurz vor seinem Tode die Behandlung religiöser Fragen mit der Bemerkung zurückgewiesen habe, der in Beweisen so bewanderte EDMUND HALLEY habe ihm versichert, die christliche Lehre sei unbegreiflich, und Religion sei ein Betrug[77]. Mit der anderen «kürzlich erfolgten Provokation» wird BERKELEY vermutlich eine umfangreiche polemische Passage im Buch von BAXTER[78] gemeint haben. BAXTER greift BERKELEYS Immaterialismus an, wobei er auch die der Mathematik gewidmeten Stellen aus BERKELEYS *Prinzipien* einer Kritik unterzieht[79]. Dabei schrieb BAXTER u.a.:

> «Wir wollen die Behauptung betrachten, daß jeder beliebige Teil einer Vorstellung, der nicht wahrgenommen wird, *kein Teil* derselben sei, weil ihr *esse* [Sein] ihr *percipi* [Wahrgenommenwerden] sei. (...) Ein nicht wahrgenommener Teil einer Wahrnehmung ist in der Tat ein Widerspruch, da er ein Teil derselben ist, der *kein* Teil derselben ist. Folglich ist ein Teil der kleiner als das *minimum sensibile* (s. § 127) ist, kein Teil desselben, d.h. nichts. Deswegen ist z.B. *in der Vorstellung* eines Kubikzolls Materie kein Teil, der durch [einen Bruch] ausgedrückt werden könnte, dessen Nenner 1000000000000 ist und dessen Zähler 1 ist – für die, die sehr gute Augen haben, könnten wir die Zahl auch noch größer machen –, denn ein solcher Teil ist kleiner als das *minimum sensibile*, d.h. ein solcher Teil ist überhaupt nichts. Wenn es aber keinen solchen Teil gibt, d.h. wenn der billionste Teil genau nichts ist, ist die ganze Vorstellung aus einer Billion von *keinen Vorstellungen* zusammengesetzt, d.h.

> die ganze Vorstellung ist keine Vorstellung. Zweifellos ergibt nämlich eine Million oder irgendeine Zahl von Nichtsen niemals etwas, eine Zahl von *Negationen* einer Vorstellung ergibt auch niemals eine *wirkliche Vorstellung*. 2, 10, 100 usw. *Negationen* eines Dinges ergeben niemals das *Ding selbst*.»[80]

Diese Rechnung mit Nichtsen war gegen BERKELEY gerichtet, aber damit hatte BAXTER in ein Wespennest gestochen, denn BERKELEY hatte in seinen frühen Notizen ja gerade selbst oft Kritik an den Infinitesimalmathematikern wegen ihrer Rechnungen mit Nichtsen geübt. BAXTER konnte allerdings diese privaten Aufzeichnungen und den unveröffentlichten Vortrag *Vom Unendlichen* BERKELEYS nicht kennen, er stützte sich also bei seinem Angriff nur auf die wenigen Bemerkungen, die BERKELEY in den *Prinzipien* gemacht hatte. BERKELEY brauchte aber nur seine früheren Überlegungen wieder aufzufrischen, um seinen Kampf gegen die Freidenker auch auf die Mathematiker auszudehnen. So entstand der *Analyst*, dessen Publikation zwar zeitlich fast mit BERKELEYS Bischofsweihe zusammenfällt, den man aber weder als einen Abschiedsbrief zum Weggang aus der Londoner Kulturszene, noch als eine Einführungsschrift in sein neues Amt mißverstehen darf.

Abb. 17
St. Colman's Cathedral in Cloyne.

6 Bischof von Cloyne

Cloyne liegt etwa 40 Kilometer östlich der südirischen Hafenstadt Cork. Wäre nicht BERKELEY hier 19 Jahre lang Bischof gewesen, der Name des schon sehr alten Dorfes wäre kaum über Cork hinaus bekannt geworden. Die schlichte, turmlose Kathedrale hat nichts von Pracht oder Macht, sondern wirkt eher unscheinbar. In der Nähe steht der Runde Turm, einer von jenen uralten irischen Glokkentürmen. Während der Amtszeit BERKELEYS, nämlich 1749, wurde der steinerne Turm durch einen Blitzschlag beschädigt, die Glocke fiel herunter, aber nicht zerstört.

BERKELEYS Diözese umfaßte 44 Kirchen mit 14000 Gläubigen, die über ein weites Gebiet verstreut waren. Die Protestanten bildeten die herrschende Minderheit, es gab etwa acht mal so viele Katholiken wie Protestanten. Zum Besuch der Gemeinden hatte BERKELEY unangenehme Fahrten auf schlechten Wegen zurückzulegen. Die Bevölkerung war arm und BERKELEY sehr bemüht, die Lebensverhältnisse derselben zu verbessern. Zu diesem Zwecke schrieb er auch den *Querist*, eine nationalökonomische Schrift, die 1735 bis 1737 in drei Teilen in Dublin herauskam. Sie ist schon aus

Abb. 18
Bischofspalast in Cloyne. Stich.

formalen Gründen beachtenswert, denn das ganze Buch besteht nur aus rhetorischen Fragen, die zwar im einzelnen sprachlich geschickt formuliert sind, so daß die Lektüre nicht langweilig wird, aber inhaltlich nur locker geordnet, so daß es zu Sprüngen und Wiederholungen kommt.

Um eine Verbesserung der Lage der Bevölkerung zu erreichen, müsse das Volk aktiviert werden, dessen Trägheit BERKELEY auf seine Aussichtslosigkeit zurückführt. Es solle nicht nur von außen zur Arbeit angehalten werden, sondern auch durch die Weckung von Bedürfnissen, die sich mit der Aussicht auf Befriedigung entwickeln lassen. An verschiedenen Punkten setzt BERKELEY immer wieder an:

1) Es komme darauf an, die einheimischen Rohstoffe statt teuer importierter zu verwenden und die Selbstversorgung zu fördern (z.B. durch Anbau von Hanf). Der Import könne so gedrosselt und der Export gesteigert werden, wodurch das Geld im Lande gehalten werden könne.
2) Das Gesetz, das seit 1699 den Iren verbot, verarbeitete Wolle nach England zu exportieren, und nur noch den Export des Rohstoffs Wolle erlaubte, müsse geändert werden.
3) Die Bautätigkeit sei anzuregen, weil sie allen Beteiligten, den Handwerkern, aber auch den Grundbesitzern selbst, zugute komme. (Hier zeigt sich wieder BERKELEYS Lust, ein College zu gründen.)
4) Irland brauche vor allem eine Nationalbank als Hauptstütze der Wirtschaft.
5) Die Geldzirkulation müsse durch die Vermehrung von Münzen kleinerer Werte und durch die Verwendung von Papiergeld gefördert werden.

BERKELEYS Geldtheorie steht in einem systematischen Zusammenhang mit seiner Wissenschafts- und Erkenntnistheorie, denn beiden liegt der Gedanke eines Zeichen- oder Verweisungssystems zugrunde. Der Wert des Geldes besteht nicht in dem Material, dem Edelmetall oder gar einer an sich seienden Materie, sondern nur in dem ‹Vermögen› (power, Macht), auf das es als bloßes Zeichen verweist. Daher läßt sich Papiergeld ebensogut verwenden wie Metallgeld, ja es hat sogar noch den Vorteil, daß man es leichter aufbewahren und transportieren kann. Geld ist nichts als eine Form von Kreditschein. Wie auf anderen Gebieten zeigt sich auch im *Querist*, der MARX und KEYNES immerhin beachtenswert erschien, daß BERKELEY keineswegs ein welt- oder realitätsfremder Bewohner von Wolkenkuckucksheim war.

Familie und Amt beherrschten in Cloyne BERKELEYS wohlgeordnetes Leben. Nur durch seinen regen Briefwechsel und gelegentliche Gäste drang die große Welt in den stillen, abgelegenen Sitz des Bischofs, der für die Kinder seiner Gemeinde eine Spinnschule und für die Landstreicher ein Arbeitshaus einrichtete. Ganz im Sinne der Aufklärung versuchte er die Spannungen zwischen den Konfessionen zu mindern, blieb aber unversöhnlich und hart, wo er den christlichen Glauben in Gefahr sah. Von seinen sieben Kindern überlebten nur vier das Säuglingsalter: HENRY (*1729), GEORGE (*1733),

Abb. 19
GEORGE BERKELEY (ca. 1737/38). Ölbild von JAMES LATHAM.

William (*1736) und Julia (*1738). Die Erziehung der Kinder lag dem Vater sehr am Herzen. Griechisch und Latein unterrichtete er selbst, über den Mathematikunterricht sind wir nicht informiert. Für die musikalische Bildung hielt man sich einen italienischen Musiker als Hauslehrer. Berkeley war an Architektur und Malerei sehr interessiert, er besaß hervorragende Gemälde und ließ bedeutende Bilder kopieren. Insgesamt berichtet die Überlieferung von einem harmonischen, aristokratischen, frommen Familienleben.

7 Das Teerwasser und die letzten Jahre

Die Teerwasserepisode brachte manchen Spott über Berkeley. Doch wie kam es dazu, daß er sich als Pharmazeut betätigte? Die Gesundheitsfürsorge war im 18. Jahrhundert in Irland, wie in anderen Ländern auch, der Privatinitiative überlassen. Nur in großen

Abb. 20
Berkeley-Medaille für die beste Griechischarbeit am Trinity College Dublin mit dem Text «Immer der Beste sein», von Berkeley 1735 gestiftet.

Abb. 21
«BERKELEY B. of Cloyne». Karikatur im British Plutarch (1762) beim BERKELEY-Artikel von OLIVER GOLDSMITH.

Städten gab es Ärzte und einige wenige Spitäler. Im Krankheitsfalle half man sich mit Hausmitteln, deren Rezepte aus alter Zeit bekannt waren. An neu entwickelte Rezepte war keineswegs immer leicht heranzukommen, weil diejenigen, die entsprechende Kenntnisse besaßen, sie lieber geheimhielten, um damit als Helfer in der Not auftreten und den eigenen Geldbeutel füllen zu können.

Nachdem der Winter 1739/40 äußerst streng gewesen war – auch Berkeley unterließ es, seine Perücke zu pudern, um das Mehl zu sparen, weil die Lebensmittelvorräte sehr knapp wurden – brach im folgenden Winter, zu Beginn des Jahres 1741, eine Ruhr-Epidemie aus. Um der im ganzen Land umsichgreifenden Plage entgegenzuwirken, suchte Berkeley mit Hilfe der medizinischen Literatur und durch eigene Versuche nach einem Heilmittel. Er verwendete fein geriebenes Harz in einer nach bestimmtem Rezept hergestellten Fleischbrühe und hatte gewisse Erfolge damit. Er probierte auch andere Mittel aus und korrespondierte über seine Forschungen mit seinem Freund Thomas Prior. Dabei zog Berkeley auch schon das *Teerwasser* in Erwägung[81]. Er hatte vom Gebrauch dieses Mittels in Amerika gehört, als 1730 in Boston eine Blattern-Epidemie herrschte und die Indianer ihr mit Teerwasser vorzubeugen versuchten. Er vermutete, daß ein Mittel, mit dem man vorbeugen konnte, auch heilen könne, und daß die Wirkung nicht auf die Blattern beschränkt sei. Er probierte daher den Teeraufguß aus. Er studierte dazu auch in der chemischen Literatur[82], und es gelang ihm – im Gegensatz zum Teerwasser der Indianer – eine klare, von festen, unangenehmen Teilchen freie Flüssigkeit herzustellen. Nun probierte er ihre Wirkung an sich selbst aus, dann im Kreise seiner Familie und schließlich bei anderen Einwohnern von Cloyne. Nach all diesen Studien und Versuchen schrieb er dann ein umfangreiches Werk über das erprobte Medikament, nämlich die *Siris* (1744). Sie war keine aus einem aktuellen Anlaß schnell hingeworfene Schrift, sondern ein sorgfältig und mühevoll ausgearbeitetes Buch, das dann auch, trotz mancher Kritik, ein großer Erfolg wurde. Allein im Jahr seines ersten Erscheinens kam es zu sechs Auflagen. Das Buch wurde bald – wenigstens seine pharmakologischen Teile – ins Französische, Niederländische, Deutsche, Spanische und Portugiesische übersetzt. Berkeley publizierte noch mehrere Ergänzungen über das Teerwasser [LL, p. 200], und auch Thomas Prior verfaßte dazu eine Schrift [*Authentick Narrative*].

Heute ist die Auffassung weit verbreitet, daß es kein Medikament ohne Nebenwirkung gebe. Mit dem Teerwasser wurde vielleicht manches Fieber kuriert, aber nun entstand eine neue Epidemie: die Teerwassersucht. Auf die Frage, ob er Teerwasser verkaufe, soll ein Apotheker geantwortet haben: «Teerwasser? Ich verkaufe nichts anderes mehr.» Ob arm, ob reich, alle Leute sprachen nur

Abb. 22
HERMANN BOERHAAVE. Titelbild der *Elementa chemiae*, Leipzig 1753.

noch vom Teerwasser. – Es gab geradezu ein Teerwasserfieber. Man könne nicht einmal einen Brief schreiben ohne Teerwasser in der Tinte, meinte ein Zeitgenosse[83]. Das Teerwasser überschwemmte London, man benutzte es bei Hofe, auch Prinzessin CAROLINE hat es gebraucht, und es gab eine Apotheke, die eine Anleitung zur Herstellung und Anwendung von Teerwasser herausgab.

Doch die lizensierten Schulmediziner nahmen diesen Erfolg des Außenseiters und Laien nicht ohne Kritik hin. JURIN, der Arzt, gegen den BERKELEY schon in der Analyst-Kontroverse zu kämpfen hatte, zog wieder gegen ihn zu Felde. Daraufhin verfaßte BERKELEY gegen diesen und andere Kritiker des Teerwasser-Buches zwei Gedichte, die er an THOMAS PRIOR schickte, um sie durch diesen anonym in *Gentleman's Magazine* für 1744 publizieren zu lassen. Dabei war BERKELEY sehr auf sein Incognito bedacht: TOM sollte die Verse abschreiben und die Originale verbrennen[84].

Trinken oder nicht, das ist die Frage.
Pro und *Con* bringt man's gelehrt zutage.
«Briten, trinkt!» ruft heiter und verwegen
der Prälat. Der Doktor ist dagegen.
Hält denn der gelehrte Streit nicht inne?
JURIN schreit voll Wut in wildem Grimme. –
Trinkbarkeit bezeugt sich durch die Sinne.
Was gut mit unsrem Kopf und Magen steht,
das fühlt man, wär' man auch Analphabet.
Bloß Menschen sind Autoritäten und Doktoren.
Wer Teerwasser trinkt, bleibt immer ihm verschworen.

Über Siris und ihre Feinde
Von einem Teerwassertrinker[85]

Wie hält im Kampf, im hart geführten,
Siris stand? Die Lizensierten
rufen flehend und vergällt:
«Aus den Angeln ist die Welt!
Die Köpf' verdreht des Prälats Lehr',
zurecht sie rücken, fällt uns schwer.
Sein Mittel macht die Krankheit schlimmer.
In volle Wut bringt uns das immer.»
Nur Wut läßt sie dabei verweilen,
Teerwasser könne doch nicht heilen.
Man werde mehr und mehr nur krank
und mehr das Honorar zum Dank.
Seht, wie sie gar voll Mitleid sind
und für den eignen Vorteil blind!
Wohl mancher Wicht, des Blick so fahl
vom Mörser, Kolben, Urinal,
mischt Blindheit, Bosheit, Haß hinein

und liefert schäbig und gemein
für die Trabanten Munition
zu Pamphleten voller Hohn
gegen Teerwasser. Und der Grund?
Denk, wer sie sind! Du siehst es und,
was ihre armen Verschen meinen,
ob sie sich oder uns beweinen.

BERKELEY wurde wegen des Teerwassers oft verlacht. Für dieses Lachen gab es stärkere und schwächere Gründe. Gewiß hat er nach anfänglichen Heilerfolgen sein Medikament, wie wohl viele Pharmazeuten, weit überschätzt. Er hielt es geradezu für ein Allheilmittel, was es sicher nicht ist. Der therapeutische Wert von wässrigen Teerauszügen kann aber nicht bestritten werden, denn die darin enthaltenen Phenole wirken antiseptisch. Noch in unserem Jahrhundert wurden sie bei Erkrankungen der Atmungsorgane und der Haut angewandt, obwohl man schon wußte, daß als Nebenwirkung eine Reizung der Niere vorkommt. Erst in neuerer Zeit vermeidet man sie völlig, weil man inzwischen ihre krebserzeugende Wirkung erkannt hat.

Die letzten Lebensjahre verbrachte BERKELEY in relativer Zurückgezogenheit in Cloyne. Er war sich dessen bewußt, daß die Jahre der hochtrabenden Pläne, der «weltbewegenden» Projekte, der Positionskämpfe und heftigen wissenschaftlichen Auseinandersetzungen für ihn vorbei waren. Er genoß das ruhige Leben auf seinem ländlichen Bischofssitz, auch wenn diese Stelle keineswegs der Gipfel dessen war, was sich ein bedeutender Geistlicher vorstellen konnte. Cloyne war auch damals relativ unbedeutend und die Stelle nicht sehr einträglich. Nach einigen Zeugnissen soll sich BERKELEY auch noch in diesen Jahren mit dem Gedanken seiner Positionsverbesserung beschäftigt haben, doch andere bezeugen das Gegenteil. Die Zeit der aufgeregten Bemühungen und des Antichambrierens war jedenfalls vorbei.

Sein langjähriger Freund PERCIVAL war wiederholt sein Gast, denn des Grafen Grundbesitz lag in der Diözese Cloyne. Mit dem Tod von PERCIVAL 1748 verlor BERKELEY einen seiner beiden besten Freunde. Im März 1751 trifft BERKELEY ein besonders schmerzlicher Verlust. Er hatte zwar schon drei seiner Kinder verloren, doch diese starben im Säuglingsalter – damals fast «alltägliche» Verluste –, aber nun starb sein vierzehnjähriger Sohn WILLIAM, der ihm, wie er in einem Brief schrieb, als ein kleiner Freund ans Herz gewachsen war. BERKELEY bekennt, daß er stolz auf diesen Sohn war, doch als frommer Mann fügt er sich ganz in Gottes Willen, so daß man ihm seinen Schmerz nicht einmal am Tag des Begräbnisses angemerkt habe[86].

Im Oktober 1751 starb auch BERKELEYS Freund THOMAS PRIOR. Der Bischof schrieb ihm einen rühmenden lateinischen Grabspruch, der auf einem von Freunden des Verstorbenen finanzierten Monument im Christ Church Cathedral in Dublin die Erinnerung an PRIOR wachhalten sollte:

> «THOMAS PRIOR, dem Mann, der sich wie kein anderer um das Vaterland verdient gemacht hat. Er, der eher nützen als Aufmerksamkeit erregen wollte, der weder in den Senat noch in den Rat gewählt, auch nicht mit anderen öffentlichen Ehren ausgezeichnet wurde, trug doch auf hervorragende Weise zur Vergrößerung und Verschönerung des Staates bei, in dessen Führung er arbeitete. Ein Mann ohne Tadel, standhaft und fromm, ohne Neigung zum Parteienstreit. Er kümmerte sich kaum um seine Privatinteressen, da er einzig das Wohl der Bürger im Auge hatte. ... (Es folgt sein Beitrag zum allgemeinen Wohlstand.) ...
> Gründer, Errichter und Kurator der Dublin Society. Was er tat, kann nicht von vielen gesagt werden. Wovon der Marmor erzählt, ist das, was alle wissen. Das, was in die Herzen der Bürger eingeprägt ist, wird niemals zerstört werden.»[87]

BERKELEY mag dabei einmal mehr an seinen eigenen Tod gedacht haben. Sein wissenschaftliches und schriftstellerisches Werk war mit der *Siris* im wesentlichen abgeschlossen. Er befaßte sich nun mit Neuauflagen seiner bereits publizierten Schriften. So brachte er 1752 die dritte Ausgabe des *Alciphron* heraus, aber ohne ihm, wie er es früher gemacht hatte, die Schrift über das Sehen anzuhängen. Auch sonst nahm er einige Auslassungen vor, über deren Gründe die Interpreten spekulieren. Daß er aber auch seinen kleineren Schriften bleibende Bedeutung zumaß, wird daraus deutlich, daß er sie selbst für einen Sammelband zusammenstellte, der noch einige Monate vor seinem Tod im Herbst 1752 erschien.[88] Indem BERKELEY zeit seines Lebens immer wieder seine früheren Schriften neu herausgebracht hat, zeigt er, daß er selbst eine Kontinuität in seinem Gesamtwerk sah. Eine Ausnahme bildet dabei sein Erstlingswerk, die *Arithmetica* mit den *Miscellanea mathematica*, von denen er sich später distanzierte, weil er nun den Bildungswert der Mathematik, besonders der Algebra, nicht mehr so hoch veranschlagte wie in jungen Jahren. Nach seiner heftigen Auseinandersetzung mit den Mathematikern konnte er seine Verteidigung der Mathematik, wie sie noch aus der kleinen Schrift über das algebraische Spiel spricht, nicht mehr publizieren.

Die letzten Monate seines Lebens tragen die (unbeabsichtigten) Zeichen eines geordneten Abschieds. Anlaß für diesen Abschied war der Umstand, daß BERKELEYS zweiter Sohn, der achtzehnjährige GEORGE, zum Studium nach Oxford ging. BERKELEY, der sich immer sehr intensiv um die Erziehung seiner Kinder gekümmert hatte, wollte offenbar den entscheidenden Schritt seines Sohnes «hinaus ins feindliche Leben» nicht ganz unbeaufsichtigt lassen, zumal dieser wohl eine gewisse Neigung zum luxuriösen Leben hatte, das der Vater gerade zu vermeiden strebte. Daher machte er sich selbst nach Oxford auf. Er beabsichtigte, mindestens einige Zeit dort zu bleiben, denn er regelte die geistliche Versorgung seiner Diözese durch seinen Bruder und veranlaßte, daß die Domäne verpachtet wurde, wobei die Einnahmen unter die Armen verteilt werden sollten. BERKELEY nahm auf die Reise nicht nur Sohn GEORGE, sondern auch seine Frau und seine Tochter JULIA mit. Kurz vor der Abreise schrieb der Bischof sein gutbürgerliches Testament: Er möchte begraben sein, wo er stirbt. Die Kosten der Bestattung sollen auf zwanzig Pfund beschränkt bleiben, aber den Armen soll reichlich gegeben werden. Die Witwe soll alleinige Vorerbin vor den Kindern sein. Dann enthält das Testament noch eine merkwürdige Bestimmung: Der Leichnam soll, um eine Lebendbestattung zu vermeiden, fünf Tage lang unberührt liegen. BERKELEY war offenbar durch Horrormeldungen seiner Zeit beunruhigt. Im *Dublin Journal* war 1747 u.a. eine Ansicht vertreten worden, die in unserem Zeitalter der Reanimation von «klinisch Toten» nicht ganz absurd klingt, daß nämlich die Verwesung das einzige sichere Zeichen des Todes sei[89].

Über das Leben der BERKELEYS in Oxford ist nicht viel bekannt. Selbst die Gegenwart des Vaters hielt wohl den Sohn nicht von seinem aufwendigen Leben ab. Es gibt kein Indiz, daß der gelehrte Bischof vom Lande das Leben in unmittelbarer Nachbarschaft einer Universität zu wissenschaftlicher Tätigkeit genutzt hätte. Am Sonntag, den 14. Januar 1753, trank man im Kreise der Familie Tee und las in der Bibel (Korintherbrief über die Auferstehung: «Tod, wo ist dein Stachel? Hölle, wo ist dein Sieg?»), und als die Tochter ihrem Vater eine Tasse Tee reichen will, bemerkt sie, daß er tot ist. Er hatte einen Schlaganfall erlitten. Die Todesumstände passen so genau zu dem «guten Bischof», daß man zweifeln könnte, ob es so geschah, aber andere Berichte haben wir nicht. Entsprechend seinem letzten Willen wurde BERKELEYS Leichnam in Oxford (Christ Church) beigesetzt. Das Leben einer ungewöhnlichen Persönlichkeit war zu Ende gegangen. Er vereinigte in sich die Unbeugsamkeit bezüglich seiner Überzeugungen und Einsichten mit einer auffallenden menschlichen Güte. Er etablierte eine äußerst paradoxe, scheinbar weltfremde Philosophie und forderte doch, wie kaum ein anderer, der Wahrnehmung und Erfahrung zu folgen. Er vertrat sehr konservative Auffassungen und war doch zugleich ein radikaler Querdenker.

Abb. 23
Berkeley-Briefmarke der Irischen Post 1985 zum 300. Geburtstag Berkeleys. Entwurf von Brendan Donegan nach dem Gemälde von Latham.

Zu einzelnen Schriften BERKELEYS

1 Arithmetica und Miscellanea mathematica

Unter den von BERKELEY selbst veröffentlichten Schriften gehört sein Erstlingswerk zu den am wenigsten studierten. Bereits WISDOM beklagte, daß man diese Schrift gewöhnlich als unbedeutend verachtete, und er monierte, daß M. CANTOR, dem sich neuerdings leider auch A. KULENKAMPFF anschloß, sie bewußt überging[90]. Diese Mißachtung schlug sich auch editorisch nieder. Die Herausgeber der Werke BERKELEYS haben die Fehler früherer Ausgaben oft blindlings wiederholt. Das gilt leider auch für die noch immer maßgebende Ausgabe von LUCE[91]. Man findet hier Druckfehler, die oft von den ältesten Ausgaben bis in die neuesten tradiert wurden[92].

Aus dem vollständigen Titel der *Arithmetica* geht sofort hervor, daß BERKELEY etwas abzuwehren versucht. Er setzt seine Darstellung der Arithmetik in Bezug auf die Methode kritisch von denen anderer Mathematiker ab. BERKELEY geht von einem didaktischen Problem aus, in dem er aber sofort auch ein Problem der wissenschaftlichen Systematik sieht: Der Anfänger, der – im konservativen Irland – Mathematik lernen will, sollte Arithmetik, Geometrie und Algebra in dieser Reihenfolge studieren. Dabei erweist sich aber ein Lehrbuch wie z. B. das von TACQUET (*Arithmetica*) als ungeeignet, denn es liefert viele dunkle Sätze, die man ohne algebraische Kenntnisse nicht verstehen kann. (BERKELEY sieht dabei vielleicht nicht, daß TACQUET zunächst von EUKLIDS Büchern ausging.) BERKELEYS Ziel ist es also, dem Anfänger die Prinzipien und Gründe (*principia ac rationes*) der arithmetischen Operationen zu vermitteln, weil diese nicht nutzlose spezielle arithmetische Sätze liefern, sondern allgemeine, die auch in anderen mathematischen Bereichen sowie außerhalb der Mathematik von interdisziplinärer Bedeutung sind. Der Nutzen wird also nicht so sehr in der *speziellen* Anwendung, sondern – ganz im Sinne des 18. Jahrhunderts – in einer allgemeinen Mathematisierung der Wissenschaften gesehen.

Berkeley will die Regeln der Arithmetik für den mathematischen Anfänger ohne Gebrauch der Algebra darlegen. Schon seit drei Jahren habe er darüber nachgedacht. Sein Ziel sei eine Erläuterung der eigentlichen, genuinen Prinzipien, des «Warum». Berkeley betont, daß diese Vorgehensweise auch zu einer überraschenden Kürze führe, denn «der Blinde braucht einen Führer, der ihn bei jedem Schritt an die Hand nimmt, aber wer mit dem klaren Licht des Beweises voranschreitet, benötigt nur einen schwachen Fingerzeig»[93]. Trotzdem liefert Berkeley in seiner Arithmetik oft bloße Rechenregeln ohne jegliche Begründung[94]. Seine Absicht ist es, alles ohne Zuhilfenahme der Geometrie («Euklid») oder der Algebra nur durch apriorische Begründungen zu leisten, die er ausdrücklich höher schätzt als indirekte Beweise. Das hindert ihn dann aber dennoch nicht, bei der Behandlung der Multiplikation das Produkt auch als «Rechteck» zu bezeichnen, was für ihn dann aber doch nur eine *facon de parler* ist. (Teil I, Kap. 4, vgl. auch Kap. 6). Entsprechend seiner puristischen Tendenz in der Arithmetik will Berkeley die quadratischen und kubischen Wurzeln nicht mit Hilfe des zweiten Buchs der *Elemente* des Euklid, also mit dem Satz des Pythagoras gewinnen, auch nicht aufgrund der algebraischen Analyse von Potenzen, sondern durch die sogenannte «arithmetische Involution»[95]. Die «arithmetische» Involution bedeutet nichts anderes als die bloß schematische Umkehrung des Multiplikationsverfahrens: Man achtet darauf, wie aus einer Zahl durch die Multiplikation ihrer Ziffern das Quadrat dieser Zahl entsteht und bildet dann durch bloße Umkehrung ein schematisches Verfahren für die Radizierung. Berkeley übernimmt dabei nicht die Wurzelschreibweise von Tacquet, der z. B. für die dritte Wurzel «R.3» schrieb, sondern benutzt das heute übliche Wurzelzeichen ($\surd$). Nachdem Berkeley im Vorwort an Tacquets *Arithmetica* deutlich Kritik geübt hat, ist es verwunderlich, daß sich seine eigene Arithmetik nicht stärker von der Tacquets unterscheidet. Wie dieser setzt auch Berkeley die Zahlen stillschweigend als Objekte voraus und beschäftigt sich sofort mit den *Zeichen für* Zahlen, d. h. er gibt die zehn Ziffern an und stellt fest, daß das Zahlensystem ein Zehnerpositionssystem (*loci ratione decupla*) sei, doch seien die Positionen in Dreierperioden eingeteilt: Ganze, Tausender, Millionen usw. Dabei gibt er die aufsteigende Tabelle auf ähnliche Weise wie Tacquet an, ergänzt sie aber auch durch die Dezimalstellen unterhalb der Einer. Er setzt also die Folge der Positionen nach unten fort: Teile, Tausendstel, Millionstel, usw. Innerhalb einer Periode werden die drei Stellen im aufsteigenden Teil als *Unitates, Decades, Centuriae* und im absteigenden Teil als *Unesimae, Decimae, Centesimae* bezeichnet. Man erkennt also ein deutliches Bewußtsein von der Funktion des Positionssystems und BERKELEYS Bestreben zur iterierenden Schematisierung. Mit der Periodisierung zu jeweils drei Stellen folgt BERKELEY ausdrücklich JOHN WALLIS und BERNARD LAMY bzw. der englisch-amerikanischen Zählweise[96], wohlwissend, daß «andere» (z.B. TACQUET) der französisch-deutschen Zählweise entsprechend Perioden zu sechs Stellen benutzten. Die Natur lehre uns mit den Fingern zu rechnen, aber die Wissenschaft (*ars*) sei nötig, sobald wir die Rechenoperationen bei größeren Zahlen ausführen wollen, denn die Beschränktheit des menschlichen Geistes erlaube uns nicht, das Ganze gleichsam mit einem Schlage auszuführen (Enden der Kap. 1 und 3). Der menschliche Geist muß die verschiedenen Ziffernstellen sukzessiv durchlaufen.

Abgesehen davon, daß die in den *Miscellanea mathematica* zusammengefaßten kleinen Schriften alle einen mathematischen bzw. physikalischen Inhalt haben, steht nur der erste dieser kleinen Beiträge auch in einem inhaltlichen Zusammenhang mit der vorangehenden *Arithmetica*, denn er schließt sich an dic Kapitel 6 und 7 des zweiten Teils der *Arithmetica* an, wo die Berechnung von Quadrat- und Kubikwurzeln behandelt wurde. Der kleine Vortrag *Vom Unendlichen* ist gewiß erst nach der Publikation der *Miscellanea* entstanden, denn sonst hätte BERKELEY ihn sicherlich in diese Sammlung aufgenommen, denn dieser Text würde nach Inhalt und Länge sehr gut in diese lockere Kollektion kleinerer Schriften passen. Die erste Miszelle ist nun dem allgemeinen Rechnen mit irrationalen Wurzelgrößen gewidmet. Vielleicht war sie ein Stück einer geplanten Fortsetzung der *Arithmetica*. BERKELEY macht in den Darlegungen über die irrationalen Wurzeln den eigenartigen Vorschlag, diese Wurzeln nicht mit Hilfe des Radikalzeichens zu schreiben, sondern spezielle Größenzeichen für sie einzuführen. In Ermangelung anderer Lettern verwendet er die griechischen Buchstaben. So soll z. B. β für $\sqrt{b}$ stehen. Berkeley hat dabei offenbar zwei verschiedene Aspekte im Auge, nämlich einen didaktischen und einen systematisch-mathematischen. Indem das Erscheinungsbild der irrationalen Größen dem der rationalen Zahlen angeglichen wird – jedem gebildeten Schüler waren ja griechische Buchstaben vertraut –, soll ihnen äußerlich der Charakter des Schwierigen und Absonderlichen und damit dem Schüler die Scheu vor dem Umgang mit ihnen genommen werden. Außerdem zeigt sich darin ein zunehmendes Bewußtsein davon, daß die irrationalen Zahlen «wie alle anderen Zahlen» sind. Gleichzeitig wollte BERKELEY wohl den Unterschied zwischen Größenzeichen und Rechenzeichen (Operationszeichen) stärker hervorheben, also den Unterschied, den wir ja nach wie vor vernachlässigen, wenn wir negative Zahlen mit Hilfe des Minuszeichens schreiben.

Wie wenig BERKELEYS Text aus einem Guß oder ausgefeilt ist, zeigt sich vor allem darin, daß er bei der nun folgenden Behandlung von Beispielen nicht einmal den Versuch macht, die gerade erst vorgestellte neuartige Bezeichnungsweise auch anzuwenden. So verwendet er z. B. für $\sqrt{5}$ den lateinischen Buchstaben b und für die dritte Wurzel aus 11 den Buchstaben c, um zu zeigen, daß

$$\sqrt[6]{\frac{125}{121}} \text{ gleich } \frac{\sqrt[2]{5}}{\sqrt[3]{11}} \text{ ist.}$$

Die Miszelle über den Zylinder und sein Verhältnis zum gleichseitigen Kegel, die beide der gleichen Kugel umbeschrieben sind, zeigt BERKELEYS Stolz über seine eigene mathematische Leistung. Er ist von der «Schönheit» des von ihm bewiesenen Satzes selbst sehr beeindruckt. Dieser Satz besagt, daß bei zueinandergehörendem Kegel und Zylinder die Höhen, die Gesamtoberflächen, die Mantelflächen, die Grundfläche(n) – beim Zylinder ist die Summe der beiden Kreisflächen zu nehmen – und die Volumina jeweils 3:2 beträgt. Begeistert stellt BERKELEY die rhetorische Frage:

> «Was hätte schließlich der alte Sizilianer [ARCHIMEDES] getan, wenn er erkannt hätte, daß zwischen zwei Körpern unter fünf Aspekten ein und dasselbe rationale Verhältnis besteht?»[97]

BERKELEY behauptet, daß er die dargelegten Ergebnisse zwei Jahre zuvor selbständig gefunden habe, weil sie so leicht seien, daß sie auch ein Anfänger finden könne. Er staune aber darüber, daß ein so berühmter Mathematikprofessor wie TACQUET sich mit der Entdekkung dieser einfachen Dinge brüste. Immerhin kennt BERKELEY zwar keinen früheren Autor, der diese Ergebnisse geliefert hat, aber doch einige spätere. Er verweist diesbezüglich auf die von CASWELL stammenden Zusätze zum Kapitel 81 in der *Algebra* von WALLIS, der die «Arithmetik des Unendlichen» verwendet, und auf die Proposition 20 im Buch über die Indivisibilien von DECHALES[98]. Dieser hatte der ersten Ausgabe seines *Cursus seu mundus mathematicus* (1674) am Ende zwei Bücher angehängt, die offenbar die neuesten Richtungen der Mathematik berücksichtigen sollten, nämlich die Indivisibilienmethode und die Algebra. Während die neuere Algebra ihren Stand

ANDREÆ
TACQVET
E SOCIETATE IESV
SELECTA·EX
ARCHIMEDE
THEOREMATA.

Via faciliori ac breuiori demonstrata, & nouis inuentis aucta.

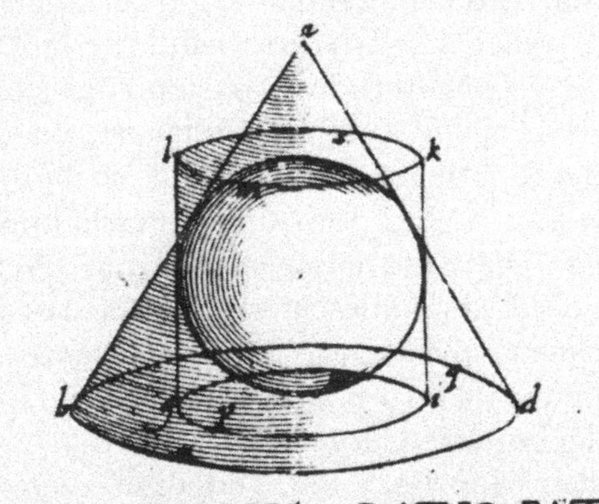

VNA TRIBVS RATIO EST

ANTVERPIÆ,
Apud IACOBVM MEVRSIVM.

Abb. 24
Titelblatt der *Selecta ex Archimede theoremata* (1654) von ANDREAS TACQUET.

behauptete und dementsprechend in der zweiten, erweiterten Auflage nach vorne verlegt wurde, war die Indivisibilienmethode durch die Infinitesimalmathematik (LEIBNIZ) bzw. die Fluxionsrechnung (NEWTON) aus dem Rennen geworfen, so daß sie bei DECHALES in der zweiten Auflage überhaupt nicht mehr auftaucht. BERKELEY muß also die erste Ausgabe benutzt haben. Im Zusammenhang mit dem Hinweis auf DECHALES' Indivisibilienbuch macht BERKELEY eine bemerkenswerte Äußerung, durch die er zeigt, daß er sich auch schon in seiner ersten Publikation der Probleme bewußt ist, die zu seiner Zeit die Grundlegung der Analysis bereitete. Mit vorsichtiger Zurückhaltung sagt er über die neuartige Methode:

> «Die Indivisibilienmethode selbst, wie auch die darauf gegründete Arithmetik des Unendlichen, werden jedoch von einigen nicht ganz für geometrisch [d. h. streng beweisend] gehalten.»

Leider sagt BERKELEY hier nicht, an welche Mathematiker er dabei denkt, denn er könnte diese Bemerkung auch einfach aus der Einleitung des DECHALES-Textes genommen haben, wo sich auch die Feststellung findet, daß einige Mathematiker der CAVALIERIschen Methode reserviert gegenüberstehen. DECHALES' erklärtes Ziel war es ja gerade, die Indivisibilienmethode zur Überzeugung dieser Kritiker deutlicher als bisher darzustellen. BERKELEY läßt in seinen Berechnungen stets das Verhältnis des Kreisumfangs zum Kreisdurchmesser (π) weg, was nicht ganz berechtigt ist, da er absolute Werte angibt. Für die Richtigkeit der Resultate bleibt diese Inkonsequenz aber ohne Folgen, weil es dort nur um Verhältnisse geht.

Lemma: Die Seite des gleichseitigen Dreiecks verhält sich zum Durchmesser des einbeschriebenen Kreises wie $\sqrt{3}$ zu 1, und das Lot von einer Ecke auf die gegenüberliegende Seite verhält sich zum Kreisdurchmesser wie 3 zu 2. Das ist jedem klar, der überhaupt etwas von Algebra und Geometrie versteht.

Aufgabe: Man finde das Verhältnis zwischen dem Zylinder und dem gleichseitigen Kegel, die derselben Kugel umbeschrieben sind.

Der Durchmesser der Kugel sei *d*. Aufgrund des Lemmas ist das Verhältnis des Durchmessers der Kegelgrundfläche zum Kugeldurchmesser $\sqrt{3}:1$.

Die Zylindergrundfläche (*eine* Kreisfläche) ist $\frac{1}{4}\pi d^2$, die Gesamtgrundfläche des Zylinders (beide Kreisflächen) also $\frac{1}{2}\pi d^2$.

Die Kegelgrundfläche beträgt

$$\left(\frac{\sqrt{3}}{2}\right)^2 \pi d^2, \text{ also } \frac{3}{4}\pi d^2.$$

Für den Zylindermantel ergibt sich

$$2\pi \frac{d}{2} d \text{ oder } \pi d^2,$$

für den Kegelmantel

$$\sqrt{3}\frac{d}{2}\pi \sqrt{3}\, d, \text{ also } \frac{3}{2}\pi d^2.$$

Die Gesamtoberfläche des Zylinders beträgt

$$\left(1 + \frac{2}{4}\right)\pi d^2 \quad \text{oder} \quad \frac{3}{2}\pi d^2$$

und die Gesamtoberfläche des Kegels

$$\left(\frac{3}{2} + \frac{3}{4}\right)\pi d^2 \quad \text{oder} \quad \frac{9}{4}\pi d^2.$$

Das Verhältnis der Kegelhöhe zur Zylinderhöhe ist aufgrund des Lemmas 3:2, und daher ist das Verhältnis des Kegelvolumens zum Zylindervolumen

$$\frac{1}{3}\left(\frac{3}{4}\pi d^2 \frac{3}{2} d\right) : \left(\frac{1}{4}\pi d^3\right), \quad \text{also} \quad 3:2.$$

Es folgt also der *Satz*:
Bei einem gleichseitigen Kegel und einem Zylinder, die derselben Kugel umbeschrieben sind, ist das Verhältnis ihrer Gesamtoberflächen, ihrer Mantelflächen [99], ihrer Volumina, ihrer Höhen und ihrer Grundflächen [beim Zylinder die Summe beider Kreisflächen] jeweils 3:2.

In der kurzen Abhandlung über *die Gezeiten der Luft* bezeugt BERKELEY seine hohe Achtung vor NEWTON und zeigt, wie er sich trotzdem ein selbständiges Urteil in der Wissenschaft seiner Zeit zu bilden versucht. Unter den Naturwissenschaftlern des ausgehenden 17. und beginnenden 18. Jahrhunderts war die Frage heftig umstritten, ob die Erde in Richtung der Pole gestreckt oder an den Polen abgeplattet sei. Während Huygens und Newton die Abplattung der Erde vertraten, behaupteten die Cartesianer, die Erde sei eiförmig. Sie konnten sich auf gewisse Meridianvermessungen in Frankreich stützen, die ihre Überzeugung zu bestätigen schienen. Die Antwort war also zur Zeit des jungen Berkeley noch offen und wurde erst 1736 mit Hilfe von zwei Expeditionen nach Lappland und Peru zugunsten der Abplattung der Erde entschieden. Berkeley wartete diese Entscheidung aber nicht ab, sondern beteiligte sich selbst an der Diskussion. Er war von einem astronomisch gebildeten Herrn namens Chardellou [100] dahingehend belehrt worden, daß die Erdachse länger sei als der Äquatordurchmesser, wie es z. B. Thomas Burnet [101] lehrte. Im wesentlichen schließt sich Berkeley an Newtons Gezeitenlehre an, ohne daß die übrigen Teile seiner Ausführungen immer völlig klar sind.

2 Philosophisches Tagebuch und die ersten Vorträge

Berkeleys persönliche Eintragungen in seinem Notizbuch beginnen nach dem Eintrag der Satzung der «Freitagsgesellschaft». Am Anfang stehen Bemerkungen zum Verhältnis von Sukzession, Zeit und Ewigkeit. Diese Gedanken hatte sich Berkeley im Anschluß an die Lektüre von Lockes *Essay concerning Human Understanding* notiert. Dadurch wird der junge Berkeley auch auf die Beziehung zwischen Sukzession und Zählvorgang aufmerksam (Nr. 6). Es tauchen Fragen der unendlichen Teilbarkeit auf, zunächst bezüglich der Dauer oder der Zeit (Nr. 8, 10), dann auch bezüglich der Ausdehnung (Nr. 11) und der Materie (Nr. 17). In diesen frühen Aufzeichnungen lehnt Berkeley die Auffassung, daß Ausdehnung unendlich teilbar sei, als absurd ab, denn die unendliche Teilbarkeit verwende Längen ohne Breite, und diese seien nicht wahrnehmbar (Nr. 21). Berkeley entwickelte aber auch schon in diesem frühen Stadium seines Denkens – auch wieder ausgehend von Locke – die Überzeugung, daß nichtwahrnehmbare Dinge außer dem wahrnehmbaren Geist selbst absurd seien. Diesen Grundgedanken seiner Philosophie faßt er dann in die berühmten Worte: «Existenz ist *percipi* [Wahrgenommenwerden] oder *percipere* [Wahrnehmen]» (Nr. 429). Er lehnt also jede Existenz außerhalb des die Dinge denkenden Geistes ab, also auch die Existenz einer nicht wahrgenommenen oder gedachten Ausdehnung. Aus diesem Immaterialismus heraus leugnet er auch die unendliche Teilbarkeit der Materie (Nr. 26). Und sofort stellt er sich selbst das mathematische Problem:

> «Diagonale inkommensurabel mit der Seite. Frage, wie dieses in meiner Lehre sein kann» (Nr. 29).

Auch ein naturphilosophisches Problem erkennt er sofort:

> «Frage, wie NEWTONS zwei Arten von Bewegung [absolute und relative] mit meiner Lehre in Übereinstimmung zu bringen» (Nr. 30).

Wenn es nichts Geistunabhängiges gibt, kann es auch keine absolute Bewegung geben. Wenn alles nur Vorstellungsinhalt ist, so ist auch Veränderung als Sukzession von Vorstellung relativ:

> «Was, wenn Sukzession von Vorstellungen schneller wäre, was wenn langsamer?» (Nr. 16).

Eine scheinbare Bewegung würde sich durch eine hinreichend große Dehnung der Vorstellungssukzession (Zeitlupe) als scheinbare Ruhe darstellen (Nr. 45). Seinem Immaterialismus entsprechend beschränkt BERKELEY seine Aufmerksamkeit auf die Wahrnehmung von Ausdehnung und gelangt bei der Frage nach der Teilbarkeit daher zu minimalen Teilen der Wahrnehmung (*minima sensibilia*), insbesondere zu Minima des Sehens und des Tastens (Nr. 65, 70, 88).

> «Unsere Vorstellung, die wir «Ausdehnung» nennen, ist in keiner Weise einer Unendlichkeit fähig, d.h. weder unendlich klein, noch groß (Nr. 72). ... In meiner Lehre hören alle Absurditäten vom unendlichen Raum usw. auf (Nr. 90) ... Einheit *in abstracto* überhaupt nicht teilbar ...» (Nr. 75).

BERKELEY denkt über LOCKES Ausführungen nach und stößt dabei auch auf die Frage nach der Möglichkeit, wie wir Vorstellungen von großen Zahlen haben können (Nr. 77), und stellt sich außerdem die Frage, ob Vorstellungen einer Ausdehnung die Vorstellungen der Ausdehnungsteile enthalten (Nr. 86).

Die Reduktion der Geometrie auf sinnliche Wahrnehmung führt zur Frage weiter, auf welchen Sinnesbereich sich die Geometrie beziehe. BERKELEY ist davon überzeugt, daß die Geometrie die tastbare und nicht die sichtbare Ausdehnung behandele (Nr. 101), denn der Tastsinn ist der umfassendere: während das Gehör nur die Entfernung, das Auge aber zwei Dimensionen wahrnimmt, erfaßt doch der Tastsinn drei Dimensionen (Nr. 108). Die Zahl existiert nicht geistunabhängig in den Dingen, denn der Geist ist es, der erst festlegt, was als Einheit zu betrachten ist. Wie alle komplexen Vorstellungen sind Zahlen Produkte des Geistes (Nr. 104, 110, 760). Zahlen sind bloße Wörter oder Namen ohne Inhalt. Sie dienen nur dem praktischen Zweck des Zählens (Nr. 763, 766, 767). Daher sind auch Arithmetik und Algebra bloße «Namenwissenschaften» (Nr. 354a, 767, 768, 780, 881). Die Zahlzeichen sind dabei Namen erster Ordnung, während die Algebra ihrerseits Namen für diese Namen, also Namen zweiter Ordnung verwendet (Nr. 758). Zahlangaben sind aber nicht absolut, wie das Beispiel zeigt: 2 Kronen = 10 Schillinge (Nr. 759). Zahlenangaben liefern uns genauere Informationen z. B. über die Größe einer Menschenansammlung oder eines Münzhaufens als ein bloßer Blick auf solche Ansammlungen, doch haben wir von großen Zahlen keine Vorstellungen, sie geben uns nur «Relationen», z. B. 100 000 : 10 000 = 100 : 10. Wir verdeutlichen uns die Beziehungen zwischen den großen Zahlen durch die zwischen den kleinen (Nr. 77, 217, 761). Die Geometrie versteht Berkeley in seinem *Philosophischen Tagebuch* gleichsam als eine Anwendung von Arithmetik und Algebra (Nr. 770), denn die kleinste Einheit der Geometrie ist der Punkt, und aufgrund seiner Lehre von den Wahrnehmungsminima, die auch als Grundlage der Geometrie angesehen werden, ist jede Punktmenge nicht nur abzählbar, sondern sogar endlich (Nr. 469). So betrachtet, sind «Kreise» mit verschiedenen Radien keine ähnlichen Figuren (Nr. 481), und alle Quadrierbarkeitsprobleme im Grunde Probleme der Anzahl der Punkte. Nicht nur das Unendliche, sondern auch die irrationalen Zahlen verschwinden aus der Mathematik.

Den Vortrag *Vom Unendlichen* hat Berkeley am 19. 11. 1707 vor der gerade neu gegründeten Dublin Philosophical Society gehalten[102]. Der Vortrag knüpft an Eintragungen an, die Berkeley im Anschluß an die Statuten der «Freitagsgesellschaft» in seinem Notizbuch gemacht hatte. Hier hatte er sich einzelne kurze Bemerkungen notiert, die offenbar bei der Lektüre von Lockes *Essay* (Buch 2, Kap. 8–17) entstanden waren[103]. Die Bedeutung dieser Lektüre für die geistige Entwicklung Berkeleys kann kaum überschätzt werden. Hier werden im Stenogramm zentrale Probleme seiner Philosophie angesprochen, z. B.:

1) Locke hatte zu den Qualitäten, die den Körpern wesentlich zukommen (primäre Qualitäten) auch die Zahl gerechnet (Buch 2, Kap. 8, § 9). Berkeley notiert sich die Frage, ob denn die Zahl etwas sei, was ohne den betrachtenden Geist in den Objekten enthalten ist.

2) LOCKE hatte geschrieben, daß die Farbe nicht in den Körpern selbst enthalten sei, denn im Dunkeln haben sie keine Farbe (Buch 2, Kap. 9, § 9). BERKELEY notiert sich die Frage, die seiner *Theorie des Sehens* zugrundeliegt, ob nämlich die Solidität, d.h. die tastbare dreidimensionale Ausdehnung, gesehen werde.
3) LOCKE hatte davon gesprochen, daß man zum Zweck des Messens gewisse Längenvorstellungen (Maße) festsetze, z.B. einen Zoll, einen Fuß usw. (Buch 2, Kap. 13, § 4), BERKELEY notiert sich, daß dies nicht stimme. Aus seinen Ausführungen in der *Theorie des Sehens* wissen wir, was er meinte: Ein Stab von «einem Fuß Länge» kann seine (scheinbare) Größe je nach Entfernung veändern. Die den Empiristen interessierende wahrnehmbare Länge eines Körpers ist also keine Konstante, sondern von Wahrnehmungsbedingungen abhängig.
4) LOCKE hatte behauptet, Zahlenunterschiede seien unabhängig von der Größe dieses Unterschiedes immer klar und deutlich erkennbar (Buch 2, Kap. 16, § 4). Die Differenz von 90 und 91 sei ebenso deutlich wie die zwischen 90 und 9000. Der auf sinnlich wahrnehmbare Dinge konzentrierte BERKELEY zieht das aber in Zweifel.
5) LOCKE hatte die Bildung von Zahlvorstellungen an die Fähigkeit des Benennenkönnens gekoppelt. Zahlvorstellungen enden dort, wo keine Namen mehr vorhanden sind (Buch 2, Kap. 16, § 5). BERKELEY notiert Zweifel daran.
6) LOCKE unterschied zwischen der Unendlichkeit des Raumes und dem unendlichen Raum (Buch 2, Kap. 17, § 7). BERKELEY notiert sich lapidar: «Unendlichkeit und unendlich». Diese kurze Notiz ist die Keimzelle des Vortrags *Vom Unendlichen.*

Der Unendlichkeitbegriff ist der Punkt, in dem sich Mathematik, Philosophie und Theologie am ehesten berühren. So ist es nicht verwunderlich, daß der junge Theologe BERKELEY, der sich mit der Mathematik befaßte, offenbar besonders vom Unendlichen in der Mathematik gereizt wurde. Er sah spätestens seit seinen ersten Eintragungen in seine Notizhefte, also 1707, die «Gefahr», die für die Theologie vom mathematischen Unendlichen ausging. Die neuzeitlichen Mathematiker «maßten sich an», etwas über das Unendliche sagen zu können. Sie zogen damit einen Teil der Bewunderung, die bisher die Theologie genoß, auf ihre Wissenschaft. BERKELEY sah sich von Anfang an in der Rolle des Religionsverteidigers, doch anders als bei LEONHARD EULER war es bei ihm nicht ein Teil seiner

Nebenbeschäftigung neben der mathematischen Betätigung. In fast allen Bereichen ist Berkeleys Denken zwar apologetisch motiviert, seine Aussagen können aber sehr wohl unabhängig von dieser Motivation sachlich beurteilt werden. Es entspricht ganz und gar dieser Motivation, daß Berkeley nicht gegen alle Bereiche der Mathematik in gleicher Schärfe zu Felde zieht, sonden vorrangig gegen den Zweig dieser Wissenschaft, der sich in besonderem Maße des Unendlichen bedient, also gegen die Infinitesimalmathematik.

Der Vortrag zeigt – abgesehen vom *Philosophischen Tagebuch* –, daß Berkeleys Denken mindestens seit 1707 auf eine Kritik an der Infinitesimalmathematik ausgerichtet war, und diese Kritik war von Anfang an auch mit theologischen Problemen verknüft, jedenfalls dürfte das Interesse, das diese Fragen für Berkeley hatten, theologische bzw. religionspolitische Motive haben. Eine solche Verbindung liegt in der abendländischen Tradition nahe, in der die Unendlichkeit das wichtigste Merkmal göttlicher Attribute ist. Wer den Begriff der Unendlichkeit gebrauchte, rührte damit immer auch an theologische Probleme. Dabei haben die Fronten manchmal gewechselt. Den Atomisten, die der physischen Teilbarkeit irgendwo ein Ende gesetzt hatten, hielt man die unbegrenzte göttliche Fähigkeit entgegen, womit man die epikureische Naturphilosophie zu treffen suchte, um vor allem die zugehörige unchristliche epikureische Moralphilosophie des Hedonismus zu untergraben. So hatte z. B. die katholische Kirche auf dem unseligen Konzil zu Konstanz im posthumen Prozeß gegen John Wyclif ausdrücklich die Lehre von einer begrenzten Teilbarkeit untersagt, weil sie der göttlichen Allmacht widerspreche. Andererseits war die Behauptung, es gebe Unendliches *in* der Welt auch wieder theologisch problematisch, denn sie machte Gott die Sonderstellung als dem einzigen unendlichen Wesen streitig. Es ist daher nicht verwunderlich, daß gerade die Diskussionen von unendlich Großem oder unendlich Kleinem, aber auch von unendlichen Intensitäten (z. B. Kräften) immer wieder zu Konflikten zwischen den exakten Wissenschaften und der Theologie führten, wenn diese auch in früheren Jahrhunderten in Personalunion betrieben wurden, oder gerade deshalb. Berkeley versuchte daher in verschiedenen Bemühungen, die Attribute Gottes und die des Raumes so zu sortieren, daß es zu keinen Problemen kommen könne, indem er vom Raum die Unendlichkeit – im Großen und im Kleinen – und von Gott die Ausdehnung fernhielt. Das schließt jedoch nicht aus, daß er im weltlichen Bereich, wie schon Aristoteles, eine potentiell unendliche Vergrößerung oder Verkleinerung zuläßt. Wir können uns zwar eine Vorstellung von einem unendlich wachsenden oder abnehmenden Raum machen, aber wir haben keine Vorstellung von einem (aktual) unendlichen Raum, weder von einem unendlich großen noch von einem unendlich kleinen. Eine Linie, die kleiner als jede vorgegebene ist, eine unendlich kleine Größe, kann es nicht geben. BERKELEY setzt hiermit zu einer Kritik der Infinitesimalmathematik an. Diese Kritik bezieht sich natürlich primär auf die Gestalt der Analysis, wie sie zu seiner Zeit gelehrt wurde. BERKELEYS Kritik stützt sich dabei auf seine Sprachphilosophie, die auf den ersten Blick etwas sehr Bestechendes besitzt. Ihr Grundsatz besagt, man solle keine bedeutungslosen Ausdrücke verwenden. Ein Zeichen oder ein Ausdruck hat nach dieser Auffassung nur dann eine Bedeutung, wenn ihm eine Vorstellung (*idea*), ein Inhalt unseres Geistes, entspricht, worunter der junge BERKELEY etwas Wahrnehmbares oder Anschauliches verstand. Hier treffen sich also schon im ersten Ansatz von BERKELEYS Denken zwei oft für gegensätzlich gehaltene Tendenzen, die in ihrer Spannung den Reiz seiner philosophischen und wissenschaftlichen Bemühungen ausmachen, nämlich die empiristische, ja sensualistische Haltung und das religiös-spiritualistische Interesse.

BERKELEY richtet seine Kritik am Gebrauch des Unendlichen in der Mathematik während seines Vortrags auf folgende Punkte:

1) WALLIS hatte bei der – modern gesprochen – Integration der Fläche unter der Hyperbel

$$y = 1/x$$

für die Asymptote 1/0 gesetzt. Da diese Linie unendlich ist, erhält man

$$\infty = 1/0$$

und nach den Divisionsgesetzen

$$1/\infty = 0.$$

Also, so schließt BERKELEY, ist eine unendlich kleine Linie nichts oder Null («nothing»).

2) NIEUWENTIJT hatte in zwei längeren Abhandlungen[104] Kritik an der LEIBNIZschen Form der Differentialrechnung geübt, wobei er diesen Kalkül nicht generell verwarf, sondern nur die Differentiale höherer Ordnung. Er erhob im einzelnen folgende Vorwürfe:
   a) Unendlich kleine Größen würden im Kalkül wie nichts behandelt.

b) Selbst wenn man Differentiale erster Ordnung zulasse, so müsse man doch solche höherer Ordnung verwerfen.
c) Es fehlten im Kalkül die Anwendungen auf Kurven mit komplizierteren Gleichungen.

NIEUWENTIJT ließ also den unendlichen Teil einer endlichen Größe a zu: a/∞ sei nicht nichts, doch der unendliche Teil einer solchen unendlich kleinen Größe sei nichts, weil die unendliche Vervielfachung derselben noch keine endliche Größe ergebe, sondern nur eine unendlich kleine Größe. NIEUWENTIJTS Auffassung läßt sich modern deuten als die Adjunktion eines («unendlich kleinen») Elements e zum Körper der reellen Zahlen, wobei e die Eigenschaften haben soll: $e \neq 0$ und $e^2 = 0$.

NIEUWENTIJT schickte seine Schriften an LEIBNIZ, der in den *Acta Eruditorum* von 1695 eine Erwiderung publizierte, die allerdings die Sachlage nicht verbesserte, sondern den Kritikern noch mehr Ansatzpunkte lieferte. BERKELEY kannte wohl keine andere Schrift von LEIBNIZ außer dieser Erwiderung[105]. Er zog seine Kenntnisse der Analysis auch nicht aus NIEUWENTIJTS *Analysis infinitorum*, dem ersten umfassenden Buch über den Differenzialkalkül[106], sondern aus dem viel weiter verbreiteten und hochgeschätzten Lehrbuch des Marquis DE L'HOSPITAL, das in Paris 1696 erschienen war. Mit seinem ausgezeichneten Blick für kritische Punkte greift BERKELEY die Schwachstellen aus dem LEIBNIZschen Artikel heraus, ob sie nun NIEUWENTIJT oder LEIBNIZ zuzurechnen sind. Er erkennt sehr wohl den Kern von NIEUWENTIJTS Auffassung, daß nämlich das Quadrat einer von Null verschiedenen Größe gleich Null sei. Und BERKELEY kann mit der Zustimmung der Mathematiker seiner Zeit rechnen, wenn er eine solche Denkweise für absurd erklärt.

3) LEIBNIZ hatte unvorsichtigerweise die Addition eines Differentials zu einer endlichen Größe mit der Addition eines Punktes zu einer Linie verglichen. *Entweder* ist das Differential von anderer Art als die endliche Größe, und dann lassen sie sich ebensowenig addieren wie Linie und Punkt, denn das wäre eine Addition von inhomogenen Größen, *oder* das Differential entspricht einer – wenn auch noch so kleinen – Linie, dann ist es nicht gleich Null und darf nicht vernachlässigt werden. LEIBNIZ hatte dagegen unter Berufung auf das Archimedische Axiom den Eindruck zu erwecken versucht,

$a + Punkt$ und $a + dy$

seien gleiche Größen, obwohl dies doch im Widerspruch dazu steht, daß *dy* eine Größe sein sollte, während der Punkt ausdehnungslos ist.

Da BERKELEY nur diesen einen Artikel von LEIBNIZ kannte, konnte er nicht wissen, daß dieser an anderen Stellen die unendlich kleinen Größen als bloß fiktive Begriffe (*notions ideales*) bezeichnete, denen zwar keine realen Dinge entsprächen, die aber wie die imaginären Wurzeln als nützliche Hilfsmittel bei den Rechnungen dienen können[107]. Mit einer gewissen Genüßlichkeit greift BERKELEY aus dem LEIBNIZschen Artikel die Stelle heraus, an der der Mathematiker LEIBNIZ seinen auf Exaktheit pochenden Gegnern entgegenhält, zuviele Skrupel seien der Erfindungskunst abträglich[108]. Seit der Antike war die mathematische Exaktheit, die Akribie, die man auch in lateinischen Texten des 18. Jahrhunderts ehrfurchtsvoll immer noch mit griechischen Buchstaben schrieb, das große Vorbild für andere Disziplinen, und sie ist es noch bis in unser Jahrhundert geblieben, doch LEIBNIZ verteidigt seine zweifelhaften mathematischen Methoden damit, daß er den Gegnern zu große Akribie vorwirft. Er weicht damit von der diskutierten Begründungsfrage aus auf die in diesem Kontext gar nicht zur Debatte stehende Entdeckermethode, die allerdings für LEIBNIZ selbst nie außerhalb seines Interesses stand. BERKELEYS Auseinandersetzung mit der Infinitesimalmathematik fällt mathematikgeschichtlich in den Zeitraum, in dem sich für den Differentialkalkül als ganzen beide Sichtweisen, nämlich Entdecken und Begründen, gerade durchdringen. Der Entdeckereifer der meisten Mathematiker war noch so groß, daß sie sich von BERKELEY nur schwer auf die Begründungsebene fixieren ließen. Zugleich ist die Entwicklungsgeschichte der Analysis ein Beispiel dafür, wie sich auch der Fortschritt der Mathematik im Wechselspiel zwischen kühnen, unsicheren Vermutungen und waghalsigen Verfahren einerseits und sorgfältigem, akribisch genauem Beweisen andererseits vollzieht. Wie andere Wissenschaften lebt auch die Mathematik von wuchernder Produktion und beschneidender Kritik, wobei diese keineswegs immer von den «reinen» Mathematikern selbst kommt, sondern – abgesehen von den Finanzministern – manchmal auch von mathematisch gebildeten Philosophen. Zu ihnen gehörte BERKELEY.

Die Beschreibung der Tropfsteinhöhle von Dunmore zeigt nicht nur, daß BERKELEY immer mit genau beobachtenden Augen durch die Welt ging, sondern auch, daß er ebenso wie bei der Beobachtung des Vesuvausbruchs immer den auf andere gerade besonders beängstigend wirkenden Naturerscheinungen recht furchtlos gegenübertrat. In der Höhle gehörte er zu jenem Teil der Besichtigungsgruppe, der sich weiter hineinwagte als die anderen, und am Vesuv entfernte er sich aufgrund seiner furchtlosen Neugierde sogar so weit von der Gruppe und stieg alleine so viel höher hinauf als die anderen, daß er sich fast selbst in Gefahr brachte. Er war also sicher nicht der für die Naturphänomene blinde Stubenhocker, als der er manchmal hingestellt wurde[109]. Eher darf man ihn vielleicht in einem gewissen Sinne für einen «Bücherwurm» halten, allerdings nicht für einen, der im bloßen Bücherwissen steckenbleibt, sondern für einen, der die Naturphänomene stets vor dem Hintergrund seiner großen Kenntnisse betrachtet und sie dann aufgrund seiner Belesenheit zu erklären versucht. Das, was er am Vesuv sieht, vergleicht er kritisch mit dem, was er bei BORELLI gelesen hat, und seine Beobachtungen in der Höhle von Dunmore hält er neben die Beschreibungen französischer Tropfsteinhöhlen, wie er sie aus der Literatur kennt. Dabei überläßt er sich keineswegs einer schweifenden Einbildungskraft, wie es etwa PIERRE PERRAULT in seinem Bericht über die Grotten von Arcy tat, sondern setzt sich mit bewußter Nüchternheit davon ab.

Der junge BERKELEY ist ein für Ammenmärchen und fantastische Erzählungen unempfindlicher, eher nüchterner Wissenschaftler. Er glaubt die Schauergeschichten nicht, die über die Gebeine in der Höhle von Dunmore erzählt werden. Er merkt ausdrücklich in einer nachgeschobenen Erklärung an, daß die sogenannten ‹Versteinerungen› nicht durch eine Gerinnung oder Metamorphose des Wassers entstehen, sondern bloße Ablagerungen seien. Selbst wenn er sich auch wie andere manchmal geirrt hat, so war er doch kein Fantast. Allerdings referiert er in seinem Bericht über Erdbeben auch die Beobachtungen anderer, oft auch die aus der älteren Literatur, doch niemals blindlings und unkritisch. Am Schluß seines kurzen Artikels verweist er zwar noch mit einem schwachen Fingerzeig auf die mögliche Deutung irdischen Unglücks als göttliche Strafe, hält sich aber bewußt mit einer genauen Ausführung dieses Gedankens zurück, indem er diesen Teil der Betrachtung ‹anderen› überläßt. Selbst wenn man diese Zurückhaltung einer theologischen Betrachtung als eine bloße Floskel abtut, so bleibt doch die Behandlung des Phänomens Erdbeben im ganzen wissenschaftlichsachlich.

3 Der Analyst

«Der große Kunstgriff, kleine Abweichungen von der Wahrheit für die Wahrheit selbst zu halten, worauf die ganze Differential-Rechnung gebaut ist, ist auch zugleich der Grund unsrer witzigen Gedanken, wo oft das Ganze hinfallen würde, wenn wir die Abweichungen in einer philosophischen Strenge nehmen würden.»

G. CH. LICHTENBERG, *Sudelbücher* [110]

GOTTLOB FREGE schrieb 1893 [111]:

«Vielleicht ist die Zahl der Mathematiker überhaupt nicht groß, die sich um die Grundlegung ihrer Wissenschaft bemühen, und diese scheinen oft große Eile zu haben, bis sie die Anfangsgründe hinter sich haben.»

Ähnliches hatte auch LEIBNIZ schon 200 Jahre zuvor geschrieben [112]:

«Video plerosque, qui Mathematicis doctrinis delectantur, a Metaphysicis abhorre, quod in illis lucem, in his tenebras animadvertant.»

Diese Abneigung der Mathematiker gegen die «Metaphysik» bezieht sich nach BERKELEYS Eindruck nicht nur auf die Grundlagen ihrer Wissenschaft, sondern auch darüber hinaus auf den Bereich des religiösen Glaubens [113]. Die Pointe des *Analyst* liegt darin, daß sein Autor die Mathematiker zur «Metaphysik» in diesem doppelten Sinne zurückrufen will, einerseits zur Reflexion über die Grundlagen ihrer Wissenschaft und andererseits zur Öffnung ihres Geistes für religiöse Lehren. So aggressiv sich BERKELEY im *Analyst* auch gibt, so macht er doch keineswegs den Versuch, den defensiven Charakter seiner Schrift zu verbergen. Der Untertitel des Buches [114] und sein Motto [115] zeigen deutlich, daß der Autor keine totale, sondern nur eine relative Destruktion des Gegners beabsichtigt.

Mit dem Gegenstand des *Analyst* beschäftigte sich BERKELEY schon seit seiner frühen Studienzeit. Es waren vor allem zwei Punkte, die seine Kritik an der Mathematik herausforderten: die Verwendung allgemeiner abstrakter Begriffe und der Gebrauch unendlicher bzw. infinitesimaler Größen. Er sah sich als Philosoph und als Theologe provoziert, denn die Verwendung nichtwahrnehmbarer Größen wie Linien ohne Breite oder Punkte ohne Ausdehnung stand im Gegensatz zu seiner philosophischen Lehre der Wahrnehmungsabhängigkeit aller Dinge, sofern sie nicht geistige Wesen (spirits) sind. Auch unendlich kleine Größen sind nicht wahrnehmbar, doch das Unendliche war für BERKELEY noch in einer weiteren Hinsicht anstößig, weil es ein Charakteristikum der göttlichen Attribute betraf. BERKELEY verteidigte also im *Analyst* seine erkenntnistheoretisch fundierte Ontologie, aber auch Positionen der Theologie. Gleichzeitig ging es um die kulturpolitische Auseinandersetzung zwischen Religion (Kirche) und Wissenschaft, denn die Mathematik war als führende exakte Wissenschaft neben der seit dem Mittelalter umstrittenen Logik («Dialektik») auf der einen Seite und der Physik auf der anderen die Disziplin, auf die sich viele Religionskritiker beriefen. Während viele sehr bedeutende Mathematiker, wie z. B. PASCAL, NEWTON, LEIBNIZ und EULER, ihre Beschäftigung mit der Mathematik und ein reges religiöses Engagement zu vereinbaren verstanden, traten andere in mehr oder weniger offene Distanz zur christlichen Religion. Zu dieser Gruppe gehörte HALLEY, der allgemein als Nicht-Christ galt, der aber doch als hervorragender Astronom sehr viel über unsere Welt wußte und als Mathematiker in Beweisgängen versiert war. Da in Glaubensfragen das Ansehen der Person nicht unwichtig ist, sah BERKELEY hier wohl mit Recht eine Gefahr für sein Anliegen. Als eifriger Verteidiger des Christentums versuchte er, dem wissenschaftlich gestützten Atheismus entgegenzuwirken.

ADDISON hatte BERKELEY einst von einem gebildeten Menschen berichtet, der seine ungläubige Haltung damit begründet habe, daß ein bekannter Mathematiker ebenfalls ungläubig sei [116]. Nach einem Bericht des frühen BERKELEY-Biographen STOCK soll der ungläubige Mathematiker HALLEY gewesen sein. HALLEYS Anhänger sei der mit ADDISON und BERKELEY befreundete Arzt und Dichter SAMUEL GARTH gewesen, der nach kurzer Krankheit am 18. 1. 1719 gestorben ist. Über den Tod von GARTH schreibt ALEXANDER POPE:

> «Sein Tod war sehr heldenhaft und doch so wenig affektiert, daß er einen Heiligen oder Philosophen berühmt gemacht hätte.» [117]

GARTH soll beim Besuch ADDISONS die Behandlung religiöser Fragen abgelehnt haben, weil ihm HALLEY versichert habe, die christliche Lehre sei unbegreiflich und Religion ein Betrug [118]. Da ADDISON selbst am 17. 6. 1719 starb und BERKELEY sich in diesem Jahr in Italien aufhielt, kann ihm ADDISON die Nachricht über den Tod des gemeinsamen Freundes nur brieflich mitgeteilt haben, was aber durchaus möglich ist, auch wenn uns aus diesem Jahr keine Briefe erhalten sind. Die HALLEY-Episode war also sicher nicht der unmittelbare Anlaß für die Publikation des *Analyst*. HALLEY kam BERKELEY wohl nur als wichtiger Vertreter der Freidenker in Erinnerung [119], nachdem das Bermuda-Projekt gescheitert war und er durch BAXTER zur Veröffentlichung seiner Mathematikkritik herausgefordert wurde.

Die Kritik, die BERKELEY im § 9 des *Analyst* an NEWTONS Ableitung der Produktregel übte, rief bei den Kontrahenten besondere Beachtungen hervor, denn BERKELEY hatte offensichtlich ins Schwarze getroffen. NEWTON hatte nämlich zur Gewinnung der Produktregel auf einen Trick zurückgegriffen, dessen Schwäche leicht einzusehen ist. Während es sonst bei der Gewinnung eines Differentialquotienten (oder einer Fluxion) üblich ist, die veränderliche Größe im fraglichen Punkt und in einem «Nachbarpunkt» zu betrachten, d. h. bei einem Produkt zweier veränderlicher Größen A und B einerseits das Produkt $A \times B$, andererseits das Produkt nach einem (differentiellen) Anwachsen der beiden Faktoren, also $(A + a)$ $(B + b)$, wählt NEWTON einen anderen Weg. Er halbiert den jeweiligen Zuwachs und betrachtet das Produkt aus den Faktoren, als jeder um das halbe Inkrement kleiner war, und das Produkt aus den Faktoren, nachdem jeder um das halbe Inkrement größer geworden ist, d. h. einerseits $(A - \frac{1}{2}a)(B - \frac{1}{2}b)$ und andererseits $(A + \frac{1}{2}a)(B + \frac{1}{2}b)$. Auf diese Weise erhält NEWTON als Differenz der beiden Produkte die («gewünschte») Fluxion (Ableitung), nämlich $aB + bA$, während sich nach der üblichen Methode die Fluxion $aB + bA + ab$ ergeben hätte und NEWTON die Beseitigung des Gliedes ab hätte erklären müssen. Man wird zugeben müssen, daß NEWTONS verfahren vom Ziel her bestimmt ist. Das ist aber in dieser allgemeinen Formulierung noch kein hinreichender Einwand, denn der Mathematiker sucht ja oft nach einem Weg zu einem ihm schon bekannten Ziel. Man könnte auch versuchen NEWTONS Vorgehen zu rechtfertigen, indem man sagt, die Veränderung der Größen sei nur innerhalb eines Intervalls denkbar, und es sei eben vernünftig, dieses Intervall um den untersuchten Punkt herumzulegen. Dieses Argument versagt aber beim Anfang oder Ende von Veränderungen. Spätestens hier zeigt sich, daß die Halbierung der Inkremente ein Akt der Willkür war, der sich nicht mathematisch begründen läßt.

BERKELEY hat niemals die großen Fortschritte der Mathematik geleugnet, die aufgrund der Infinitesimalmathematik zustande kamen, doch sah er darin bloße Rechenregeln, zu denen die eigentliche Begründung noch fehlte. Unter methodologischem Aspekt hat er in diesem Punkte zweifellos Recht gehabt. Sein unablässiges Beharren darauf, daß die Begründung der Analysis nur mit endlichen Größen arbeiten dürfe, ist ein später durchaus akzeptiertes Bestreben und führte zur klassischen Fundierung der Analysis im 19. Jahrhundert. Daß in dieser «legitimen Kritik» ein «ideologischer Mißbrauch» liegen soll, wie HANS WUSSING meint, ist kaum verständlich[120].

Das Resultat der BERKELEYschen Bemühungen, die Ergebnisse der Infinitesimalmathematik aufrechtzuerhalten und doch nur mit endlichen Größen zu verfahren, führte ihn auf den Gedanken der Fehlerkompensation. Der Grundgedanke ist sehr einfach: Wenn die Beweisgänge der Mathematiker fehlerhaft sind, aber die Ergebnisse richtig, dann ist der Fehler entweder peripher und irrelevant für das Resultat, oder sie machen mehr als einen Fehler und die Fehler heben sich gegenseitig auf. BERKELEY glaubt, daß die Fehler der Infinitesimalmathematiker sich gegenseitig aufheben. Der allgemeine Gedanke, daß die Konklusion aus zwei falschen Prämissen trotzdem wahr sein könne, stammt schon von ARISTOTELES[121]. BERKELEY begnügt sich aber nicht mit einer solchen allgemeinen Bemerkung, sondern er versucht, seine Behauptung in Bezug auf den Differentialkalkül im Einzelnen zu belegen.

Er betrachtet das einfache Beispiel der Berechnung der Subtangente (Differentiation) der Parabel

$$y^2 = px.$$

Seit ARCHIMEDES[122] wußte man, daß die Subtangente TP dieser Parabel (in moderner Schreibweise) $2x$ ist.

TP = Subtangente
$AP = x$
$PB = y$
$PM = BR = dx$
$RN = dy$
$NL = z$

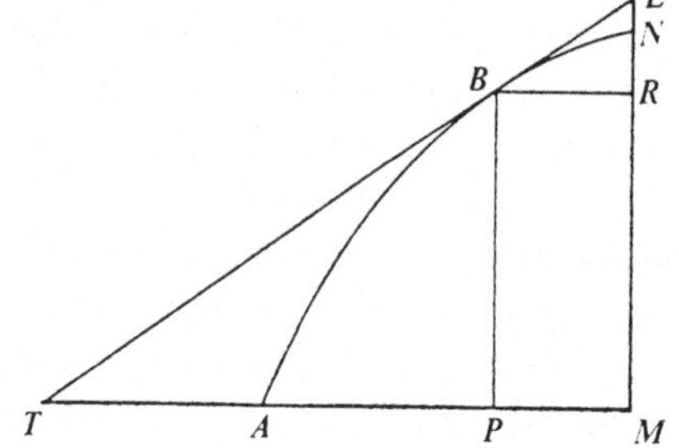

Aufgrund ähnlicher Dreiecke ist

$$\frac{TP}{y} = \frac{dx}{dy + z}.$$

Wie BERKELEY argumentiert, nehmen die Mathematiker in der Differential- bzw. Fluxionsrechnung statt $dy + z$ nur dy, also einen *zu kleinen* Wert («error of defect»), indem sie setzen

$$(*) \qquad \frac{TP}{y} = \frac{dx}{dy}$$

Andererseits läßt sich dy mit Hilfe der von ihnen verwendeten Ableitungsregel aus der ursprünglichen Funktionsgleichung $y^2 = p\,x$ gewinnen, nämlich

$$2\,y\frac{dy}{dx} = p\,, \quad \text{also}$$

$$(**) \qquad dy = \frac{p\,dx}{2\,y}\,.$$

Dieser Wert ist aber – so argumentiert BERKELEY – *zu groß*, denn ersetzt man in der Funktionsgleichung y durch $y + dy$ und x durch $x + dx$, so ergibt sich

$$y^2 + 2\,y\,dy + (dy)^2 = p\,x + p\,dx\,,$$

also

$$dy = \frac{p\,dx}{2\,y} - \frac{(dy)^2}{2\,y}\,.$$

Solange dy einen bestimmten endlichen Wert hat, wie es auch der Zeichnung entspricht, sind die beiden Werte von dy in (*) und (**) falsch, und die Fehler heben sich, wie BERKELEY zeigt, gegenseitig auf. Die modernen Interpreten hatten manchmal Schwierigkeiten, BERKELEYS Argument zu verstehen, weil sie dy und dx als Differentiale bzw. unendlich kleine Größen mißverstanden, doch BERKELEY hält sich streng an die in der Zeichnung gemachten Voraussetzungen, daß nämlich dx, dy und z endliche, von Null verschiedene Größen sind.

BERKELEYS Absicht war, nur mit endlichen Größen zu verfahren, und man findet tatsächlich in seinen Ausführungen keine infinitesimale Größen oder Grenzwerte. Dabei begeht er gewisse Argumentationsfehler, die aber – und das ist wohl doch merkwürdig – weder von seinen Zeitgenossen noch von seinen modernen Interpreten immer klar erkannt worden sind. BERKELEY geht z. B. nicht auf die Frage ein – es war auch nicht nötig, weil man ihm die Frage nicht vorlegte –, ob sich das unterstellte Verfahren der Fehlerkompensation, das er am Beispiel der Parabel vorrechnete, auch allgemein in jedem Falle durchführen lasse.

Zu den Merkwürdigkeiten der *Analyst*-Debatte gehört auch, daß die Gegner BERKELEY kaum dort angreifen, wo er mathematisch angreifbar ist. Dazu gehört vor allem auch die Passage, in der er selbst die Rechtmäßigkeit der Differentiation von x^n zu zeigen versucht, nämlich in den §§ 28 und 29. BERKELEY vergleicht dabei jeweils

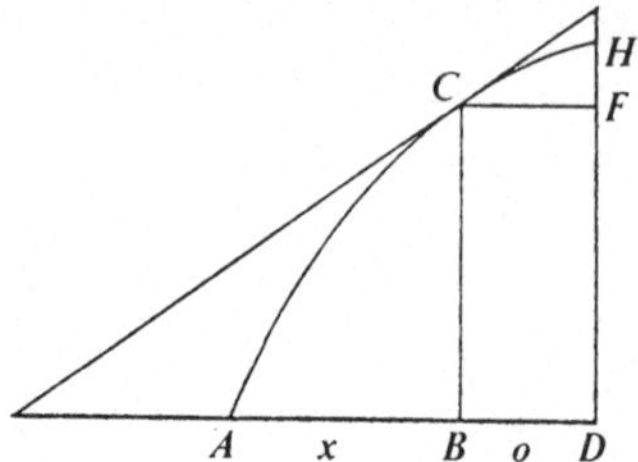

analytische Ausdrücke auf der einen Seite mit geometrischen Gebilden auf der anderen anhand der Figur S. 104.

(*) x^n = Fläche ABC

Inkrement von x^n = Fläche $BDHC$,

also

(**) $n\,o\,x^{n-1} + \frac{n^2 - n}{2}\,o^2\,x^{n-2}$ + usw. = Fläche $BDFC$ + Fläche CFH.

BERKELEY meint nun, die beiden Gleichungen (*) und (**) zeigten, daß sowohl der gesamte algebraische Ausdruck auf der linken Seite als auch die gesamte geometrische Größe auf der rechten Seite jeweils auf ‹natürliche› Weise in drei Glieder zerfallen, nämlich:

x^n = Fläche ABC

$n\,o\,x^{n-1}$ = Fläche $BDFC$

$\frac{n^2 - n}{2}\,o^2\,x^{n-2}$ + usw. = Fläche CFH

Er meint, diese Zuordnung ergebe sich aus einem Vergleich der «homologen oder sich entsprechenden Glieder». Dabei ist die erste Gegenüberstellung ein unmittelbares Ergebnis der Aufgabenstellung und völlig korrekt, doch kann BERKELEY für die Aufspaltung des Restes in die beiden Teile keine Begründung mehr angeben, denn er übergeht stillschweigend den Umstand, daß der algebraische Ausdruck für $n > 2$ mehr als drei Glieder enthält, während ihm nur drei geometrische Gebilde entsprechen, so daß die von BERKELEY vorgenommene Zuordnung willkürlich erscheinen muß. BERKELEY gibt auch keinen Hinweis darauf, wie man die «Homologie» zwischen einem algebraischen Ausdruck und einer geometrischen Größe definieren oder gar feststellen könnte. Ihm mag so etwas wie ein Koeffizientenvergleich vorgeschwebt haben, doch verliert dieses algebraisch sinnvolle Verfahren hier seine Anwendbarkeit, weil die rechten Seiten keine algebraischen Ausdrücke mit Koeffizienten darstellen. Vielleicht wurde BERKELEY auch vom antiken Homogenitätsprinzip verleitet, nach dem nur gleichartige (homogene) Größen vergleichbar sind, d.h. Linien mit Linien, Flächen mit Flächen, Körper mit Körpern. Doch dieser Gedanke wäre hier eventuell noch auf die linken (algebraischen) Seiten anwendbar, aber nicht auf die rechten (geometrischen), denn bei diesen handelt es sich ja ohnehin nur um Flächen.

BERKELEYS Gegner scheinen diese Schwäche seiner Argumentation nicht erkannt zu haben, oder sie sahen deutlich, daß mit einer Widerlegung dieses einzelnen Beweises die Grundbegriffe und Verfahren ihres Kalküls noch nicht gerettet waren.

Ähnlich wie NEWTON seine *Optik* mit einem Fragekatalog geschlossen hatte, so fügt auch BERKELEY seinem *Analyst* im letzten Paragraphen eine Ansammlung von Fragen bei. Er geht erst in seinem nächsten Buch, dem *Querist*, so weit, daß der gesamte Text aus nichts anderem als aus Fragen besteht, doch läßt sich aus dieser Publikationsform schließen, daß BERKELEY den Fragen eine mehr als beiläufige Rolle zuschreibt, er spricht vielmehr darin sämtliche Probleme der Mathematik, wie sie sich ihm stellen, an und geht damit über den speziellen Rahmen der Diskussion der Infinitesimalmathematik, ja sogar über den Bereich der Mathematik im engeren Sinne, hinaus.

Es gibt allgemeine Fragen zum Wissenschaftsverständnis, wobei BERKELEY natürlich immer den Gegensatz von Wissenschaft und Religion vor Augen hat. Wenn Wissenschaft sich nicht um Klarheit bzgl. ihres Gegenstands, ihrer Methode und ihres Ziels bemüht, verdient sie den Namen Wissenschaft nicht (Nr. 4). Wenn sie sich der Kritik ihrer Prinzipien und Methoden entzieht, wird sie dogmatisch, ein «blinder Glaube» (Nr. 15). Widersprüche innerhalb der Wissenschaft sind unzulässig (Nr. 23). Einmal gemachte Annahmen sind bis zum Resultat der Beweisführung beizubehalten (Nr. 28, 43).

Daß BERKELEY Grund hatte, eine so selbstverständlich klingende Forderung explizit zu machen, zeigt sich in den Reaktionen auf den *Analyst*. Selbst ein so bedeutender Denker wie THOMAS BAYES macht BERKELEY diesen Punkt streitig[123]. Er meint, es sei kein triftiger Einwand,

«Daß ein algebraischer Ausdruck manchmal am Ende eines Beweisgangs eine Bedeutung erhält, die er am Anfang nicht hatte, denn wenn die Größen selbst als stetig veränderlich angesehen werden, muß sich dabei der Sinn des Zeichens, das sie darstellt, stetig mit ihnen ändern».

Betrügerische Tricks können nach BERKELEY in der Wissenschaft nicht zugelassen werden (Nr. 35). Die Geometrie – für BERKELEY wie auch für KANT die grundlegende Disziplin der Mathematik – muß sich auf Ausdehnungswahrnehmung stützen, die ihrerseits nicht ohne Bewegungswahrnehmung möglich ist (Nr. 2, 3, 12).

BERKELEY knüpft die Verbindung der Mathematik mit der Realität sehr eng. Er verlangte, daß man den Schleier der bloßen Ausdrücke wegziehe und darunter «die Dinge selbst», die damit bezeichnet werden sollten, suche[124]. BERKELEYS Vorwurf war gerade der, daß die Mathematik Zeichen verwende, denen nichts entspreche. THOMAS BAYES bemerkte diesen grundsätzlichen Unterschied in den Auffassungen von Mathematik, indem er ausdrücklich konstatiert, daß es nicht Sache des Mathematikers ist, festzustellen, ob sich die Größen tatsächlich so verändern, wie er es annimmt[125]. Der Mathematiker fragt nur, ob der Begriff ihrer Veränderung verständlich sei, und zieht dann Folgerungen aus seiner Voraussetzung.

«Es ist nicht Sache eines Mathematikers zu zeigen, daß eine gerade Linie oder ein Kreis gezogen werden kann, sondern er erklärt, was er damit meint, und wenn man ihn versteht, kann man mit ihm weitergehen.»

Ob es so etwas «in der Natur» gibt, geht ihn nichts an. Damit gibt BAYES allerdings dem Einwand BERKELEYS Raum, daß die Infinitesimalmathematik bedeutungslose Zeichen verwende.

Für BERKELEY ist Mathematik, wenn sie es mit der Wahrheit zu tun hat, auf Wahrnehmung bezogen. Geometrie ist daher die Lehre von den Proportionen endlicher Größen, wobei diese Proportionen durch Zahlen ausdrückbar sein müssen (Nr. 1, 24). Es gibt zwar eine beliebige, «potentiell unendliche» Teilbarkeit, aber keine aktual unendliche Teilung (Nr. 5, 21, 22). Da es in der Wahrnehmung nicht einmal eine beliebige Teilung gibt, sondern die Teilbarkeit beim Wahrnehmungsminimum an eine feste Grenze stößt, greift BERKELEY auf seine spezielle Sprachphilosophie zurück, in der er dargelegt hatte, daß ein Zeichen (Wort) eine Sache repräsentieren, aber diese Sache ihrerseits Repräsentant einer anderen sein kann. So kann eine größere Linie eine kleinere repräsentieren – wir würden heute sagen: Modell einer kleineren sein – und ihre Teile sind dann Repräsentanten von nicht direkt wahrnehmbaren Teilen der kleineren Linie. Aufgrund dieser Repräsentationszusammenhänge gibt es auch keine absolute Größe einer Linie, denn ihre Größe ist nur in Bezug auf eine andere bestimmt (Nr. 6, 17, 18, 19, 46). Damit verknüpft BERKELEY seine Philosophie der Wahrnehmung, seine Sprachphilosophie der Zeichenrepräsentation und seine Mathematikauffassung, die keine unendliche Teilung zuläßt. Zugleich bleibt BERKELEY dem Nominalismus treu, der keine abstrakte allgemeine Vorstellungen anerkennt (Nr. 7, 13, 20). Solche nicht mit den Sinnen wahrnehmbaren, absoluten Dinge sind für den Empiristen BERKELEY unmöglich. Wir sind zwar frei, solange wir nur algebraische Zeichenspiele treiben, aber nicht, sobald wir uns mit geometrischen Gebilden befassen. Hier muß der Mathematiker den Bezug der Zeichen auf die wahrnehmbaren Dinge berücksichtigen (Nr. 26, 27). Für die Analysis ergeben sich daraus Konsequenzen: Die Identifikation einer (stetigen) Kurve mit einem ihr einbeschriebenen Polygonzug mit infinitesimalen Seiten wird abgelehnt (Nr. 10). Die zu BERKELEYS Zeit übliche Teilung einer endlichen Größe durch Null und die Gleichsetzung dieses Bruchs mit dem Unendlichen wird abgelehnt, weil sie «den gesunden Menschenverstand verletzt» (Nr. 16, 40). Diese beiden Fragen werden von BAYES eingehend diskutiert[126]. Er läßt Brüche, deren Nenner Null ist, zu, deutet sie aber als Ausdrücke, die nur «richtig» verstanden werden müßten: 1/0 sei nur ein Zeichen dafür, daß keine endliche Größe groß genug ist.

> «All diese Ausdrucksweisen darf man daher nur als künstliche Zeichen (terms of art) ansehen, die bei einem algebraischen Beweisgang das Gedächtnis unterstützen, oder als Zeichen für Regeln, von denen wir aus anderen Prinzipien wissen, daß sie korrekt sind, aber nicht aufgrund irgendeiner Vorstellung, die wir von den Dingen haben, auch wenn sich ein Ungebildeter entsprechend dem gewöhnlichen Gebrauch der Wörter einbildet, sie sollten jene Dinge ausdrücken.»

Ähnlich hatte auch LEIBNIZ im Brief vom 2.2.1702 an Varignon gesprochen, wo er solche uneigentlichen Ausdrücke mit den Ausdrücken vergleicht, in denen imaginäre – oder wie er sagte: «unmögliche» – Teile vorkommen. LEIBNIZ sprach in Fällen, in denen ein solcher Ausdruck eine reelle Zahl bezeichnet, auch davon, daß sich «die unmöglichen Größen aufheben»[127], eine Ausdrucksweise, die stark an den Begriff der Fehlerkompensation erinnert, auch wenn BERKELEY solche Äußerungen sicher nicht kannte.

Das von LEIBNIZ so favorisierte Kontinuitätsprinzip wird von BERKELEY zurückgewiesen (Nr. 40, 43). Alle Geometrie ist Geometrie des Endlichen, und daher ist die Quadratur krummliniger Figuren immer nur approximativ möglich, d.h. der Kreis ist «ebenso» quadrierbar wie die Fläche unter der Parabel, denn in der Approximation, wie sie etwa ein Computer vornimmt, sind beide Flächen quadrierbar (Nr. 32–34, 53, 54).

Berkeley dehnt scheinbar den Themenbereich auch auf die Physik aus, wozu ihm die Ablehnung absoluter Größen Gelegenheit bietet. So schiebt er mit ausdrücklichem Hinweis auf die Abhandlung *Über die Bewegung* die dort vertretenen Überzeugungen ein, daß es keine absolute Zeit, keinen absoluten Ort und keine absolute Bewegung gebe (Nr. 8). Der Angriff auf die absolute Bewegung wird von Berkeley genutzt, um die Fluxionsrechnung anzugreifen, bei der auf die Zeit als eine absolute, den Veränderungen zugrundeliegende Größe Bezug genommen wird (Nr. 29). Berkeley wirft den Mathematikern einen Vergleich inhomogener Größen vor, weil sie von Bewegung und Geschwindigkeit in einem Punkt sprechen (Nr. 30, 31). Zugleich macht er auf die Problematik des Kraftbegriffs aufmerksam (Nr. 9).

Eigenartig ist, daß Berkeley, der in seinem Erstlingswerk [128] von 1707 den Bildungswert der Mathematik und insbesondere der Algebra sehr hoch veranschlagte, gerade weil sie den Geist vom Bereich der Sinne wegführen, jetzt die Förderung des Geistes durch die Algebra und die Fluxionsrechnung in Zweifel zieht (Nr. 38, 39). Der rechnerische Umgang mit Zeichen bringe keinen Gewinn für die Bildung der Denkfähigkeit in anderen Bereichen.

Nicht nur in religiösen Fragen gibt es Uneinigkeit, sondern unter den Mathematikern selbst (Nr. 50). Bayes hat dem nur entgegenzuhalten, daß es unter Mathematikern «weniger» Streitigkeiten gebe, wobei ja auch nur die Auseinandersetzungen *über* die Mathematik relevant seien, denn in metaphysischen Dingen könnten sie ja verschiedener Meinung sein [129].

Berkeley nimmt Newtons religiöse Überzeugungen gegen die religionskritischen Mathematiker in Schutz (Nr. 58) [130]. Nicht das Widervernünftige, sondern das Übervernünftige will Berkeley verteidigen (Nr. 61), er empfiehlt den Mathematikern geradezu die Logik (Nr. 51), aber mit demselben Atemzug auch die Metaphysik. Seine Auffassung läßt sich gut mit einem Wort von Leibniz ausdrükken, auch wenn die beiden in vielen anderen Punkten differieren. In einem Brief an Jakob Bernoulli hatte Leibniz geschrieben:

> «Metaphysische Angelegenheiten sind nicht weniger evident als mathematische, wenn man sie richtig behandelt» [131]

und Berkeley findet bei Bayes einige Zustimmung, daß Mathematik nicht zu einem leeren Zeichenspiel verkommen dürfe, sondern allgemein zu einem vernünftigen Denken führen müsse[132]. Ihm gleichsam von der anderen Seite entgegenkommend, hatte BERKELEY betont, daß es in jeder Disziplin Stichhaltiges und Unhaltbares gebe (Nr. 48, 49).

4 Die unmittelbaren Erwiderungen auf den *Analyst*

Noch im Erscheinungsjahr des *Analyst* erschienen auch die ersten Erwiderungen darauf und eröffneten eine Publikationsflut, deren Quelle die Auseinandersetzung mit BERKELEYS Schrift war. Aus Cambridge, der Hochburg der Newtonianer, kam unter dem Pseudonym «Philalethes Cantabrigiensis»[133] eine polemische Schrift mit dem (übersetzten) Titel[134]:

Geometrie keine Freundin des Unglaubens, oder Eine Verteidigung der britischen Mathematiker in einem Brief an den Autor des Analyst, worin geprüft wird, wieweit das Verhalten solcher Geistlicher, die das Anliegen der Religion mit ihren privaten Auseinandersetzungen und Leidenschaften vermischen und denen, von denen sie sich absetzen, weder Gelehrsamkeit noch Vernunft zugestehen, dem Christentum Ehre machen und dienen und mit dem Beispiel unseres Heilandes und seiner Apostel übereinstimmt. Schon aus diesem barocken Titel wird deutlich, daß der Autor, einer der berühmtesten britische Ärzte, vor allem nach einem Schema verschiedener polemisierender Lager dachte. Es ging ihm nicht nur um die Auseinandersetzung zwischen Geistlichkeit und Mathematikern – eine Debatte, auf die BERKELEY ja ausdrücklich angespielt hatte –, sondern auch um die zwischen den britischen Mathematikern und denen auf dem Kontinent. JURIN und mancher Gegner BERKELEYS merkten nicht, daß die Querelen des leidigen Prioritätsstreites und die zugehörigen Lagerbildungen für die BERKELEYsche Kritik recht unwichtig waren.

JURIN ist bemüht, sich als einen hervorragenden Christen darzustellen, indem er eine Fülle von Bibelzitaten in seinen Text einstreut und gleichzeitig dem Autor des *Analyst* vorwirft, er habe nicht aus christlicher Sorge, sondern aus Eigendünkel heraus geschrieben. Damit gleitet JURIN in persönliche Polemik ab, doch ist dabei auffällig, daß man BERKELEY hier nicht zum ersten Mal den Vorwurf der Wichtigtuerei macht. Der Lokalpatriotismus spricht deutlich aus JURINS Buch, und der Glaube an den «Fachmann». BERKELEYS «Fehler» war es, daß er sich auf ein Terrain wagte, wo die Fachleute meinten, unter sich bleiben zu können.

JURIN versucht, BERKELEY auch in der Sache zu erwidern, aber mit recht schwachen Argumenten. Auf BERKELEYS Einwand gegen NEWTONS Trick bei der Gewinnung der Produktregel erwidert JURIN mit einem erneuten Trick: Das Moment des Rechtecks [Produkts] AB sei nicht dasselbe wie das Inkrement des Rechtecks AB, sondern das Moment von AB sei gleich dem Inkrement von $(A - \frac{1}{2}a)(B - \frac{1}{2}b)$. Damit ist aber höchstens das Problem benannt, aber keine Lösung gegeben. JURIN bietet noch eine andere Möglichkeit an: Man betrachte die Zunahme des Produkts AB, sie ist $aB + bA + ab$, und die Abnahme, sie ist $aB + bA - ab$. Zwischen ihnen gilt es zu entscheiden, welches nun das gesuchte Moment sei. Es läßt sich aber nur feststellen, daß jedes mit Recht beanspruchen könne, das Gesuchte zu sein, also wäre ihre Summe das Doppelte des Gesuchten. Und so bekommt JURIN das gewünschte Ergebnis, nämlich die Produktregel heraus: die Fluxion des Produkts ist $aB + bA$[135].

Auch BERKELEYS Erläuterung der Fehlerkompensation am Beispiel der Subtangente der Parabel versucht JURIN zu kritisieren. Er will zeigen, daß die beiden sogenannten Fehler gar keine Fehler seien, denn wenn man nur einen begehe, komme immer noch das richtige Ergebnis heraus. So berechnet JURIN drei Werte für die Subtangente – indem er jeweils einen oder beide «Fehler» begeht – und behauptet, diese Werte seien gleich:
JURIN bezieht sich auf § 21 des *Analyst* (s.o. S. 102). Er berechnet den Wert der Subtangente noch einmal, indem er bewußt nicht beide von BERKELEY angezeigten Fehler macht, sondern nur einen der beiden. Er will zeigen, daß die sogenannten Fehler keine Fehler seien, weil in jedem Falle das richtige Ergebnis herauskomme. Er rechnet also nicht mit dem «falschen» Wert RN, sondern mit dem «richtigen» Wert RL:

$$S = TP = \frac{RB \cdot PB}{RL} = \frac{PM \cdot PB}{RL} = \frac{dx \cdot y}{dy + z} = \frac{dx \cdot y}{dy + \frac{dy^2}{2y}}$$

$$= \frac{2x \cdot dy}{y} \frac{y}{dy + \frac{dy^2}{2y}} = \frac{2x}{1 + \frac{dy}{2y}} = \frac{2x \cdot 2y}{2y + dy} = 2x \cdot \frac{2y}{2y + dy}.$$

Auf den ersten Blick weicht das Ergebnis von dem durch ARCHIMEDES und auch die Infinitesimalmathematik für richtig erkannten Wert $2x$ ab. JURIN berechnet nun den entsprechenden Wert der

Subtangente auch noch, indem er nur den anderen von BERKELEY bezeichneten «Fehler» vermeidet, d.h. er setzt nicht, wie es die Infinitesimalmathematiker tun,

$$dy = \frac{p\,dx}{2y},$$

sondern

$$dy = \frac{p\,dx - dy^2}{2y},$$

also $$dx = \frac{2y\,dy + dy^2}{p} = \frac{x(2y\,dy + dy^2)}{y^2}.$$

Dann ist

$$S = TP = \frac{PB \cdot RB}{RN} = \frac{PB \cdot PM}{RN} = \frac{dx \cdot y}{dy} = \frac{x(2y\,dy + dy^2)\,y}{y^2\,dy}$$

$$= \frac{x(2y + dy)}{y} = 2x \cdot \frac{2y + dy}{2y}.$$

JURIN argumentiert, diese beiden Werte seien richtig, nämlich gleich dem klassischen Wert von $2x$, denn man könne jede angegebene Differenz unterbieten. JURIN scheint nicht zu begreifen, daß BERKELEY dem immer entgegenhalten kann: Entweder ist dy von Null verschieden, dann sind auch die berechneten Werte nicht gleich, oder $dy = 0$, also $RN = 0$, dann wird durch Null dividiert, was aber unzulässig ist.

In einem Punkt hat JURIN mindestens erkannt, in welche Richtung BERKELEYS Kritik zielte, nämlich bei BERKELEYS Angriff auf die abstrakten allgemeinen Ideen. Damit waren die Vertreter des in Cambridge gepflegten und unter Mathematikern ohnehin weit verbreiteten Platonismus herausgefordert. JURIN sieht hier mit Recht hinter BERKELEY seinen empiristischen Lehrer LOCKE und führt dementsprechend einen Angriff gegen diesen und seine These von der Unmöglichkeit eines allgemeinen Dreiecks, das ja weder spitzwinklig noch rechtwinklig und auch nicht stumpfwinklig sein könne.

Eine zweite Erwiderung auf den *Analyst* kam 1735 in Dublin heraus. Der Titel zeigt wieder das Unverständnis für die Allgemeinheit der von BERKELEY geübten Kritik[136]:

Eine Rechtfertigung von Sir ISAAC NEWTONS *Prinzipien der Fluxionen gegen die im Analyst enthaltenen Einwände.*

Auch WALTON meint, NEWTON gegen BERKELEY verteidigen zu müssen, während dieser zwar auch NEWTON angegriffen hatte, aber doch nicht nur NEWTON. WALTON hat eine recht deutliche Vorstellung vom «letzten Verhältnis» verschwindender Größen. Er sagt explizit [137]:

> «Die letzten Verhältnisse, mit denen Inkremente von Größen gleichzeitig verschwinden, sind keine Verhältnisse endlicher Inkremente, sondern Grenzwerte, die die Verhältnisse solcher Inkremente erreichen, wenn die zugehörigen Größen unendlich verkleinert werden.»

Allerdings scheint auch WALTON nicht zu bemerken, daß er sich damit auf etwas beruft, was BERKELEY gerade leugnet, nämlich die unendliche Teilbarkeit und das Gesetz der Kontinuität.

BERKELEY antwortet auf die Schrift JURINS mit einer *Verteidigung des freien Denkens in der Mathematik* [138], wobei der Titel voller Ironie steckt, denn im religiösen Bereich sind die Freidenker (Deisten) BERKELEYS Feinde, doch in der Mathematik propagiert er nun selbst eine entsprechend ketzerische Haltung. Er vertritt den frei denkenden Laien mit gesundem Menschenverstand gegen den engstirnigen Fachmann. Die Polemik ist zum Teil ermüdend, weil BERKELEY die vielen falschen Unterstellungen zurückweist. Er betont, daß auch NEWTON nicht nur mit endlichen Größen operiert hat, ja geradezu davor warnte, sich die infinitesimalen Größen als endliche vorzustellen [139].

In einem Anhang zur Schrift gegen JURIN beantwortet BERKELEY auch WALTONS *Rechtfertigung*. Dabei greift er WALTON auch persönlich scharf an, stellt ihn als zweitrangig dar und zeiht ihn der Unfähigkeit und Unaufrichtigkeit. Man darf vermuten, daß BERKELEY WALTON kannte. Vielleicht gehörte dieser zu den Dubliner Kreisen um den dortigen Erzbischof, die sich nach BERKELEYS Rückkehr aus Amerika beim Kampf um das Dekanat von Down so abfälllig über BERKELEY geäußert hatten. Er rät jedenfalls den Schülern des Lehrers WALTON, diesem gewisse Fragen zu stellen, die zwar persönlich formuliert sind, aber doch die allgemeine Problemlage betreffen:

1) Kann man sich Geschwindigkeit ohne Bewegung, Ausdehnung und Größe vorstellen? Wenn nicht, wie kann man dann mit einem gesunden Menschenverstand – BERKELEY beruft sich trotz seiner paradoxen Philosophie immer wieder darauf – die Vorstellung einer Fluxion zustandebringen?
2) Wenn das Produkt ab Null wird, weil die Faktoren Null werden, wird dann nicht auch $Ab + Ba$ Null?

3) Wenn die Inkremente Null werden, wozu sind sie dann gut?
4) Worin besteht der Unterschied zwischen einer unendlich kleinen Größe und einer unendlich verkleinerten Größe?
5) Falls es keinen Unterschied gibt, läßt sich die Fluxionsmethode nicht rechtfertigen, denn NEWTON hatte in der Einleitung zur *Quadratura curvarum* die Betrachtung unendlich kleiner Größen ausdrücklich ausgeschlossen.
6) Falls unendlich verkleinerte Größen Nullen sind, wie will man dann die ersten und letzten Verhältnisse als Proportionen zwischen Nullen erklären?
7) Wenn die ersten und letzten Verhältnisse Proportionen zwischen Grenzen sind, wie können Grenzen zueinander in Proportion stehen bzw. dividiert werden?
8) Wie lassen sich die Fluxionen höherer Ordnung erklären?

Mit der siebenten Frage berührt BERKELEY einen Bereich, den er selbst nicht weiter verfolgt. Mit der Frage zeigt er aber, daß er sieht, wo ein offenes Problem liegt, nämlich in der Unklarheit des Grenzbegriffs. BERKELEY erkennt, daß das Rechnen mit Grenzwerten einer besonderen Rechtfertigung bedarf, falls man ein solches Rechnen überhaupt erlaubt. Aus der Frage geht allerdings nicht deutlich hervor, wieweit BERKELEY sich über den Unterschied zwischen dem Grenzwert eines Quotienten und dem Quotienten von Grenzwerten Gedanken gemacht hatte. Wahrscheinlich hat er nicht näher darüber nachgedacht, weil ihm die gesamte Richtung suspekt war.

JURIN und WALTON waren mit dieser Antwort BERKELEYS keineswegs zum Schweigen gebracht. Noch im Jahr 1735 erschienen ihre Erwiderungen. Der geschwätzige JURIN polemisierte auf 112 Seiten unter dem Titel[140]: *Der Kleine Mathematiker oder Der Freidenker ist kein Richtigdenker.* Der Titel spielt auf das Pseudonym BERKELEYS an, der seinen *Alciphron* unter dem Namen «The Minute Philosopher» publiziert hatte. JURIN zieht alle Register niedrigster Polemik. Wenn es ihm paßt, treibt er kleinliche Wortklauberei, dann fordert er wieder eine großzügige kontextbezogene Interpretation. Er versucht krampfhaft, NEWTON zu verteidigen, indem er ihm fälschlicherweise eine Unterscheidung zwischen Momenten und Inkrementen bzw. Dekrementen unterstellt. Die Auseinandersetzung verliert immer mehr an Sachbezogenheit, obwohl JURIN BERKELEYS Schrift Abschnitt für Abschnitt durchhechelt. Es bleibt Meinung gegen Meinung stehen, und dabei berührt JURIN ein ernsthaftes Problem der Fundierung von Wissenschaft, denn Berkeley hatte sich in seinen Angriffen auf die Infinitesimalmathematik und Fluxionsrechnung wiederholt auf das Urteil des denkenden Lesers mit gesundem Menschenverstand berufen, und Jurin behauptet nun, selbst ein solcher zu sein. An dieser Stelle wird deutlich, daß Wissenschaft ein soziales Unternehmen ist, bei dem nicht die nackte Wahrheit in Erscheinung tritt, um grundlegende Kontroversen zu entscheiden, bei dem stattdessen eine mehr oder weniger institutionalisierte Gruppe von Fachleuten oder eine informelle Gemeinschaft («wissenschaftliche Öffentlichkeit») über die Annahme oder Ablehnung von grundlegenden Auffassungen (Begriffen, Methoden) entscheidet. Doch der Wissenschaftshistoriker kann seinerseits vielleicht aus dieser Befangenheit heraustreten, da er ja die verschiedenen Grundlagenpositionen aus der Distanz beschreibt.

Berkeley ließ das umfangreiche Pamphlet Jurins unbeantwortet, aber nicht die viel kürzere Erwiderung Waltons, der Berkeleys Fragenkatalog zum Anlaß nahm, eine *Vollständige Antwort auf den Katechismus vom Autor des «Kleinen Philosophen»* zu publizieren[141]. Walton beantwortet Berkeleys Fragen:

1) Man kann sich Geschwindigkeit oder Bewegung in einem Raumpunkt vorstellen, denn bei einer stetig wachsenden Geschwindigkeit ist die Geschwindigkeit in einem Punkt von der in jedem anderen verschieden. – Walton bemerkt nicht, daß er mit der Voraussetzung der verschiedenen Punkte gerade das zugibt, was Berkeley behauptet, daß nämlich Geschwindigkeit nur mit Bezug auf Veränderung oder Ausdehnung gedacht werden kann. Beide Autoren sprechen bewußt oder unbewußt aneinander vorbei.
2) Die Frage, ob mit a und b nicht nur ab, sondern auch $Ab + Ba$ Null werde, verneint Walton, denn die Seiten A und B bleiben und seien jetzt nicht nur die Ausgangsstrecken, sondern die Seiten der verschwundenen Rechtecke. Diese Antwort wirkt eher wie ein Vorgriff auf Hegel, nach dem die Aufhebung der Antithesis nicht zur ursprünglichen Thesis zurückführt, erscheint aber im Rahmen einer mathematischen Begründung, in der es nicht um geschichtliche Prozesse geht, unbrauchbar. Die Fragen 3) bis 7) beantwortet Walton gemeinsam, indem er wieder einmal behauptet, die «Bewegungen» [d.h. Geschwindigkeiten] des Zuwachses blieben erhalten, wenn die Inkremente verschwinden, so daß keine Quotienten von Nullen entstünden. Hier wie auch bei

den Fluxionen höherer Ordnung laufen WALTONS Ausführungen letztlich immer nur auf die Beteuerung ihrer Existenz hinaus[142].

WALTON beschließt sein im Vergleich mit JURINS Erwiderung eher nüchternes, mathematisches Buch, das er als Beantwortung eines «Katechismus» apostrophiert hatte, mit einem «Glaubensbekenntnis», das nun aber nicht mehr «mathematisch», sondern nur noch religiös ist und offenbar zeigen sollte, daß die Fluxionsmathematiker nicht am christlichen Glauben zweifeln. BERKELEY hatte einen solchen Zweifel allerdings auch gar nicht allgemein ausgesprochen, vor allem hatte er NEWTONS religiöse Unerschütterlichkeit nicht angetastet.

BERKELEY ließ JURINS Erwiderung völlig unbeantwortet, schrieb aber eine kleine sarkastische Schrift mit dem Titel *Gründe gegen eine Erwiderung auf Herrn* WALTONS *«Vollständige Antwort» in einem Brief an* P.T.P.[143] Darin erklärt BERKELEY, er verzichte auf weitere Erläuterungen von WALTONS Seite, denn dieser widerspreche sich selbst und treibe nur Scherze. Damit zieht sich BERKELEY aus der *Analyst*-Kontroverse zurück. WALTON gab zwar in einem Anhang zur zweiten Auflage seiner *Vollständigen Antwort* noch eine Erwiderung[144], aber BERKELEY antwortet nicht mehr.Die durch den *Ana-*

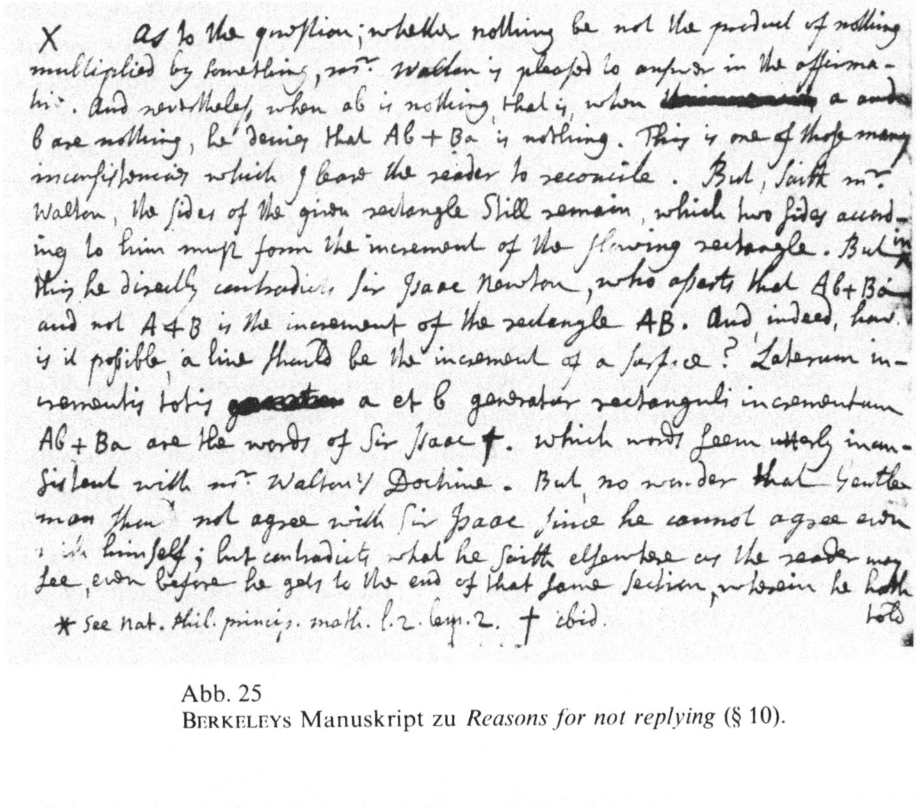

X As to the question; whether nothing be not the product of nothing multiplied by something, Mr. Walton is pleased to answer in the affirmative. And nevertheless, when ab is nothing, that is, when a and b are nothing, he denies that Ab + Ba is nothing. This is one of those many inconsistencies which I leave the reader to reconcile. But, saith Mr. Walton, the sides of the given rectangle still remain, which two sides according to him must form the increment of the flowing rectangle. But in this he directly contradicts Sir Isaac Newton, who asserts that Ab + Ba and not A + B is the increment of the rectangle AB. And indeed, how is it possible a line should be the increment of a surface? Laterum incrementis totis a et b generatur rectanguli incrementum Ab + Ba are the words of Sir Isaac †. which words seem utterly inconsistent with Mr. Walton's Doctrine. But no wonder that Gentleman should not agree with Sir Isaac, since he cannot agree even with himself; but contradicts what he saith elsewhere as the reader may see, even before he gets to the end of that same section, wherein he hath told

* See Nat. Phil. princip. math. l. 2. lem. 2. † ibid.

Abb. 25
BERKELEYS Manuskript zu *Reasons for not replying* (§ 10).

lyst angeregte Auseinandersetzung war damit jedoch keineswegs beendet. Die eigentliche Flut der direkt und indirekt von diesem Buch provozierten Reaktionen setzte gerade erst ein, wobei die kleine Schrift von JOHN HANNA mit seiner Kritik an WALTONS Bewegungsbegriff mehr zur Grundlegung der Physik als zur Fundierung der Infinitesimal- und Fluxionsrechnung gehört.

Der Ingenieur und Mathematiker BENJAMIN ROBINS, nahm die in der unmittelbaren *Analyst*-Diskussion hervorgetretenen Unsicherheiten bezüglich der Fluxionslehre zum Anlaß, ein klärendes Buch über dieses Gebiet der Mathematik zu schreiben: *A Discourse Concerning the Nature and Certainty of Sir ISAAC NEWTON's Methods of Fluxions, and of Prime and Ultimate Ratios.* In der bisherigen Auseinandersetzung war es wiederholt zu Schwierigkeiten gekommen, weil die Kontrahenten verschiedene NEWTON-Auslegungen benutzten. Insbesondere war umstritten, ob NEWTON eindeutig nur eine einzige Ansicht vertreten habe. ROBINS legt nun in einer sachlichen Weise ohne Polemik dar, daß NEWTON zu verschiedenen Zeiten unterschiedliche Lehren vertreten habe: Nachdem er anfänglich auch mit Infinitesimalien, unendlich kleinen Größen, gearbeitet habe, entwickelte er die – wie ROBINS meint, dem antiken Exaktheitsideal entsprechende – Fluxionslehre, zu der dann die Lehre von den ersten und letzten Verhältnissen nur eine vereinfachte Form darstelle. Diese Kurzfassung gebe zu Mißverständnissen Anlaß. ROBINS hebt vor allem hervor, daß das sogenannte «letzte Verhältnis» zweier verschwindender Größen nicht das Verhältnis in einem bestimmten Punkt der Veränderung bedeute, sondern den Grenzwert, dem das sich verändernde Verhältnis beliebig nahe kommt. NEWTON habe nur die Grundlagenmängel in der analytischen Geometrie des DESCARTES und in der Infinitesimalmathematik beseitigt.

ROBINS nahm in seinem Traktat zwar keinen expliziten Bezug auf den *Analyst*, er publizierte aber anonym eine von ihm selbst verfaßte Besprechung seines Buches in der Zeitschrit *The Present State of the Republic of Letters*, wobei er die «kürzlich» aufgetretenen Zweifel an NEWTONS Fluxionsmethode erwähnte. Einen Monat später erschien in der gleichen Zeitschrift unter dem Pseudonym PHILALETHES CANTABRIGIENSIS ein Artikel JURINS über einige Stellen seiner eigenen Erwiderung auf BERKELEY[145]. JURIN kannte bei der Abfassung offenbar noch nicht den Traktat von ROBINS und vertritt die Auffassung, daß nach NEWTON die «ersten und letzten Verhältnisse» Verhältnisse von Werten seien, die von den variablen Größen auch tatsächlich angenommen werden: *To me it appears, that Sir*

ISAAC *means ... that they do at last become actually, perfectly, and absolutely equal*[146]. Es ist bemerkenswert, daß JURIN auch einige Passagen über den Differentialkalkül von LEIBNIZ einfügt. Es ist nicht verwunderlich, daß er die These von LEIBNIZ' Plagiat vertritt, es zeugt aber von einer gewissen Naivität, wenn JURIN seinen Meister NEWTON dadurch zu verteidigen versucht, daß er feststellt, die von diesem vernachlässigten Größen seien kleiner als die von LEIBNIZ ausgelassenen!

JURINS Unverständnis für den Begriff des Grenzwertes provozierte ROBINS, und nun kam es in der *Republick of Letters* zu einem Schriftwechsel, der sich ein Jahr lang hinzog[147]. Schon im August 1736 werden die Leser der Zeitschrift vom Herausgeber um Entschuldigung gebeten, daß dieses Heft überhaupt keine Rezensionen mehr enthält, sondern ganz der ROBINS-JURIN-Auseinandersetzung um die richtige NEWTONinterpretation gewidmet ist, aber man sei schließlich den beiden hervorragenden Kennern der Fluxionsrechnung in gleicher Weise verpflichtet. ROBINS zieht sich schließlich im Dezember aus der Debatte zurück, denn sein noch immer anonymer Gegner lasse seiner Emotion freien Lauf. JURIN hatte aber schon wieder einen neuen Kontrahenten, denn in der Debatte zur NEWTON-Interpretation hatte er Bezug genommen auf eine Variante in der von HENRY PEMPERTON besorgten dritten Ausgabe von NEWTONS *Principia mathematica*. PEMBERTON fühlte sich betroffen und trat in eine Kontroverse mit JURIN ein[148]. Auch diese Auseinandersetzung dauerte ein Jahr und wurde durch JURINS Kontrahenten (durch ein *Advertisement*) beendet. Inzwischen waren zahlreiche Bücher zur (Verteidigung der) Fluxionsrechnung erschienen: Da ist vor allem die von COLSON übersetzte und kommentierte Schrift NEWTONS zu nennen, die 1736 herauskam. Im selben Jahr erschienen die Bücher von THOMAS BAYES, J. HODGSON, J. MULLER, 1737 folgten die von J. SMITH und TH. SIMPSON, 1739 das von B. MARTIN, 1741 erschienen die Bücher von J. ROWE und (anonym) FRANCIS BLAKE. 1742 kam das große zweibändige Werk von COLIN MACLAURIN heraus. Mancher dieser Autoren meinte es zwar gut, erkannte aber nicht die Schärfe des von BERKELEY aufgeworfenen Grundlagenproblems. So versuchte z. B. SMITH, die Frage nach der Natur der entstehenden und verschwindenden Größen zu beantworten, indem er behauptete, solche Größen seien in Wahrheit nichts, d. h. *Non-quanta*, aber ihr letztes Verhältnis sei keineswegs nichts. Die Inkremente seien weg – BERKELEY hatte von den «Geistern verstorbener Größen» gesprochen –, aber ihr Verhältnis bleibe erhalten, es sei eine abstrakte Idee in unserem Geiste[149].

Kaum eine Erwiderung auf den *Analyst* war so abgewogen wie die von BAYES. Die meisten waren geradezu naiv. So auch die Abhandlung von JAMES SMITH. Er läuft sozusagen ins offene Messer und tischt alle von BERKELEY in Zweifel gezogenen Schwachstellen nur wieder auf. Hatte BERKELEY die verschwindenden Inkremente und Dekremente als «Geister verstorbener Größen» bezeichnet, so sagt SMITH von ihnen ausdrücklich:

> «Wir wissen nichts von ihnen, bevor sie tot und fort sind. Sie waren nämlich unbekannte, veränderliche Wesen, solange sie am Leben waren ...»[150]

Hier stand offenbar ein gewisser Platonismus (Cambridge?) Pate, wonach der Bereich des Veränderlichen kein eigentliches Wissen zuläßt. SMITH dividiert durch ein Inkrement, das er zwei Seiten später als «absolute Nothing» bezeichnet[151]. Er ist gänzlich geblendet vom unglücklichen Prioritätsstreit zwischen LEIBNIZ und NEWTON. Daher glaubt er, er könne die Fluxionsrechnung NEWTONS gegen BERKELEY verteidigen und gleichzeitig den LEIBNIZschen Differentialkalkül als falsch darstellen.

> «Es ist erwiesenermaßen klar, daß der Diffenrentialkalkül – die Fluxionsmethode, wie sie LEIBNIZ darstellt – falsch und fehlerhaft ist. Er nimmt an, alle Größen seien aus unendlich kleinen Größen derselben Art zusammengesetzt und unendlich kleine Größen könnte man weglassen.»[152]

Daß SMITH zu allem Überfluß auch noch das «letzte Verhältnis» (Differentialquotient) als abstrakte, nur im Geist existierende Vorstellung bezeichnete[153], ohne auch nur mit einem Wort auf BERKELEYS Kritik an allgemeinen abstrakten Vorstellungen einzugehen, zeigt einmal mehr, daß SMITH vom Grund der BERKELEYschen Kritik nichts begriffen hat.

FRIEDRICH ENGEL hatte 1890 in seiner Leipziger Antrittsvorlesung[154] in der Geschichte der Differentialrechnung eine naive und eine kritische Phase unterschieden. Über die naive Periode, zu der er fast alle großen Mathematiker des 18. Jahrhunderts rechnet, auch NEWTON, LEIBNIZ und EULER, schreibt ENGEL:

> «In der Freude über das unendliche Gebiet von neuen und überraschenden Wahrheiten, das durch die Differentialrechnung eröffnet war, sorgten diese Männer sich wenig um die Grundlagen, auf denen sie ihr stolzes Gebäude errichteten und wenn sie je einen Versuch machten, diese Grundlagen zu befestigen, so begnügten sie sich mit – nach unsern Begriffen – ziemlich schwachen Gründen.»[155]

Wenn ENGEL dann aber schreibt:

> «Bereits gegen Ende des vorigen Jahrhunderts [d.h. des 18.] machten sich Bestrebungen geltend, der so lange vernachlässigten Strenge auch in der höheren Mathematik zu ihrem Rechte zu verhelfen. Schon LAGRANGE versuchte die Differentialrechnung auf eine neue und strenge Art zu begründen»,

so gibt das einen Einblick in die Geschichte der Mathematikgeschichtsschreibung und macht zugleich deutlich, daß BERKELEY schon nicht mehr der «naiven Periode» angehört und im Vergleich mit den großen Mathematikern seiner Zeit weit voraus war.

In der Literatur über die *Analyst*-Kontroverse wurde die 1745 erscheinende Schrift von ROGER PAMAN nur wenig beachtet. Wie auch über manchen anderen Teilnehmer dieser Auseinandersetzung weiß man über ihn nur wenig. Das Vorwort des kleinen Buches trägt das Datum vom 1. August 1745, außerdem geht daraus hervor, daß der junge PAMAN das Manuskript mit seinen Gedanken über die Benutzung der Fluxionen in den Jahren von 1735 bis 1739 unter seinen Bekannten zirkulieren ließ. Von einigen Mitgliedern der Royal Society sei ihm geraten worden, seine Schrift zu veröffentlichen, aber er habe davon abgesehen, weil er noch zu jung gewesen sei und auch nichts zur Verteidigung NEWTONS habe sagen können. PAMAN gehörte zur Mannschaft, die unter Flottenadmiral ANSON eine Südsee-Expedition unternahm. Während der langen Vorbereitungen dazu (1739/40) hinterlegte PAMAN die ersten fünf Kapitel seiner Schrift bei seinem Freund DAVID HARTLEY. Bevor die Schiffe am 10. August 1740 von Spitehead (Südengland) endgültig zu ihrer unglücklichen Fahrt ausliefen – von mehr als 900 Mann überlebten weniger als 200 die Stürme um Kap Horn –, schickte PAMAN noch zwei weitere Kapitel an HARTLEY. PAMAN schreibt, daß er durch Reverend FRANK[156] vom St. John's College Cambridge auf den *Analyst* aufmerksam gemacht worden sei. Durch § 35 und einige der am Schluß angehängten Fragen (Nr. 1, 22, 29) sei ihm klar geworden, daß man die Analysis ohne die Begriffe Zeit, Bewegung, Geschwindigkeit und Unendlichkeit einführen müsse. § 35 ist gerade jener berühmte Abschnitt des *Analyst*, der mit der oftzitierten ironischen Frage endet, ob man die Fluxionen nicht als «die Geister verstorbener Größen» bezeichnen müsse.

Diese Stelle wird zwar oft zitiert, aber nur wenige wissen, daß sie selbst die Parodie einer Persiflage ist, denn sie bezieht sich auf eine Stelle in der 1663–78 entstandenen, burlesken Verssatire *Hudibras* von SAMUEL BUTLER, die so etwas wie ein englisches Pendant zum *Don Quichotte* bildet. In der Verspottung des puritanischen Fanatismus wird der Held als ein in allen Wissenschaften bewanderter Mensch geschildert[157]:

> In Mathe komme ihm kaum nahe
> ERRA PATER[158], TYCHO BRAHE.
> Mit geometerischem Maß
> vermißt er stets des Bieres Glas.
> Mit Sinus, Tangens bringt er 'raus:
> Es fehlt an Brot und Mehl im Haus.
> Und was die Stunde hat geschlagen,
> kann er uns algebraisch sagen.

Doch *Hudibras* beherrscht auch die Spitzfindigkeiten der Philosophie:

> Er war ein schlauer Philosoph.
> Das Ding beschränkte er auf Akte,
> Natur war ihm nur das Abstrakte,
> wo Entität, wo Quidditat
> als Geist des toten Körpers weht,
> wo Wahrheit in Person uns narrt,
> wie's Wort in Nordluft kalt erstarrt.

Dieser witzige Angriff auf die Philosophie des Abstrakten dürfte BERKELEY, dem Empiristen, gefallen haben. Er konnte das Wort von den Geistern verstorbener Körper, das als Bild ja auch zu seinem eigenen Immaterialismus gepaßt hätte, aufgrund einer leichten Abwandlung auf die anwenden, die derartige Spitzfindigkeiten nach seiner Ansicht immer noch betrieben, nämlich die Infinitesimal- und Fluxionsmathematiker.

PAMAN geht auf das verdrehte Zitat nicht näher ein. Er behauptet, zunächst zugunsten NEWTONS gegen BERKELEY eingenommen gewesen zu sein, bis er erkannt habe, daß die Analysis ohne das Unendliche und ohne kinetische Begriffe begründet werden müsse. Er selbst verwende nur die klassischen Vertreter der antiken Geometrie (EUKLID, APOLLONIUS und ARCHIMEDES), ohne das Unendliche oder «Nicht-Entitäten» zu benutzen. Auch die kinetischen Dinge wie Geschwindigkeit, Zeit und Bewegung – «jene großartigen Objekte metaphysischer Forschung» – lasse er außer betracht. PAMAN läßt sich also von dem antiken Ideal geometrischer Strenge leiten und ist davon überzeugt, daß es sich in der neueren Mathematik verwirklichen lasse, was sich auch im Titel seines Buches ausdrückt: *Die*

Harmonie zwischen der alten und der modernen Geometrie[159]. Selbstverständlich eliminiert PAMAN dabei nur den zeitlichen Aspekt aus der Analysis, denn die Begriffe Vermehrung und Verminderung muß auch er zur Einführung des Fluxionsbegriffs verwenden. Er versucht, die Fluxionsrechnung als einen Teil in eine allgemeinere Lehre (*a more general Method of Reasoning*) einzuordnen. Er nennt diese übergeordnete Lehre «die Lehre der Maximinorität und der Minimajorität». Was PAMAN mit «Maximinus» bezeichnet ist die größte untere Schranke (*Infimum*), das *Minimajus* ist die kleinste obere Schranke (*Supremum*), welche Begriffe von PAMAN in einer Klarheit eingeführt werden, wie man sie sonst bei seinen Zeitgenossen nicht findet. Gleichzeitig ist ihm der Unterschied des Grenzwertbegriffs zu diesen Begriffen ganz deutlich. Er habe versucht, mit dem Begriff «Grenzwert» anstelle jener beiden Begriffe auszukommen, aber eine solche Identifikation wäre eine Verwechslung der approximierenden Größe mit der approximierten. PAMAN bekennt sich im allgemeinen zu NEWTON, macht aber explizit Front gegen dessen Begriffe von den ersten und letzten Verhältnissen. Er stimmt mit BERKELEY darin überein, daß er versucht, nur mit endlichen Größen auszukommen. PAMAN definiert die Fluxion als das *Supremum* bzw. *Infimum* des Differenzenquotienten, d. h. z. B. für

$$y = x^m$$

$$\dot{y} = \operatorname{Sup} \frac{x^m - (x - \Delta x)^m}{\Delta x} \quad \text{bzw.} \quad \operatorname{Inf} \frac{(x + \Delta x)^m - x^m}{\Delta x}.$$

PAMAN wendet sich also gegen die «fließenden Objekte der Unendlichkeit», aber er verwirft die Metaphysik nicht in Bausch und Bogen. Wie in vielen Fällen beruft er sich auf BARROW, der unter Hinweis auf ARISTOTELES und POCLUS die Metaphysik als das Fundament und als die Magd aller Wissenschaften ansah. Auch in diesem Punkte stimmt PAMAN also seinem Kontrahenten BERKELEY zu, der im § 48 des *Analyst* geäußert hatte, die Frage dürfe nicht sein, ob etwas metaphysisch sei oder nicht, sondern müsse lauten, ob die Sache klar, richtig und gut deduziert worden sei oder nicht.

PAMAN reichte sein Manuskript nach seiner Rückkehr von der Südsee-Expedition, zu der er auch einen meteorologischen Bericht schrieb, 1742 der Royal Society ein, doch war inzwischen das umfangreiche Buch von MACLAURIN über die Fluxionen erschienen. PAMAN erkennt die Bedeutung dieses Werkes an, hebt ihm gegenüber aber seine Eigenständigkeit hervor. Immerhin habe er ja das Meiste schon 1734/35 geschrieben. Die verspätete Publikation seines Buches gibt PAMAN Gelegenheit, sich mit MACLAURIN und ROBINS bezüglich des Grenzbegriffs kritisch auseinanderzusetzen. Er sieht in deren Schriften noch keine endgültige Klärung der grundlegenden Begriffe. Auch hierin verweist er zustimmend auf BERKELEY, der in seiner gerade erst erschienen *Siris* (§ 271) sagt:

> «Offenbar huldigen die Mathematiker unserer Tage obskuren Begriffen und unsicheren Meinungen, derentwegen sie in Verlegenheit geraten, wenn sie einander widersprechen und wie andere Menschen miteinander disputieren. Als Beispiel kann ihre Fluxionslehre dienen, über die ich in den letzten Jahren mehr als zwanzig Abhandlungen und Dissertationen habe erscheinen sehen, deren Verfasser dem Publikum zeigen, was von einer angeblichen Evidenz zu halten sei, da sie voneinander äußerst stark abweichen und sich gegenseitig widersprechen.»

BERKELEY zog sich jedenfalls nicht aus einem Gefühl der Unterlegenheit aus der Diskussion zurück, wie aus dem Brief seiner Frau an ihren Sohn GEORG hervorgeht (s. S. 167).

Die anregende Wirkung des *Analyst* ist in der Mathematikgeschichte unübersehbar. Dabei fällt aber auf, daß die in der Sache ähnlichen, wenn auch nicht so ausführlichen Äußerungen BERKELEYS in den 24 Jahre früher erschienenen *Prinzipien der menschlichen Erkenntnis* diese Wirkung nicht hervorrufen konnten. Das liegt vor allem daran, daß die *Prinzipien* eine «philosophische» Publikation waren und daher von den Mathematikern nicht genügend beachtet wurden [160], außerdem stammte sie von einem noch wenig bekannten jungen Mann, während der *Analyst* von einer in vielen Bereichen hervorgetretenen Persönlichkeit publiziert wurde [161].

BERKELEYS verhältnismäßig früher Ausstieg aus der *Analyst*-Debatte wurde von verschiedenen Beobachtern verschieden erklärt. JAMES WILSON, der Herausgeber der *Mathematical Tracts* von ROBINS, vertrat 1761 die Ansicht, ROBINS habe NEWTONS Fluxionsrechnung so überzeugend gerechtfertigt, daß BERKELEY schweigen mußte. Dieser Meinung schloß sich G. A. GIBSON in seiner Rezension zu CANTORS mathematikgeschichtlichen Vorlesungen an [162]. Auch G. A. JOHNSTON übernahm diese Fehldeutung, indem er behauptete, BERKELEY habe nach den klärenden Darstellungen von ROBINS kein Wort mehr dazu gesagt [163], obwohl schon PAMAN auf § 271 der *Siris* aufmerksam gemacht hatte. Man wird BERKELEYS «Rückzug» nicht als kleinlautes Schweigen deuten dürfen, sondern eher als die Haltung des Überlegenen, der sich gelassen zurücklehnt, denn er hatte ja u.a. behauptet, daß es nicht nur in religiösen Fragen, sondern auch innerhalb der Mathematik Meinungsverschiedenheiten gebe, und genau diese zeigten sich nun mehr als genug in endlosen Debatten z. B. zwischen seinem Hauptgegner JURIN und dessen Kontrahenten ROBINS und PEMBERTON. Wozu hätte es auch erst der grundlegenden Arbeit von WEIERSTRASS im 19. Jahrhundert bedurft, wenn die Analysis schon in der Mitte des 18. Jahrhunderts eine vollkommen befriedigende Grundlegung erreicht hätte?

Die von BERKELEY aufgeworfenen Probleme lassen sich nicht einmal durch den Hinweis auf die Entwicklung im 19. Jahrhundert völlig beiseiteschieben, denn der faktische Gang der Mathematikgeschichte belegt, daß auch in den sichersten wissenschaftlichen Disziplinen zuverlässige Begründungen gelegentlich erst nach Jahrzehnten oder gar erst nach Jahrhunderten erbracht werden. Warum sollte sich der religiöse Glaube nicht auch erst später als wahr erweisen? Demgegenüber hilft auch der Hinweis nichts, in der Mathematik gebe es keinen Streit darüber, was als Beweis zulässig sei, denn die Zeitgenossen BERKELEYS hatten ja behauptet, die Fluxionsrechnung sei hinreichend begründet, und doch waren die Mathematiker des 19. Jahrhunderts ganz anderer Meinung, sonst hätten sie nicht eine bessere Fundierung nachliefern müssen.

Diese Nachträglichkeit der Begründungen und Rechtfertigungen innerhalb der Mathematik mag zur Frage Anlaß geben, welchen Sinn oder Wert sie überhaupt für die Wissenschaft haben, wenn diese sich doch auch ohne solche Grundlegungen «sehr gut» entwickeln kann. Mathematische Techniken funktionieren ähnlich wie Medikamente (z. B. Psychopharmaka) auch dann, wenn man nicht weiß warum. Überspitzt und provokativ formuliert: Begründungen sind auch in der Mathematik nicht immer erforderlich, sie werden manchmal in einer viel späteren Zeit adoptiert.

Man könnte gegen BERKELEY vielleicht heute den Einwand erheben, daß seine Kritik unberechtigt gewesen sei, weil doch die Non-Standard-Analysis zeige, daß man die infinitesimalen Größen dem Körper der reellen Zahlen adjungieren und damit das Rechnen mit solchen, damals anstößigen Elementen rechtfertigen könne. Das Faktum, daß man so verfahren kann, ist nicht zu bestreiten, doch trifft ein solcher Einwand kaum die Berechtigung der BERKELEYschen Kritik zu seiner Zeit, denn man wird auch die Berechtigung der kopernikanischen Revolution zu ihrer Zeit nicht dadurch unterminieren können, daß sich doch die ptolemäische Lehre aufgrund der EINSTEINschen Relativitätstheorie prinzipiell aufrechterhalten ließe.

Texte

1 Über das algebraische Spiel

Zur selben Zeit, als ich jenes Theorem [164] fand, erfand ich auch das algebraische Spiel. Als ich nämlich sah, daß sich einige meiner Freunde die Hälfte ihrer Zeit eifrig auf das Schachspiel verlegten, wunderte ich mich sehr über ihren Fleiß in einer nichtigen Sache und fragte mich, was es sei, womit sie sich so sehr beschäftigten. Sie könnten aber antworten, es sei eine für den Geist sehr angenehme Übung. Ich überdachte dies bei mir und wunderte mich, weswegen so wenige den Geist zur *mathesis*, der wohl nützlichsten und auch angenehmsten Wissenschaft, wenden. Vielleicht, weil sie schwierig ist? Doch viele haben einen starken Geist und scheuen auch bei dummem Zeug keine Mühe. Wohl eher, weil sie nicht die gefälligste Übung des Geistes ist? Man nenne mir aber bitte diejenige Kunst oder Disziplin oder sonst irgendeine Anstrengung, die auf schönere Weise alle Fähigkeit, Geschicklichkeit, Witz und Geistesschärfe übt! Ist die *mathesis* vielleicht ein Spiel? Sie ist trotzdem angenehm. Wenn sie nur unter diesem Namen in Erscheinung getreten wäre, dann würden sich vielleicht jene verzärtelten Schwächlinge, die die Zeit mit Spielen verbringen, sofort um ihr Studium kümmern. Die Ansicht des so weisen John Locke ist kaum anders und läuft in der Sache auf dasselbe hinaus [165]. Daher habe ich zur praktischen Übung der Algebra das folgende Spiel ausgedacht, etwas hausbakken, wie ich bekenne, aber auf diese Weise wird man es, wie ich hoffe, dem Heranwachsenden, der vor allem mit anderen Studien beschäftigt ist, mitgeben.

Algebraische Probleme werden unmitelbar durch gegebene Gleichungen konstituiert, die in bestimmten Aufgaben die gesuchten Größen der Zahl nach vergleichen. Jede Gleichung besteht aber aus zwei Seiten, die durch das Gleichheitszeichen verbunden sind. Auf jeder der beiden sind zu betrachten: erstens die Symbole (*species*), ob sie nämlich gegebene oder gesuchte Größen bezeichnen, dann die Zeichen, durch die sie verbunden werden. Wir bemühen uns, es so auszuführen, daß dies alles bei den zu bildenden Aufgaben geschickt herauskommt, und daß sich das Spiel ebenso aus der Bildung der Aufgaben wie aus der Auflösung derselben zusammenfügt.

Auf ein Brett, wie man es gewöhnlich beim Dame- oder Schachspiel verwendet, zeichnet man einen Kreis, der einem Quadrat einbeschrieben ist, und alles übrige, was in der gegenüberstehenden Abbildung enthalten ist, doch mit der Ausnahme, daß anstelle der schwarzen Punkte Löcher zu machen sind. Hat man das alles ausgeführt, so haben wir das Spielbrett. Außerdem ist ein dünner Holzgriffel anzufertigen, der in irgendeines der genannten Löcher gesteckt wird. Es bleibt nur noch, den Gebrauch dieser Dinge darzustellen.

Wie du siehst, werden an die Seiten und Ecken des Quadrats die Symbole der Rechenoperationen geschrieben. Außerdem ordnen die Seiten den linken und die Ecken den rechten Seiten der Gleichungen Zeichen zu. Der Kreis, dem 16 Spitzen einbeschrieben werden,

TABULA LUSORIA.

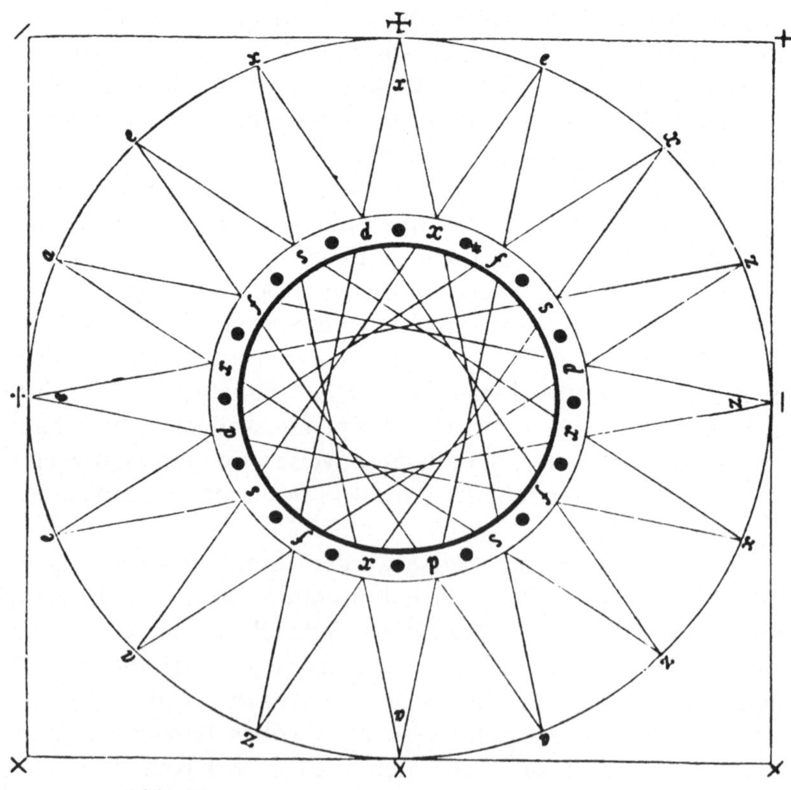

Abb. 26
Spielplan zu *De ludo algebraico*.

wird in ebensoviele gleiche Teile geteilt, so daß zu jeder Seite und jeder Ecke drei Spitzen weisen, die einen gerade, die anderen aber schräg. Die zu einer Seite und einer Ecke schräg weisen, gehören jeweils sowohl zur Ecke als auch zur Seite. Welche gerade auf eine Seite weisen, gehören nicht zu einer Ecke, sondern gleichzeitig zu beiden angrenzenden. Und umgekehrt, die genau auf eine Ecke weisen, gehören nicht zu einer Seite, sondern zu beiden angrenzenden.

Wenn man so eine Aufgabe bilden will, muß man zuerst die Spitze, auf die sich der Griffel bezieht, betrachten und darauf achten, zu welcher Seite und welcher Ecke sie gehören. Man notiert die Zeichen derselben, nämlich die Rechenarten (*species*), die – wie wir gesagt haben – beide Seiten derselben Gleichung verbinden. Dann, nachdem der Griffel auf den bei der genannten Spitze stehenden Buchstaben gesetzt ist, zählt man «1», und dann, wenn er auf der gezeichneten Linie zum gegenüberliegenden Buchstaben geführt ist – wie es die Astrologen machen, wenn sie den Grund der Namen von Feiertagen angeben – zähle man «2». Dann gehe man zum anderen Buchstaben der Linie, wie wenn sie durch den dazwischenliegenden Ring fortgesetzt wäre, bis zum äußersten Kreis und zähle «3» usw., bis der Buchstabe, der bei der ersten Spitze steht, wieder vorkommt. Dann gehe man gerade hinunter zur Spitze, die auf der Außenseite des inneren Kreises endet, und stecke den Griffel in ein anderes benachbartes Loch.

Die zuletzt gezählte Zahl wird anzeigen, wieviele gesuchte Größen oder, was dasselbe ist, wieviele Gleichungen in der Aufgabe vorkommen. Von diesen bilden die unbekannten Größen, abwechselnd genommen und mit dem Zeichen der Seite verknüpft, die linken Seiten; die bekannten Größen oder unbekannten – je nachdem es der an der inneren Spitze stehende Buchstabe bestimmt – bilden die rechten Seiten, wobei die gesuchten Größen durch das an der Ecke stehende Rechenzeichen verknüpft werden. Außerdem besagt *d*, daß verschiedene Arten von bekannten Größen zu verwenden sind, *s*, daß nur eine einzige Art zu verwenden ist, *f* zeigt die Zahlzeichen [Koeffizienten] 2, 3, 4 usw. an, *x* besagt, daß die gesuchten Größen zu wiederholen sind. Beachte aber, daß auf der rechten Seite einer jeden Gleichung keine anderen unbekannten Größen vorkommen als auf der linken Seite der folgenden Gleichung. Das Gesagte wird durch Beispiele klar werden.

Wir setzen den Griffel so, daß er das durch das Sternchen bezeichnete Loch besetzt, und die Spitze, auf die er weist, gehört zur Seite des Zeichens + und zur Ecke mit dem Zeichen ×. Diese

Zeichen notiere ich auf der Karte, nämlich das Zeichen von der Quadratseite für die linken Gleichungsseiten und das Zeichen der Ecke für die rechten Seiten. Außerdem wird *e* an die Spitze geschrieben, wobei ich «1» zähle. Dann – es steht einem frei, einem der beiden Linienzüge zu folgen – komme ich nach links gehend zu *a*, wobei ich «2» zähle. Nun gehe ich weiter zu *z* und zähle «3». Dann bemerke ich aber beim Weitergehen wieder den Buchstaben *e*, der schon bei der ersten Spitze stand. Dabei zähle ich «4». Ich gehe nun gerade herunter zur inneren Spitze, wo *d* steht. Es werden also vier gesuchte Größen in der Aufgabe vorkommen, die abwechselnd mit dem Seitenzeichen + verknüpft die linken Seiten der gegebenen Gleichungen bilden. Die rechten entstehen aber wegen *d* aus verschiedenen unbekannten und bekannten Größen mit dem Zeichen der Ecke, nämlich ×, auf folgende Weise verknüpft:

$$\begin{array}{ll} a+e=yb & a=? \\ e+y=zc & e=? \\ y+z=ad & y=? \\ z+a=ef & z=? \end{array}$$

Wenn wir den Griffel ins vorangehende Loch [d. h. das zwischen *d* und *x*] stecken, wodurch er direkt zum + auf der Seite zeigt, und dem linken Linienzug folgen, kommen drei zu suchende Größen heraus und die innere Spitze hat den Buchstaben *f*. Daraus werden die Zahl der gegebenen Gleichungen und die Zeichen ihrer linken Seiten bestimmt. Da sich die Spitze in diesem Falle aber indifferent bezüglich der beiden benachbarten Ecken verhält, werden deren Zeichen abwechselnd verwendet. Aufgrund dieser Bedingungen wird die Aufgabe folgendermaßen konstituiert:

$$\begin{array}{ll} a+e=2y & a=? \\ e+y=3-a & e=? \\ y+a=4e & y=? \end{array}$$

Nehmen wir aber an, der Griffel wird in das [dem ursprünglichen «Sternchen»loch] folgende Loch [d. h. zwischen *f* und *s*] gesteckt, so zeigt die Griffelspitze auf die Ecke mit × und gleichzeitig auf die beiden Seiten mit den Zeichen + und −.

Daher ergibt sich, wenn der Geist den richtigen Weg einschlägt, aus den vorausgesetzten Regeln folgende Aufgabe:

$$\begin{array}{ll} a+e=ey & a=? \\ e-y=ay & e=? \\ y+a=ae & y=? \end{array}$$

1) Es ist aber erstens anzumerken, daß die oben beschriebenen Regeln für die Kombination der Zeichen und Rechenarten eine gewisse Variation zulassen. Daher kommt es, daß trotz einer festgelegten Spitze und einem bestimmten Weg doch verschiedene Aufgaben entstehen.
2) Wenn wir auch oben festgesetzt haben, daß beim Wiedervorkommen des ersten Buchstabens einzuhalten sei, so kann die Regel doch nach Belieben eines jeden verändert werden, so daß wir bis zu speziellen *a, e, z* und *x* vorangehen mögen, auch wenn einige doppelt vorkommen, oder wir gehen bis zu irgendeiner anderen willkürlich festgesetzten Grenze. Wir eilen nun aber zum Spiel.

Zuerst bildet sich also irgendein Spieler nach der schon angegebenen Methode eine Aufgabe. Die anderen müssen es dann nach denselben Regeln auch tun. Nachdem die einzelnen Aufgaben gebildet sind, bemüht sich jeder, die zu lösen, die ihm sein Los zugeteilt hat. Jeder einzelne bildet dann einen Bruch, dessen Zähler die Zahl der Schritte bzw. der Gleichungen ist, die er bis zur Lösung der Aufgabe auf das Papier geschrieben hat. Wessen Bruch der größte ist, der gewinnt. [Nenner?]

Wenn dann einmal die «fliehenden»[imaginären] Größen den eifrigen Algebraiker besiegt haben, gilt er als einer, der jede Hoffnung auf Sieg verloren hat. Daß die Frage unbestimmt ist, ist auch nicht nur als Unrecht anzusehen, weil es ja eher durch die Schuld des Wählenden als durch ein Unglück geschieht.

(Sooft man auch beim Spielen zu einer Gleichung mit Affekt oberhalb der quadratischen Ordnung gelangt, so wird sie doch für die zahlenmäßige Darstellung oder die Konstruktion durch eine Parabel keine Mühe machen. Es genügt, wenn anstelle der irrartionalen Wurzel ein Symbol für bekannt angenommen wird.) Sind alle Gleichungen gelöst, so gehe jeder die Arbeit seines Nachbarn durch. Dabei möge man die Marginalien des PELL[166] hinzuziehen.
Was Pfänder und Strafen angeht, die mag jeder nach Belieben ausdenken.Das überlasse ich nämlich anderen.

Was die Aufgaben angeht, so sind sie jedenfalls nicht schwierig, sonst wären sie für ein Spiel ungeeignet, aber dennoch sind es solche, deren Lösung zur ungeheuren Geschicklichkeit der Spieler beiträgt, sei es, daß sie sich bemühen, den richtigen Weg zu gehen, sei es, daß sie lange Ketten von Folgerungen im Kopf behalten und sich bemühen, eine ganze Reihe der Analyse in einem sehr kurzen Gedanken zu fassen.

Erlaube mir doch, mein lieber Freund, daß ich noch ein wenig die anderen anspreche, denn du hast keine Ermunterung nötig, weil du selbst die Schwierigkeiten suchst. Euch spreche ich an, ihr akademischen Schüler, die Scharfsinnigkeit, Stärke und Witz des Geistes besitzen. Ihr verschmäht aber die traurige Einsamkeit im Studierzimmer und das harte Leben derer, die in Paukkurse (*Pumps*) gehen, und überlaßt euren Geist lieber den Zechgenossen, die ihn mit Scherz und Spiel leiten. Ihr seht, daß die Algebra ein reines Spiel ist, und daß Geschicklichkeit und Wissen einen Platz in ihr hat: Warum kommt ihr nicht zum Spielbrett? Hier braucht ihr nämlich auch nicht das zu fürchten, was bei Kartenspiel, Schach, Dame usw. üblich ist, daß nämlich die einen spielen und inzwischen die anderen gelangweilt herumstehen. Denn wieviele auch von der Spielleidenschaft ergriffen werden, hier ist ihnen allen erlaubt, zugleich zu spielen und zu studieren. Außerdem können einige auch noch einen gewissen kleinen Gewinn einstreichen. Vielleicht hört jemand aus solchen Worten den Versuch einer Überrumpelung heraus. «Glaubst du, daß du uns so täuschen kannst? Wir gehören doch nicht zu denen, die man zu einer so schwierigen Wissenschaft ködern kann, die man nämlich, sobald der bloße Schein des Spiels verblaßt ist, mit viel Schweiß erlernen muß». Ich antworte: Die Algebra enthält nicht mehr Schwierigkeit, als für ein Spiel erforderlich ist, denn wenn man jede Schwierigkeit beseitigt, nimmt man zugleich auch jede Vergnügung und Lust. Weil nämlich alle Spiele auch Kunstfertigkeiten und Wissenschaften sind, ist es bei ihnen auch nicht anders als bei diesen, nur mit dem Unterschied, daß die Spiele nur ein gerade gegenwärtiges Vergnügen in betracht ziehen. Aus den Wissenschaften kann man aber außer einer sehr angenehmen Beschäftigung auch noch andere äußerst reiche Früchte ziehen. Es ist aber keineswegs ein notwendiger Nachteil des Spiels, daß sich seinetwegen jemand von allen Beschäftigungen mit Zahlen fernhalten müßte, wie das oft gebrauchte Dichterwort sagt: «Jede Spitze nimmt, wer Nützliches mischt mit Süßem». Welches sind nun aber die obengenannten Früchte? Um diese aufzuzählen, müßte ich die gesamte Mathesis, alle Künste und Wissenschaften durchstreifen, wozu alle jene gehören, die militärische, zivile und philosophische Dinge behandeln. Die wunderbare Kraft der Algebra hat sich nämlich in diesen allen ausgebreitet. Sie gilt bei allen als eine große, wunderbare Kunst, als höchster Gipfel der menschlichen Erkenntnis, als Kern und Schlüssel der gesamten Mathesis, bei manchem zugleich als Fundament der Wissenschaften. Und es wäre überaus schwierig, die Grenzen der

Algebra abzustecken, da sie ja schon längst in die Naturwissenschaft (*philosophia naturalis*) und Medizin Eingang gefunden hat und täglich an die entlegensten Inhalte herangeht. Um von anderem zu schweigen: In den *Acta philosophica* Nr. 257 [167] fallen algebraische Theoreme über Gewißheit menschlicher Zeugnisse und Überlieferungen in die Augen. Und man muß es für gewiß halten, daß überall dort, wo es ein mehr und weniger gibt, und wo irgendein Verhältnis oder eine Proportion zu finden ist, die Algebra ihren Ort hat.

Vielleicht hat wirklich jemand gesagt, daß ihn weder die Mathesis selbst, noch mathematisch behandelte Dinge unterhalten. Je nach Belieben können wir das seinem Willen oder seiner Unkenntnis zuschreiben. Ich habe freilich gewagt zu behaupten, daß die Verachtung aus der Unkenntnis der aller klarsten Dinge stammt, «die euch von den Barbaren unterscheiden»[168]. Gibt es aber irgendeinen, der einen gewitzten Geist, einen umfassenden Intellekt und ein scharfes Urteil für gering hält? Wenn einer so wenig Vernunft hat, verachtet er schließlich die Mathesis, die zur Bildung des besten Geisteszustands von großer Bedeutung ist und bei allen geachtet wird.

Verulam [= Francis Bacon] bemerkt irgendwo unter dem, was er über die Vermehrung der Wissenschaften geschrieben hat [169], eine gewisse Analogie zwischen dem Tennisspiel und der Mathesis. Mit jenem verfolgen wir nämlich außer dem Spaß, den man zunächst dabei sucht, auch noch anderes, nämlich die Agilität des Körpers und die Stärke und die schnelle Bewegung der Augen. So haben die mathematischen Disziplinen außer ihren eigenen Zielen und Nützlichkeiten für einzelnes auch nebenbei das, daß sie den Geist von den Sinnen wegziehen [170] und den Verstand schärfen und bilden. Dasselbe wurde genauso früher von den antiken Autoren anerkannt, wie es auch heute einige vernünftigere unter den modernen anerkennen. Was aber die Algebra der Neueren vor allem zur Bildung des Verstandes beiträgt, zeigen z. B. Descartes, und in breiter Darstellung Malebranche in *Recherche de la verité* (L. VI, p. I, c. 5 und p. II, c. 8 und öfter), und er gibt jedenfalls Regeln an, die hier bei der Lösung von Problemen zu beachten sind (L. VI, p. II, c. 1), die so ungewöhnlich sind, daß irgendein geistreicher Autor glaubt, ein Engel hätte sie nicht besser angeben können, jene – ich sage – Engelsregeln scheinen aus der Algebra genommen zu werden. Aber wozu erinnere ich an andere, da doch der Mann, der über jedes Lob erhaben ist, John Locke, der, wenn überhaupt irgendeiner, die verschiedenen Mängel des menschlichen Geistes und ihre Heilmittel am besten kannte, vehement sowohl das Studium der gesamten Mathesis wie vor allem der Algebra, allen über das Volk erhabenen, gleichsam als eine Sache von unendlichem Nutzen empfiehlt. Siehe bei seinen *Opera posthuma*, p. 30–32 usw. *Tractatus de regimine intellectus*, ein allerdings dürftiges und unvollkommenes Werk, das aber irgendjemand mit Recht den breit ausgearbeiteten Bänden vorangestellt hat. Doch der Autor mit dem großen Namen glaubt, daß bei den mathematischen Disziplinen äußerst scharfes Nachdenken erforderlich ist, das dem Adligen und dem zum Spaß Studierenden weniger paßt. Ich antworte, daß man dem Rat Lockes vergeblich die Auffassung des Dissidenten Saint Evremond[171] entgegensetzt. Daher kann dieser mit Recht als ein ungeeigneter Richter über die Mathesis angesehen werden, denn er hat sie, wie aus seinem Leben und noch mehr aus seinen Schriften wahrscheinlich ist, kaum an ihrer Schwelle begrüßt. Wenn aber die Rinde hart und saftlos erscheint, was Wunder? Um aber zu beurteilen, wie es mit einer Sache steht, ist es besser, wenn der einzelne, der die Sache selbst geprüft hat, seinem eigenen Urteil folgt.

Es gibt auch keinen Grund, warum sich jemand deswegen so riesige Schwierigkeiten einbilden sollte, nur weil das Wort «Algebra» ich weiß nicht wie hart und furchterregend klingt, denn man kann die Wissenschaft, soweit sie zu unserem Spiel erforderlich ist, leicht innerhalb der kurzen Zeit eines einzigen Monats erlernen. Nachdem endlich der Grund des Spiels und meines Ratschlags dargelegt ist, bitte ich den mathematischen Leser, er möge diesen dünnen ersten Ertrag meiner Studien freundlich aufnehmen, weil ich vielleicht später besseres bringen werde. Zur Zeit halten mich aber andere Studien, die langweilig und trocken genug sind und die höchst liebliche Mathesis verdrängt haben, davon ab. Nimm inzwischen, hochverehrter Freund, diese Rhapsodie des Vergnügens als ein Zeichen meiner Liebe zu dir und lebe wohl.

Anhang

Damit jeder unsere Absicht voll und ganz versteht, scheint es gut zu sein, auf den folgenden Seiten jede Variation der Kombinationen und Arten in den Aufgaben, die die genannten Spielregeln zulassen, vor Augen zu stellen.

Es ist aber zu bemerken:

1) Die folgenden Formeln gehören zu den entsprechenden Spitzen bezüglich der Kombinationsarten und der Arten der Größen,

aber nicht ebenso alle bezüglich der Zahl der gegebenen Gleichungen, denn oft sind mehr als drei Größen gesucht[172].

2) Damit alle Formeln der Aufgaben erhalten werden können, sind, soweit es möglich ist, verschiedene Ausgangspunkte zu wählen, wie wir oben erinnert haben. Ohnehin werden nur zwei von vier Klassen zu jeder Spitze gehören. Ich nenne die Spitze, die auf die Plusseite weist, die erste, die von dort aus rechts herum nächste die zweite usw.

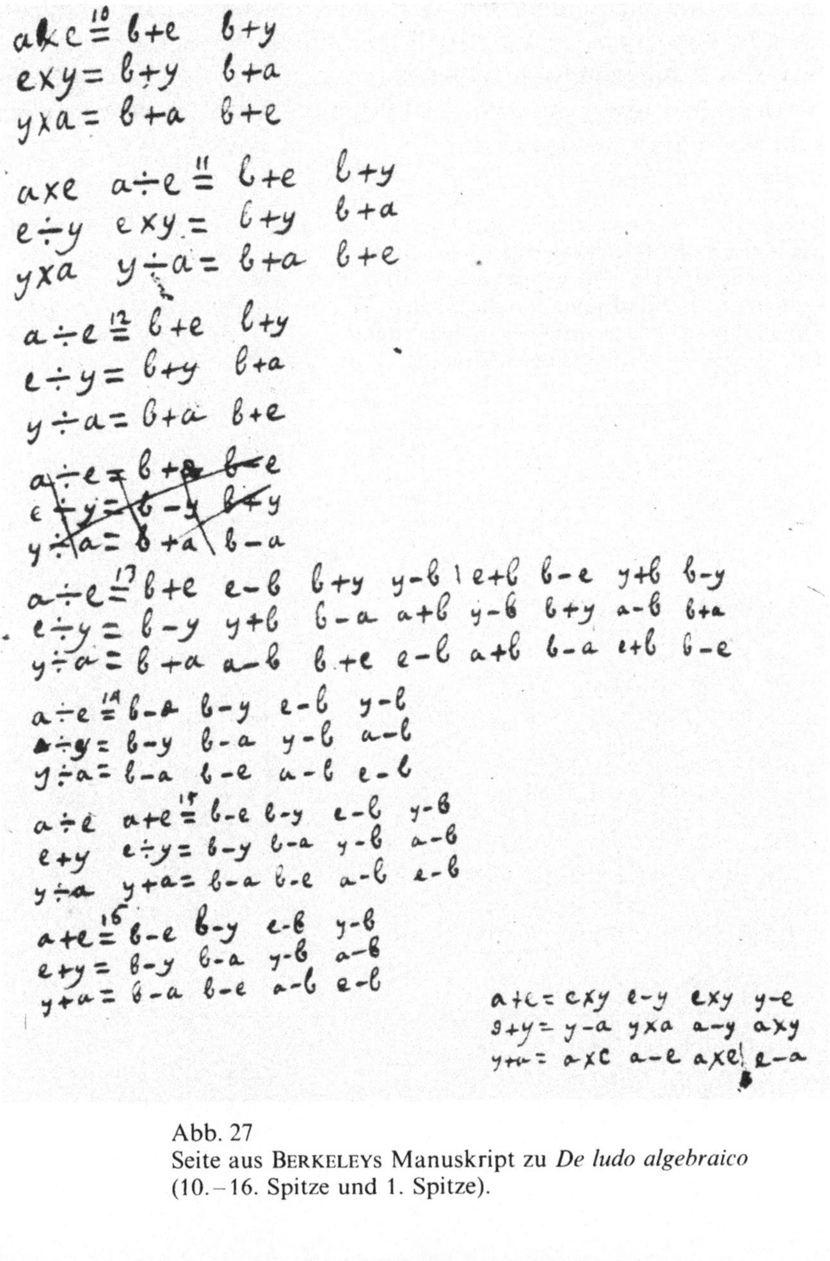

Abb. 27
Seite aus Berkeleys Manuskript zu *De ludo algebraico* (10.–16. Spitze und 1. Spitze).

An den Leser

Es hat mich manchmal gereut, diesen Versuch meiner Jugend, in der ich einst nur nebenbei und mit einem persönlichen Kampf nach ein bißchen Kenntnis der Mathesis gestrebt habe, ans Licht gebracht zu haben. Ja es gereute mich sogar jetzt noch, wenn dabei nicht die einzigartige Gelegenheit entstünde, den geistreichen Herren, die in der Hoffnung des beginnenden Jahrhunderts heranwachsen, etwas ebenso Erhabenes mitzuteilen. Wir rühmen uns nämlich auch nicht, irgendwo anders her in der Gelehrtenrepublik Verdienste zu erwerben. Das Gesagte möge man jedenfalls verstehen, um den Tadel der Verwegenheit usw. wie auch die Mißgunst, wenn ich sie mir etwa zugezogen habe, zu beseitigen.

[Die folglenden Tabellen enthalten Gleichungssysteme aus je drei Gleichungen. Die abgesetzten Dreierkolonnen sind jeweils als alternative Gleichungssysteme bei gleichbleibender linker bzw. rechter Seite zu vestehen. *a, e, y* sind die Unbekannten, *b, c, d* sind unbestimmte Zahlen. Die Buchstaben *s, d, f, x* am linken Rand gehören nicht zu den Gleichungen, sondern zeigen nur an, auf welche Weise die Systeme im Spiel entstehen. Anm. v. W. BREIDERT].

Erste Spitze

	$a+e=b\times e$	$e-b$	$b\times y$	$y-b$	$e\times b$	$b-e$	$y\times b$	$b-y$
s	$e+y=b-y$	$y\times b$	$b-a$	$a\times b$	$y-b$	$b\times y$	$a-b$	$b\times a$
	$y+a=b\times a$	$a-b$	$b\times e$	$e-b$	$a\times b$	$b-a$	$e\times b$	$b-e$
	$a+e=b\times e$	$e-b$	$b\times y$	$y-b$	$e\times b$	$b-e$	$y\times b$	$b-y$
d	$e+y=c-y$	$y\times c$	$c-a$	$a\times c$	$y-c$	$c\times y$	$a-c$	$c\times a$
	$y+a=d\times a$	$a-d$	$d\times e$	$e-d$	$a\times d$	$d-a$	$e\times d$	$d-e$
	$a+e=2\times e$	$e-2$	$2\times y$	$y-2$	$e\times 2$	$2-e$	$y\times 2$	$2-y$
f	$e+y=3-y$	$y\times 3$	$3-a$	$a\times 3$	$y-3$	$3\times y$	$a-3$	$3\times a$
	$y+a=4\times a$	$a-4$	$4\times e$	$e-4$	$a\times 4$	$4-a$	$e\times 4$	$4-e$
	$a+e=e\times y$	$e-y$	$e\times y$	$y-e$				
x	$e+y=y-a$	$y\times a$	$a-y$	$a\times y$				
	$y+a=a+e$	$a-e$	$a\times e$	$e-a$				

Zweite Spitze

	$a+e=b\times e$	$b\times y$		$a+e=b\times e$	$b\times y$
s	$e+y=b\times y$	$b\times a$	*d*	$e+y=c\times y$	$c\times a$
	$y+a=b\times a$	$b\times e$		$y+a=d\times a$	$d\times e$

$$f\quad\begin{array}{ll} a+e=2\times e & 2\times y \\ e+y=3\times y & 3\times a \\ y+a=4\times a & 4\times e \end{array}\qquad\qquad x\quad\begin{array}{l} a+e=e\times y \\ e+y=y\times a \\ y+a=a\times e \end{array}$$

Dritte Spitze

$$s\quad\begin{array}{lll} a+e & a-e=e\times b & y\times b \\ e-y & e+y=y\times b & a\times b \\ y+a & y-a=a\times b & e\times b \end{array}\qquad\qquad d\quad\begin{array}{lll} a+e & a-e=e\times b & y\times b \\ e-y & e+y=y\times c & a\times c \\ y+a & y-a=a\times d & e\times d \end{array}$$

$$f\quad\begin{array}{lll} a+e & a-e=e\times 2 & y\times 2 \\ e-y & e+y=y\times 3 & a\times 3 \\ y+a & y-a=a\times 4 & e\times 4 \end{array}\qquad\qquad x\quad\begin{array}{ll} a+e & a-e=e\times y \\ e-y & e+y=y\times a \\ y+a & y-a=a\times e \end{array}$$

Vierte Spitze

$$s\quad\begin{array}{ll} a-e=b\times e & b\times y \\ e-y=b\times y & b\times a \\ y-a=b\times a & b\times e \end{array}\qquad\qquad d\quad\begin{array}{ll} a-e=b\times e & b\times y \\ e-y=c\times y & c\times a \\ y-a=d\times a & d\times e \end{array}$$

$$f\quad\begin{array}{ll} a-e=2\times e & 2\times y \\ e-y=3\times y & 3\times a \\ y-a=4\times a & 4\times e \end{array}\qquad\qquad x\quad\begin{array}{l} a-e=e\times y \\ e-y=y\times a \\ y-a=a\times e \end{array}$$

Fünfte Spitze

$$s\quad\begin{array}{llllllll} a-e=e\times b & b\div e & y\times b & b\div y & b\times e & e\div b & b\times y & y\div b \\ e-y=y\div b & b\times y & a\div b & b\times a & b\div y & y\times b & b\div a & a\times b \\ y-a=a\times b & b\div a & e\times b & b\div e & b\times a & a\div b & b\times e & e\div b \end{array}$$

$$d\quad\begin{array}{llllllll} a-e=e\times b & b\div e & y\times b & b\div y & b\times e & e\div b & b\times y & y\div b \\ e-y=y\div c & c\times y & a\div c & c\times a & c\div y & y\times c & c\div a & a\times c \\ y-a=a\times d & d\div a & e\times d & d\div e & d\times a & a\div d & d\times e & e\div d \end{array}$$

$$f\quad\begin{array}{llllllll} a-e=e\times 2 & 2\div e & y\times 2 & 2\div y & 2\times e & e\div 2 & 2\times y & y\div 2 \\ e-y=y\div 3 & 3\times y & a\div 3 & 3\times a & 3\div y & y\times 3 & 3\div a & a\times 3 \\ y-a=a\times 4 & 4\div a & e\times 4 & 4\div e & 4\times a & a\div 4 & 4\times e & e\div 4 \end{array}$$

$$x\quad\begin{array}{llll} a-e=e\times y & e\div y & e\times y & y\div e \\ e-y=y\div a & y\times a & a\div y & a\times y \\ y-a=a\times e & a\div e & a\times e & e\div a \end{array}$$

Sechste Spitze

$$s\quad\begin{array}{llll} a-e=b\div e & b\div y & e\div b & y\div b \\ e-y=b\div y & b\div a & y\div b & a\div b \\ y-a=b\div a & b\div e & a\div b & e\div b \end{array}$$

$$\begin{array}{lllll} & a-e=b\div e & b\div y & e\div b & y\div b \\ d & e-y=c\div y & c\div a & y\div c & a\div c \\ & y-a=d\div a & d\div e & a\div d & e\div d \end{array}$$

$$\begin{array}{lllll} & a-e=2\div e & 2\div y & e\div 2 & y\div 2 \\ f & e-y=3\div y & 3\div a & y\div 3 & a\div 3 \\ & y-a=4\div a & 4\div e & a\div 4 & e\div 4 \end{array}$$

$$\begin{array}{lll} & a-e=e\div y & y\div e \\ x & e-y=y\div a & a\div y \\ & y-a=a\div e & e\div a \end{array}$$

Siebente Spitze

$$\begin{array}{llllll} & a-e & a\times e=e\div b & b\div e & y\div b & b\div y \\ s & e\times y & e-y=y\div b & b\div y & a\div b & b\div a \\ & y-a & y\times a=a\div b & b\div a & e\div b & b\div e \end{array}$$

$$\begin{array}{llllll} & a-e & a\times e=e\div b & b\div e & y\div b & b\div y \\ d & e\times y & e-y=y\div c & c\div y & a\div c & c\div a \\ & y-a & y\times a=a\div d & d\div a & e\div d & d\div e \end{array}$$

$$\begin{array}{llllll} & a-e & a\times e=e\div 2 & 2\div e & y\div 2 & 2\div y \\ f & e\times y & e-y=y\div 3 & 3\div y & a\div 3 & 3\div a \\ & y-a & y\times a=a\div 4 & 4\div a & e\div 4 & 4\div e \end{array}$$

$$\begin{array}{llll} & a-e & a\times e=e\div y & y\div e \\ x & e\times y & e-y=y\div a & a\div y \\ & y-a & y\times a=a\div e & e\div a \end{array}$$

Achte Spitze

$$\begin{array}{lllll} & a\times e=e\div b & b\div e & y\div b & b\div y \\ s & e\times y=y\div b & b\div y & a\div b & b\div a \\ & y\times a=a\div b & b\div a & e\div b & b\div e \end{array}$$

$$\begin{array}{lllll} & a\times e=e\div b & b\div e & y\div b & b\div y \\ d & e\times y=y\div c & c\div y & a\div c & c\div a \\ & y\times a=a\div d & d\div a & e\div d & d\div e \end{array}$$

$$\begin{array}{lllll} & a\times e=e\div 2 & 2\div e & y\div 2 & 2\div y \\ f & e\times y=y\div 3 & 3\div y & a\div 3 & 3\div a \\ & y\times a=a\div 4 & 4\div a & e\div 4 & 4\div e \end{array}$$

$$\begin{array}{lll} & a\times e=e\div y & y\div e \\ x & e\times y=y\div a & a\div y \\ & y\times a=a\div e & e\div a \end{array}$$

Neunte Spitze

	$a\times e=b+e$	$e\div b$	$b+y$	$y\div b$	$e+b$	$b\div e$	$y+b$	$b\div y$
s	$e\times y=b\div y$	$y+b$	$b\div a$	$a+b$	$y\div b$	$b+y$	$a\div b$	$b+a$
	$y\times a=b+a$	$a\div b$	$b+e$	$e\div b$	$a+b$	$b\div a$	$e+b$	$b\div e$
	$a\times e=b+e$	$e\div b$	$b+y$	$y\div b$	$e+b$	$b\div e$	$y+b$	$b\div y$
d	$e\times y=c\div y$	$y+c$	$c\div a$	$a+c$	$y\div c$	$c+y$	$a\div c$	$c+a$
	$y\times a=d+a$	$a\div d$	$d+e$	$e\div d$	$a+d$	$d\div a$	$e+d$	$d\div e$
	$a\times e=2+e$	$e\div 2$	$2+y$	$y\div 2$	$e+2$	$2\div e$	$y+2$	$2\div y$
f	$e\times y=3\div y$	$y+3$	$3\div a$	$a+3$	$y\div 3$	$3+y$	$a\div 3$	$3+a$
	$y\times a=4+a$	$a\div 4$	$4+e$	$e\div 4$	$a+4$	$4\div a$	$e+4$	$4\div e$
	$a\times e=e+y$	$e\div y$	$e+y$	$y\div e$				
x	$e\times y=y\div a$	$y+a$	$a\div y$	$a+y$				
	$y\times a=a+e$	$a\div e$	$a+e$	$e\div a$				

Zehnte Spitze

	$a\times e=e+b$	$y+b$		$a\times e=e+b$	$y+b$
s	$e\times y=y+b$	$a+b$	d	$e\times y=y+c$	$a+c$
	$y\times a=a+b$	$e+b$		$y\times a=a+d$	$e+d$
	$a\times e=e+2$	$y+2$		$a\times e=e+y$	
f	$e\times y=y+3$	$a+3$	x	$e\times y=y+a$	
	$y\times a=a+4$	$e+4$		$y\times a=a+e$	

Elfte Spitze

	$a\times e$	$a\div e=e+b$	$y+b$		$a\times e$	$a\div e=e+b$	$y+b$
s	$e\div y$	$e\times y=y+b$	$a+b$	d	$e\div y$	$e\times y=y+c$	$a+c$
	$y\times a$	$y\div a=a+b$	$e+b$		$y\times a$	$y\div a=a+d$	$e+d$
	$a\times e$	$a\div e=e+2$	$y+2$		$a\times e$	$a\div e=e+y$	
f	$e\div y$	$e\times y=y+3$	$a+3$	x	$e\div y$	$e\times y=y+a$	
	$y\times a$	$y\div a=a+4$	$e+4$		$y\times a$	$y\div a=a+e$	

Zwölfte Spitze

	$a\div e=b+e$	$b+y$		$a\div e=b+e$	$b+y$
s	$e\div y=b+y$	$b+a$	d	$e\div y=c+y$	$c+a$
	$y\div a=b+a$	$b+e$		$y\div a=d+a$	$d+e$
	$a\div e=2+e$	$2+y$		$a\div e=e+y$	
f	$e\div y=3+y$	$3+a$	x	$e\div y=y+a$	
	$y\div a=4+a$	$4+e$		$y\div a=a+e$	

Dreizehnte Spitze

	$a \div e = e + b$	$b - e$	$y + b$	$b - y$	$b + e$	$e - b$	$b + y$	$y - b$
s	$e \div y = y - b$	$b + y$	$a - b$	$b + a$	$b - y$	$y + b$	$b - a$	$a + b$
	$y \div a = a + b$	$b - a$	$e + b$	$b - e$	$b + a$	$a - b$	$b + e$	$e - b$
	$a \div e = e + b$	$b - e$	$y + b$	$b - y$	$b + e$	$e - b$	$b + y$	$y - b$
d	$e \div y = y - c$	$c + y$	$a - c$	$c + a$	$c - y$	$y + c$	$c - a$	$a + c$
	$y \div a = a + d$	$d - a$	$e + d$	$d - e$	$d + a$	$a - d$	$d + e$	$e - d$
	$a \div e = e + 2$	$2 - e$	$y + 2$	$2 - y$	$2 + e$	$e - 2$	$2 + y$	$y - 2$
f	$e \div y = y - 3$	$3 + y$	$a - 3$	$3 + a$	$3 - y$	$y + 3$	$3 - a$	$a + 3$
	$y \div a = a + 4$	$4 - a$	$e + 4$	$4 - e$	$4 + a$	$a - 4$	$4 + e$	$e - 4$
	$a \div e = e + y$	$e - y$	$e + y$	$y - e$				
x	$e \div y = y - a$	$y + a$	$a - y$	$a + y$				
	$y \div a = a + e$	$a - e$	$a + e$	$e - a$				

Vierzehnte Spitze

	$a \div e = b - e$	$b - y$	$e - b$	$y - b$
s	$e \div y = b - y$	$b - a$	$y - b$	$a - b$
	$y \div a = b - a$	$b - e$	$a - b$	$e - b$
	$a \div e = b - e$	$b - y$	$e - b$	$y - b$
d	$e \div y = c - y$	$c - a$	$y - c$	$a - c$
	$y \div a = d - a$	$d - e$	$a - d$	$e - d$
	$a \div e = 2 - e$	$2 - y$	$e - 2$	$y - 2$
f	$e \div y = 3 - y$	$3 - a$	$y - 3$	$a - 3$
	$y \div a = 4 - a$	$4 - e$	$a - 4$	$e - 4$
	$a \div e = e - y$	$y - e$		
x	$e \div y = y - a$	$a - y$		
	$y \div a = a - e$	$e - a$		

Fünfzehnte Spitze

	$a \div e$	$a + e = e - b$	$y - b$	$b - e$	$b - y$
s	$e + y$	$e \div y = y - b$	$a - b$	$b - y$	$b - a$
	$y \div a$	$y + a = a - b$	$e - b$	$b - a$	$b - e$
	$a \div e$	$a + e = e - b$	$y - b$	$b - e$	$b - y$
d	$e + y$	$e \div y = y - c$	$a - c$	$c - y$	$c - a$
	$y \div a$	$y + a = a - d$	$e - d$	$d - a$	$d - e$
	$a \div e$	$a + e = e - 2$	$y - 2$	$2 - e$	$2 - y$
f	$e + y$	$e \div y = y - 3$	$a - 3$	$3 - y$	$3 - a$
	$y \div a$	$y + a = a - 4$	$e - 4$	$4 - a$	$4 - e$

	$a \div e$	$a + e = e - y$	$y - e$
x	$e + y$	$e \div y = y - a$	$a - y$
	$y \div a$	$y + a = a - e$	$e - a$

Sechzehnte Spitze

	$a + e = e - b$	$y - b$	$b - e$	$b - y$
[illegible]	$e + y = y - b$	$a - b$	$b - y$	$b - a$
	$y + a = a - b$	$e - b$	$b - a$	$b - e$
	$a + e = e - b$	$y - b$	$b - e$	$b - y$
d	$e + y = y - c$	$a - c$	$c - y$	$c - a$
	$y + a = a - d$	$e - d$	$d - a$	$d - e$
	$a + e = e - 2$	$y - 2$	$2 - e$	$2 - y$
f	$e + y = y - 3$	$a - 3$	$3 - y$	$3 - a$
	$y + a = a - 4$	$e - 4$	$4 - a$	$4 - e$
	$a + e = e - y$	$y - e$		
x	$e + y = y - a$	$a - y$		
	$y + a = a - e$	$e - a$		

Anmerkung

Es gibt noch eine Variation bei den linken Seiten von Gleichungen, bei denen man ein analytisches Zeichen [d. h. – oder ÷] findet, wenn wir nämlich die Rechenzeichen transponierten. Wenn man z. B. die von der vierten Spitze ($e - a$, $y - e$, $a - y$) bei der zwölften ($e \div a$, $y \div e$, $a \div y$) anwendet, gibt es doppelt so viele Aufgaben.

[Der folgende Absatz ist nicht in allen Ausgaben enthalten.]
Damit nicht vielleicht jemand meint, die Tafeln stellten alle in unserem Spiel möglichen Aufgaben dar, ist anzumerken, daß diese in der Tat zahllos sind. Die Ausgangspunkte können nämlich unendlich oft variiert werden. Von ihnen hängt tatsächlich die Zahl der in jedem Problem gesuchten Größen ab, die daher gemäß der Verschiedenheit der Ausgangspunkte unendlich verschieden ist. Daher werden zahllose Aufgaben entstehen, bei denen im einzelnen trotzdem keine anderen Methoden zur Bestimmung der Zeichen, Kombinationen und Symbole zu beachten sind als jene, die bei einzelnen Aufgaben mit beliebiger ungerader Anzahl von gesuchten Größen (außer der 1) vorgeführt werden, und die wir sogar in den Tafeln dargestellt haben.

2 Über die Gezeiten der Luft

Vor nicht sehr langer Zeit stieß ich auf das Buch mit dem Titel *De imperio solis et lunae in corpora humana* von einem bekannten Dr. med. und S.R.S. Ich weiß sehr wohl, wie bedeutend er ist, und wie gering ich selbst bin. Um aber frei zu sagen, was ich denke: Ich habe seine Meinung *Über die Gezeiten der Luft*, die er dort erklärt, soweit sie sich auf die Prinzipien des berühmten Newton stützt, mit offenen Armen aufgenommen. Ich weiß aber nicht, ob der geistreiche Autor die Ursachen einiger hierhergehörender Phänomene so richtig begriffen hat. Wieweit es aber einen berechtigten Grund zum Zweifel gibt, wirst Du [sc. Samuel Molyneux], dessen Scharfsinn ich deutlich gesehen habe, am besten beurteilen.

Der berühmte Mann [Mead] schreibt die größere Erhebung der Luft in der Gegend der Äquinoktien der Sphäroidgestalt der Erde zu. Außerdem bezieht er den akzeptierten Unterschied zwischen der Lufthöhe, die durch den meridionalen Mond, und jener, die – wenn ich so sagen darf – vom antimeridionalen Mond auf der uneigentlichen Kugel hervorgerufen wird, auf dieselbe Ursache. Ich halte aber dafür, daß die Erklärung keines der beiden Phänomene von dem abgeplatteten Sphäroid abhängt. *Erstens* aus folgendem Grund: Obwohl die Auffassung, die behauptet, die aero-terrestrische Masse habe eine solche Gestalt, sowohl durch physikalische wie auch durch mathematische Gründe bestätigt wird und auch einigen Phänomenen gut entspricht, ist sie doch nicht allgemein akzeptiert, so daß man noch heutzutage – nicht einmal unbedeutende – Vertreter der alten, d. h. der entgegengesetzten Auffassung finden kann. Immerhin erinnere ich mich daran, daß mich vor etwa anderthalb Jahren Herr Chardellou, der in der Astronomie sehr bewandert ist, darauf aufmerksam machte, daß er sich durch astronomische Beobachtungen davon überzeugt habe, daß die Erdachse länger als der Äquatordurchmesser sei. Jedenfalls sei die Erde ein Sphäroid, und zwar so wie Burnet behauptet, nämlich an den Polen erhaben und in der Äquatornähe niedriger. Was mich angeht, so möchte ich doch eher die Beobachtungen des so berühmten Mannes [Mead] in Zweifel ziehen, als gegen die Argumente angehen, die beweisen, daß die Erde abgeplattet ist. Da aber diese Auffassung nicht allen auf die gleiche Weise gefällt, will ich sie jedoch nur dann gleichsam als Prinzip zur Erklärung irgendeines Phänomens heranziehen, wenn die Sache nicht anders erklärt werden kann. *Zweitens* aber ist es keineswegs so, daß die Sphäroidgestalt der Erde zur

Erklärung der obengenannten Effekte erforderlich ist, vielmehr scheint von dort kaum ein bißchen Erhellung zu kommen. Das versuche ich zu zeigen, nachdem ich hinzugefügt habe, was der so berühmte Herr in dieser Sache schreibt: «Die Luft», so sagt er, «erhebt sich in der Gegend der zwei Äquinoktien höher als sonst, denn wenn die Äquinoktiallinie dem Großkreis der Erdkugel gegenüberliegt, so ist jedes der beiden Gestirne, solange es sich auf jener Linie bewegt, näher bei der Erde» (*De imperio solis et lunae*, p. 9). Ob jene nähere Lage der Gestirne stark genug ist, um die Luft zu einer größeren Höhe, als man sonst wahrnimmt, zu erheben, kann mit Fug bezweifelt werden. Die Differenz zwischen der transversen und der konjugierten Achse der Ellipse, deren Drehung das Erdsphäroid erzeugt, ist so klein, daß es der Kugel sehr nahekommt. Wir wollen aber die Sache genauer verfolgen: *acbd* bezeichne einen Schnitt durch die Pole der aero-terrestrischen Masse, wobei *dc* die Achse, *ab* der Äquatordurchmesser sei. Als ich anfing zu rechnen, erkannte ich, daß die Anziehungskraft des Mondes in *b* oder *a* nicht einmal um 1/4000 stärker ist, als in *c* oder *d*, d. h. wenn er sich direkt über einem der beiden Pole befindet, und daß daher jener kleine Unterschied völlig unfähig ist, irgendeinen sinnlich wahrnehmbaren Effekt hervorzubringen. Man muß auch bedenken, daß der Mond sich niemals um ein Drittel des Bogens *bd* vom Äquator entfernt, und daß man daher den erwähnten Unterschied noch viel kleiner

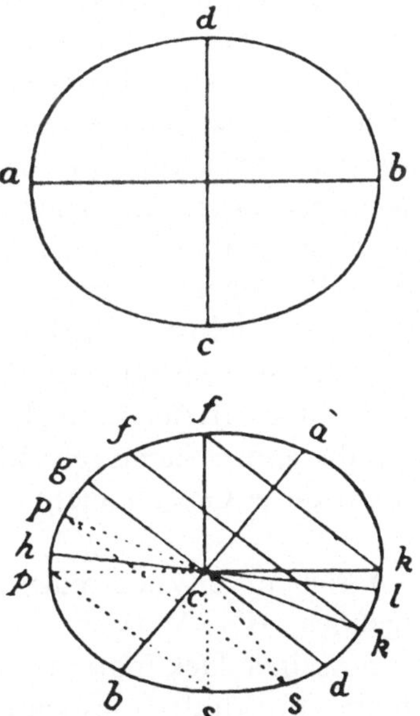

Abb. 28
Abbildungen zu *Miscellanea mathematica* (Gezeiten der Luft).

nehmen muß. Was wir aber vom Mond gesagt haben, gilt um so mehr von der Sonne, weil sie um viele Stellen weiter weg ist.

Allerdings hat Herr Mead noch andere Ursachen für das Höherströmen in der Nähe der Äquinoktien angeführt, es sei nämlich «die Bewegung des rotierenden flüssigen Sphäroids auf dem größeren Kreis größer, und außerdem habe die Zentrifugalkraft dort bei weitem die größte Wirkung». *Zum ersten:* Auf den ersten Blick schien es etwas auszumachen, aber ich muß bekennen, daß ich überhaupt nicht sehe, wie von daher irgendetwas gewonnen werden könnte, was eine deutliche Erklärung der vorgelegten Sache ergibt. *Zum zweiten:* Es steht allerdings fest, daß die Zentrifugalkraft in Äquatornähe bei weitem am größten ist, und deswegen der aero-terrestrischen Masse die Figur eines flachen Sphäroids gegeben hat. Ich verstehe aber nicht, was sonst noch daraus folgen soll.

Aber auch wenn wir zugeben, daß die Luft wegen der von dem so berühmten Herrn angeführten Ursachen in der Gegend der Äquinoktien am Äquator ungewöhnlich anschwillt, wird doch nicht erkennbar, weswegen sie bei uns, die wir so weit weg vom Äquator leben, dann gleichzeitig höher als sonst ansteigt, da ja vielmehr das Gegenteil zu folgen scheint. Auf der folgenden Seite [d.h. p. 10] schreibt Herr Mead: «Um schließlich zum Ende zu kommen: Auf denselben Parallelen, auf denen die Monddeklination zu jenem Himmelspol hin stattfindet, der der höchste ist, ist die Anziehung am stärksten, da sie zum Meridiangipfel jenes Ortes hinzukommt; sie ist aber am kleinsten, wo er an den Meridian des entgegengesetzten Ortes kommt, was auf den ihnen entgegengesetzten Parallelen geschieht. Die Ursache liegt in der Sphäroidgestalt von Erde und Luft». Ich glaube deswegen aber nicht, daß die Ursache in der Gestalt der Erde und der umgebenden Luft liegt, weil – wie unten klar werden wird – mit Sicherheit ganz dasselbe herauskommt, ob man annimmt, die Erde sei vollkommen sphärisch, oder sie sei länglich. Mir bleibt also nur noch übrig, selbst zur Erklärung dieser Dinge zu schreiten, besonders deswegen, weil mir der Grund verdächtig erschien, der aus der Sphäroidgestalt der Erde abgeleitet wurde. Denn es schien mir, daß man die ganze Sache sehr klar und einfach darstellen könne, wenn man diese Gestalt nicht für einen Grund der Sache hält.

Newton hat in seinem physico-mathematischen Werk[173] Buch III, Satz 24 folgendes: «Die Wirkung eines jeden der beiden Gestirne hängt auch von seiner Deklination oder Entfernung vom Äquator ab. Würde man nämlich das Gestirn in den Pol setzen, so würde dieses die einzelnen Teile des Wassers konstant, d.h. ohne Zu- oder Abnahme der Einwirkung [*actio*], anziehen, ohne eine Ebbenbewegung hervorzurufen. Mit der Entfernung der Gestirne vom Äquator zum Pol hin nehmen also ihre Wirkungen allmählich ab, und deswegen rufen sie in den Syzygien [Zusammenständen] der Solstitien kleinere Gezeiten hervor als in denen bei den Äquinoktien». Es scheint mir aber, daß man keine andere Ursache für irgendein Phänomen der Luftgezeiten suchen muß als die, die ausreicht, einen ähnlichen Effekt bei den Gezeiten des Meeres hervorzurufen. Ich will aber das, was der in der ganzen Welt hochberühmte Herr [NEWTON] allzu kurz und dunkel wiedergegeben hat, breiter darstellen. In der ersten Figur sei *adcb* ein Meridian und *ab* die Achse der aero-terrestrischen Masse. Man stelle sich aber vor, daß Sonne und Mond am Pol stehen. Es ist klar: Obwohl ein Teil der Luftmasse, nämlich *d*, während der täglichen Drehung immer denselben Abstand von den Gestirnen hat, wird er mit einer überall gleichen Kraft zu ihren Körpern gezogen. Daher wird die Luft nicht zu einer Zeit emporgehoben, zu einer anderen niedergedrückt, sondern hängt den ganzen Tag über in derselben Höhe. Zweitens aber: In derselben [ersten] Figur stelle *acbd* den Äquator oder eine beliebige Parallele dar, die Gestirne sollen dabei in der Äquinoktialebene stehen. Damit ist klar, daß der Äquator selbst wie auch die einzelnen Parallelen eine elliptische Figur annehmen. Es steht auch fest, daß die Luft, die jetzt die Spitze der schrägen Achse, *a*, einnimmt, am höchsten aufsteigt, dann nach 6 Stunden den Endpunkt der konjugierten Achse, *c*, einnehmen wird, wo sie am stärksten niedergedrückt wird, woraus eine Ebbenbewegung entsteht. Damit ich also die ganze Sache auf einmal auflöse, wollen wir uns vorstellen, daß die Höcker des Gezeitensphäroids drei verschiedene Lagen haben: entweder an den Polen oder am Äquator oder an dazwischenliegenden Orten. Im ersten Fall wäre die Ebene der täglichen Rotation senkrecht zur Achse des Sphäroids und daher ein Kreis. Es wird also keine Gezeiten geben. Im zweiten Falle wäre sie parallel zu derselben und daher eine Ellipse, zwischen deren Achsen die größte Differenz besteht. Also wird es die größten Gezeiten geben. Im dritten Fall wäre sie jenem Kreis um so näher, je mehr sie sich der senkrechten Lage nähert. Die Gezeiten werden dementsprechend kleiner.

Mir bleibt also nur noch übrig, zu beweisen, daß die Differenz auf der uneigentlichen Kugel zwischen irgendeiner Tide und der folgenden, wo der Mond aus dem Äquator herausgeht, in jedem Falle verursacht wird, ob man voraussetzt, daß die Erde abgeplattet, vollkommen sphärisch oder auch länglich ist. Es sei *ab* die Achse der Welt, *gd* der Äquator, *k* irgendein Ort, *fk* die Parallele [Parallelebene] des Ortes, *hl* die Achse des aufgrund der Einwirkung [bestehenden] Gezeitensphäroids, das hauptsächlich auf beiden Seiten des Mondes geschwollen ist. Der Mond stehe aber in der Nähe von *l*. Es ist zu beweisen, daß die Höhe der Luft *ck*, wenn der Mond in der Nähe des Meridians des Ortes steht, größer ist als *cf*, nämlich die Höhe der Luft, wo der Mond den Meridian des entgegengesetzten Ortes durchläuft. Man ziehe *ps*, nämlich die Parallele, die der ersten auf der Gegenseite entspricht, und verlängere *ck* und *cf* bis *p* und *s*. Durch die Konstruktion ist der Bogen *ph* gleich dem Bogen *kl*. Also ist der Bogen *fh* größer als der Bogen *kl*. Also wegen der Ellipse ist die Strecke *fs* kleiner als die Strecke *kp* und *fc* kleiner als *kc*. *Q.e.d.*

3 Beschreibung der Höhle von Dunmore [174]

Herr Präsident, meine Herren!

Es gibt unter den Ungewöhnlichkeiten dieses Königreichs eine, die ich zwar für beachtenswert genug halte, sie unter die anderen zu zählen, von der ich aber keine Beschreibung oder auch nur Erwähnung bei denen finden konnte, die an Erforschungen dieser Art interessiert sind. Ich meine die Höhle von Dunmore. Da ich neugierig war, sie zu sehen, und in Ermangelung einer besseren Darstellung gebe ich Ihnen meine eigene von diesem wunderbaren Ort, soweit ich in der Lage bin, ihn aufgrund dessen wiederzugeben, woran ich mich erinnere, sei es, daß ich es selbst gesehen oder von anderen gehört habe.

Diese Ungewöhnlichkeit liegt vier Meilen von Kilkenny entfernt und zwei von Dunmore, dem Sitz seiner Gnaden, des Grafen von ORMOND, woher sie ihren Namen hat. Ihre Öffnung oder ihr Eingang liegt in einem Hang und liefert einen sehr düsteren Anblick, weil er groß und tief ist, und alle ihre Seiten sind felsig und überhängend, außer einer, die schräg ist. Ein Teil davon hat die Gestalt eines Weges und an einigen Stellen die von Stufen, aufgrund der vielen Einstiege derer, die aus Neugierde diese riesige Höhle besuchen. Diese Seite ist ebenso wie die übrigen mit Holunder und anderen Büschen überwachsen, was zum Schrecken des Ortes beiträgt und ihn zu einer geeigneten Wohnstätte für Raben, schreiende Eulen und ähnliche wilde Vögel macht, die in den Nischen der Felsen wohnen.

Am Fuße dieses Einstiegs traten wir durch eine Öffnung, die wie ein großes gewölbtes Tor aussah, in eine weite Höhle, deren Boden wegen der ständigen Felswasserdestillation überall matschig ist. Hier sagten wir dem Tageslicht lebewohl und tauchten in eine mehr als cimmerische Finsternis, die die Höhle dieses unterirdischen Kerkers füllt, in dessen abgelegene Zellen wir durch zwei Passagen aus dieser ersten Höhle gelassen wurden. Nachdem wir unseren Weg an der linken Seite mit Kerzenlicht ausspioniert hatten und nicht ohne gewisse Schwierigkeiten über einen zusammengeworfenen Haufen von großen unhandlichen Steinen geklettert waren, sahen wir in einer Entfernung einen Eingang in den Felsen, aber in einer gewissen Höhe über dem Boden. Hier schien es, als hätte die Natur gewisse runde Steine aus der Wand gebrochen, um uns den Aufstieg zu erleichtern. Nachdem wir diesen engen Durchgang passiert hatten, waren wir überrascht, uns in einer sehr weiten geräumigen Halle zu finden, deren Boden ebenso wie die Seiten und die Decke aus Fels besteht, der zwar an einigen Stellen in sehr furchterregende Spalten zerhauen, aber meistenteils schön eben und zusammenhängend ist. Die Decke ist mit einer Vielzahl von kleinen runden Röhren geschmückt, so dick wie ein Gänsekiel und, wenn ich mich nicht falsch erinnere, einen Fuß oder etwa so lang. (Am Rande bestehen sie aus einem fast durchsichtigen Stein und brechen leicht.) Aus jedem von ihnen quillt ein Tropfen klares Wasser, das am Boden gerinnt und einen runden, harten, weißen Stein bildet. Das Geräusch dieser fallenden Tropfen, das durch das Echo der Höhle noch etwas verstärkt wird, scheint in der so tiefen Stille eine angenehme Harmonie zu erzeugen. Die Steine, die nach meiner Annahme drei oder vier Zoll hoch waren, schienen alle sehr groß zu sein, sie standen schön dick auf dem Boden, was sehr merkwürdig aussah. Hier steht auch ein Obelisk von einer dunklen, grauen Farbe und, wie ich meine, etwa drei oder vier Fuß hoch. Der Tropfen, der ihn bildete, hat aufgehört, so daß er nicht mehr weiter wächst.

Diese Höhle scheint in der großen Mannigfaltigkeit ihrer Gebilde wie auch in mancher anderen Hinsicht eine starke Ähnlichkeit mit der zu haben, die ich unter dem Namen «Les Grottes d'Arcy» in einer französischen Abhandlung *De l'origine des fontaines* beschrieben fand, welche dem berühmten HUYGENS gewidmet ist und in Paris 1674 gedruckt wurde [175]. Ich muß aber zugeben, daß die französische Höhle unsere in Bezug auf Kunst und Regelmäßigkeit, die die Natur bei der Herstellung ihrer Gebilde beachtet hat, weit übertrifft. Es sei denn, der Autor ist mir in der Stärke seiner Phantasie unendlich überlegen, denn nachdem er eine lange genaue Schilderung verschiedener Dinge gegeben hat, die, wie er sagt, von jenen Gebilden dargestellt werden, schließt er mit folgenden Worten[176]. «Hier kann man die Abbilder dessen sehen, was man sich überhaupt vorstellen kann, Menschen, Tiere, Fische, Früchte usw.» Obwohl nun viel über unsere Höhle berichtet und geglaubt wird, so ist es, im Ernst gesprochen, doch mehr, als ich für richtig halten kann. Auf der anderen Seite bin ich aber stark versucht, zu meinen, daß es von der Stärke der Einbildungskraft herrührt. Denn ebenso wie wir sehen, daß die Wolken aufgrund der Phantasie eines Kindes Bäumen, Pferden, Menschen oder, was es sich sonst auszudenken beliebt, entsprechen, so fällt es einem Menschen mit einer starken Einbildungskraft nicht schwer, die unregelmäßigen Gebilde nach dem Modell seiner Phantasie zu gestalten. Kurz: Man muß sich nur zum Zeitvertreib unter dem versteinerten Wasser die Eindrücke des eigenen Geistes vorstellen, um Menschen, Tiere, Fische, Früchte oder irgendetwas, was man sich einbilden kann, vorzustellen.

Aufgrund dessen, was schon erwähnt worden ist, steht fest, daß die Gebilde nicht alle von derselben Farbe sind, denn die Farbe der Röhren ist eher wie die von Alaun, die durch ihre Tropfen gebildeten Steine sind von einer weißen Farbe, die zum Gelben neigt, und der Obelisk, den ich erwähnte, unterscheidet sich von beiden. Außerdem gibt es eine Menge dieses geronnenen Wassers, das wegen seiner sehr weißen Farbe und der unregelmäßigen Gestalt aus einiger Entfernung wie ein Haufen von Schnee aussieht, so daß ich beim ersten Anblick dachte, es sei sehr sonderbar, wie er hierherkommen konnte. Als wir uns ihm mit einem Licht näherten, funkelte es und warf einen lebendigen Glanz, und wir entdeckten auf seinen Oberflächen eine Zahl von kleinen Nischen, wie man sie in dem oben zitierten Traktat auf Seite 279 und 287 sehen kann. Doch der schönste Schmuck dieser weiträumigen Halle ist ein großer, kannelierter Pfeiler, der in der Mitte steht und von der Decke bis zum Boden reicht. Auf der einen Seite desselben gibt es eine Nische, die wegen ihrer Gestalt der Alabasterstuhl genannt wird. Die Gebilde, die diese Säule ausmachen, sind von einer gelben Farbe und manche in ihrer Gestalt wie Orgelpfeifen. Doch Orgeln sind, wie ich meine, an Orten dieser Art keine Seltenheit, denn man trifft sie nicht nur in den Höhlen von Arcy und Antiparos (einer Insel im Ägäischen Meer), sondern auch in einer in der Nähe der Mündung des Forth in Schottland, was bei Sir ROBERT SIBBALD in den *Philosophical Transactions* Nr. 222 erwähnt wird. Ich betrachte diesen Pfeiler in jeder Beziehung als den größten, den ich je sah.Und ich glaube, sein Sockel, der von dunkler Farbe ist und das Kerzenlicht mit einem herrlichen Funkeln zurückwirft, ist wohl drei Mann hoch.

Ich befürchte, ich habe die Ausmaße sowohl dieses stolzen Pfeilers als auch der anderen Dinge, die ich zu beschreiben versuchte,

Abb. 29
Abbildungen zur Höhle von Dunmore.

nicht erfaßt. Es tut mir leid, ich kann diese ausgezeichnete Ansammlung nicht mit einer exakten Darstellung der Länge, Breite und Höhe dieser unterirdischen Räume wiedergeben. Und ich habe Grund zu glauben, daß ich diesmal oft kritisiert werde, weil ich derart unbestimmte Ausdrücke wie «weit», «eng», «tief» usw. gebraucht habe, wo etwas genauere erwartet werden können. Ich habe aber folgendes zu meiner Entschuldigung anzuführen: Als ich diesen Ort besuchte, hatte ich keine Gedanken daran, irgendeines Menschen Neugierde außer meiner eigenen zu befriedigen, da ich es nur zu meinem Zeitvertreib[177] tat, und man folglich wohl annehmen kann, daß ich einige Dinge ausgelassen habe, von denen ein neugieriger Beobachter Notiz genommen hätte und man eine exakte und genaue Beschreibung erwartet. Ich bin aber weit davon entfernt, zu behaupten, dies sei eine solche. Außerdem hatte das ungeheure Gruseln an diesem düsteren Ort die Aufnahmefähigkeit meines Geistes so stark erfüllt, daß ich gezwungen war, verschiedene Dinge, die eine spezielle Betrachtung erforderten, außer acht zu lassen.

Hier war es, wo ich einen aus der Gruppe bat, seine Flinte abzufeuern, die er mitgebracht hatte, um Hasen zu erlegen, die wir in großer Zahl in der Gegend des Höhleneingangs sahen. Wir hörten den Laut für eine beachtliche Zeit durch die Höhlen der Erde rollen, und man konnte am Schluß eigentlich nicht sagen, daß er aufgehört hatte, sondern daß er aus unserem Gehör verschwand. Man hat mir erzählt, ein in der Höhle erzeugtes Geräusch könne von jemand, der in der St. Canice-Kirche in Kilkenny geht, gehört werden, aber ich kenne niemanden, der jemals das Experiment gemacht hat.

Nachdem wir die Wunder dieses Ortes betrachtet hatten und ohne irgendeinen weiteren Durchgang zu entdecken, kehrten wir durch den engen Eingang, durch den wir gekommen waren, wieder zurück. Zu dieser Zeit meinten einige unserer Gruppe, sie hätten genug gesehen, und sie waren voller Ungeduld, aus diesem schrecklichen Kerker hinauszukommen. Der Rest von uns ging weiter durch einen Durchgang, der dem ersten gegenüberlag und von derselben Größe war. Dieser führte uns in eine andere Höhle, die ganz ungeheuer groß erschien und von einer gewaltigen Länge sowie einer erstaunlichen Höhe war. Und obwohl meine Vorstellungen von verschiedenen Einzelheiten, die ich dort sah, nach so langer Zeit undeutlich und schwach geworden sein mögen, so blieben doch die bedrükkende Einsamkeit, die furchterregende Dunkelheit und die ungeheure Stille dieser gewaltigen Höhle dauernde Eindrücke in meiner Erinnerung. Der Boden ist zum großen Teil mit riesigen, massiven Bruchstücken bedeckt, die durch die Gewalt eines Erdbebens aus dem Felsen gerissen worden zu sein scheinen. Die Decke, soweit wir sie trotz ihrer Höhe sehen konnten, schien aus einem schwärzlichen Fels zu sein und war ohne die oben erwähnten Kristallröhren. Als wir weiter vorangingen, trafen wir auf eine große weiße Bildung, die an der Seite der Höhle saß. Sie sah wie eine Kanzel mit einem Baldachin darüber aus. Dicht daneben sahen wir die frisch aufgeworfene Erde vom Eingang einer Hasenhöhle, und ich habe gehört, daß andere behaupteten, sehr weit im Innern dieses dunklen und schrecklichen Ortes seien sie auf frischen Hasenkot gestoßen. Nun erscheint es mir schwierig, sich vorzustellen, wovon diese kleinen Tiere leben können, denn der Gedanke, daß sie den Weg in diese Höhle und wieder hinaus finden können, ohne daß ihre Augen zum Sehen in völliger Dunkelheit eingerichtet sind, übersteigt die Einbildungskraft. Nachdem wir etwas weiter gegangen waren, wurden wir durch das angenehme Gemurmel eines Baches, der aus den Spalten des Felsens fiel, überrascht. Er schäumt an der Seite der Höhle entlang und mag, wie ich vermute, etwa sechs Fuß breit sein. Sein Wasser ist wunderbar kühl und wohltuend und so klar, daß es mir bis zu meinen Knien reichte, als ich dachte, es sei kaum ein Zoll tief. Dieses ausgezeichnete Wasser läuft eine kleine Strecke, ehe sich der Fels öffnet, um es aufzunehmen.

Was aber das Überraschendste ist, ist folgendes: Der Boden dieser Quelle ist ganz mit Knochen von toten Menschen übersäht. Wie tief, kann ich nicht sagen. Es wird auch berichtet, und – wenn ich mich nicht irre – habe ich mich mit einigen unterhalten, die behaupteten, daß sie in den entlegenen Winkeln dieser Höhle große Haufen von aufgeschichteten Menschenknochen selbst gesehen haben. Nun gibt es nicht den geringsten Schimmer einer Tradition, von der ich jemals gehört hätte, die uns darüber informiert, wie diese Knochen hierher kamen. Es ist wahr, ich erinnere mich, von jemand [178] gehört zu haben, der erzählte, wie ein alter Ire, der in der Höhle als Führer diente, ihm dieses Problem gelöst habe, indem er behauptete, daß in alten Zeiten hier ein fleischfressendes Monster gewohnt habe, das wütend um sich zu schlagen pflegte und jeden, der unglücklich genug war, in seine Nähe zu kommen, eilig zum Fraß in diesen schrecklichen Bau brachte. Das hat aber, wie ich meine, nicht den geringsten Anschein von Wahrscheinlichkeit. Erstens scheint Irland das Land der Welt zu sein, das am ehesten frei von solchen menschenfressenden Tieren ist, und dann, wenn man einräumt, es gebe eine solche gefährliche Bestie, ein ungewöhnliches Produkt dieses Landes, dann sollte man vernünftigerweise erwarten, daß diese Knochen, von denen man annimmt, sie seien die Überreste von gefressenen Menschen, eher in allen Teilen der Höhle verstreut zu finden sind, als zu Haufen aufgeschichtet und im Wasser zusammengetragen. Und wenn es hier erlaubt ist, meine Vermutung zu äußern, so meine ich, es sei wahrscheinlicher, daß dieser Ort in früheren Zeiten den Iren für denselben Zweck diente, für den die riesigen unterirdischen Gewölbe von Rom und Neapel, Katakomben genannt, von den antiken Menschen benutzt wurden, d. h. daß es eine Ruhestätte für ihre Toten war. Aber was sie dazu auch bewogen haben mag, die Knochen, die wir im Wasser sahen, dort abzulegen, kann ich nicht sagen. Es ist auch sehr schwer, sich vorzustellen, warum sie sich die Mühe gemacht haben sollten, die Leichname durch lange, enge Passagen zu schleppen, um sie so weit hinten in den dunklen Tiefen der Höhle zu beerdigen. Vielleicht dachten sie, ihre verstorbenen Freunde hätten Freude an einer weniger gestörten Sicherheit in den innersten Räumen dieses düsteren Gewölbes.

Als wir weiter gingen, kamen wir an einen Ort, der so niedrig war, daß unsere Köpfe fast die Decke berührten. Ein bißchen dahinter waren wir gezwungen, uns zu bücken und bald danach auf unseren Knien zu kriechen. Hier war die Decke dicht besetzt mit den Kristallröhren. Aber, so meine ich, sie hatten alle aufgehört zu tropfen. Sie waren sehr zerbrechlich, und als wir dort entlangkrochen, zerbrachen wir sie mit unseren Hüten, die an der Decke scheuerten. Auf unserer linken Seite sahen wir einen schrecklichen Spalt, der mit seinem schwarzen, fürchterlichen Anblick ein großes Stück in das Erdinnere einzudringen schien. Hier stießen wir auf eine große Menge versteinerten Wassers, bei dem sich zwar die einfachen Leute einbilden können, sie sähen Abbildungen einer großen Zahl von Dingen, ich bekenne aber, daß ich keinen geeigneteren Vergleich dafür habe als Kerzentropfen [179]. Da diese Gebilde in unserem Weg standen, stoppten sie fast unseren Durchgang, so daß wir gezwungen waren, umzukehren. Ich will nicht abstreiten, daß es da andere Durchgänge gab, die wir bei einer sorgfältigen Untersuchung hätten entdecken, oder in die ein mit dem Ort vertrauter Führer uns hätte führen können, denn es wird im allgemeinen berichtet, daß keiner jemals bis zum Ende der Höhle kam, aber daß man manchmal gezwungen ist, durch enge Passagen zu kriechen, und dann wieder in große, geräumige Höhlen kommt. Ich habe von verschiedenen Personen gehört, von denen man sagt, sie hätten diese unterirdischen Wege gemacht. Besonders einer, Saint Leger, der sich und seinen

Mann mit einem Kasten voll Fackeln und Lebensmitteln versorgte, soll zwei oder drei Tage in den dunklen Wegen dieser schrecklichen Höhle gewandert sein. Und als seine Lebensmittel fast verbraucht waren und seine Fackeln zur Hälfte verbrannt, ließ er seinen Degen im Boden stecken und beeilte sich, zurückzukehren. Mir wurde auch berichtet, daß andere ein großes Stück gegangen seien, ihre Namen auf einen Totenschädel geschrieben hätten, den sie als ein Denkmal am Ende ihres Weges aufgestellt hätten. Ich will aber nicht für die Wahrheit dieser Dinge bürgen, und habe ähnliche Geschichten gehört, von denen viele offensichtlich legendär sind.

Mir wurde ebenso erzählt, daß die Menschen Angst vor Dämpfen an diesem Ort haben, aber dies ist, so meine ich, eine grundlose Furcht. Allerdings kann in Kohlengruben, wo die Luft mit schwefligen Dünsten geschwängert und in manche enge Höhle eingepfercht ist, durch das Graben der Kohlenarbeiter ein Loch entstehen. Dort ist es nicht unwahrscheinlich, daß sich solche Dinge ereignen, aber hier erwarte ich nicht den gleichen Effekt [Es folgen drei oder vier unleserliche Worte.]. Ich bin insofern sicher, als die Kerzen, soweit wir kamen, immer sehr klar brannten, weil die Luft äußerst mild und ruhig war.

Ich kannte einige, die so unvernünftig waren zu zweifeln, ob diese Höhle nicht das Werk eines Menschen oder von Giganten in alten Zeiten sei, ungeachtet dessen, daß sie die ganze Rohheit und Einfachheit der Natur besitzt und leicht erklärt werden kann, ohne daß man seine Zuflucht zu Kunst nimmt. Man bedenke: Ihr Eingang liegt in einem Hügel und das Land rund herum ist hügelig und uneben, denn aus der Entstehung von Hügeln und Bergen, wie sie von DESCARTES und nach ihm von unseren späteren Theoretikern geliefert wurde, ist es klar, daß sie Höhlen sind und große Hohlräume einschließen, was ferner durch Erfahrung und Beobachtung bestätigt wird.

Das ist alles, was ich über die Höhle von Dunmore zu sagen habe. Ich habe immer versucht, in Ihrer Einbildungskraft dieselben Vorstellungen zu erwecken, die ich selbst hatte, als ich die Höhle sah, soweit ich sie bei einem Abstand von fast sieben Jahren in meinen Geist zurückrufen konnte.

[In der Abschrift innerhalb der Hefte, die das *Philosophische Tagebuch* enthalten, lautet der letzte Absatz folgendermaßen:]

Kurz nachdem ich die vorangehende Beschreibung der Höhle vollendet hatte, habe ich sie mit Hilfe von Herrn WILLIAM JACKSON korrigiert, der ein neugieriger und wissenschaftlich interessierter junger Mann ist und erst kürzlich dort war. Er sagte, die Erklärung, die ich gegeben habe, stimme sehr gut mit dem überein, was er selbst gesehen hat, und erlaube mir, ihr einen größeren Grad von Exaktheit zuzusprechen, als ich für sie in Anspruch zu nehmen wagte. Er hatte einen geistreichen Freund bei sich, dessen Aufgabe es war, den Plan und die Ausmaße der verschiedenen Höhlen, und was in ihnen beachtenswert war, aufzunehmen. Aber die Unannehmlichkeit, die sie von einer erstickenden Hitze fühlten, hinderte sie daran, in der Höhle so lange zu bleiben, wie für dieses Ziel erforderlich war. Das mag etwas überraschend erscheinen, vor allem, wenn man beachtet, daß wir es im Gegensatz dazu äußerst kühl und frisch fanden. Nun muß man zur Erklärung dieser Veränderung berücksichtigen, daß jene Herren die Hitze am Anfang des Frühlings spürten, ehe der Einfluß der Sonne stark genug war, die Poren der Erde zu öffnen, die bis dahin durch den vorangegangenen kalten Winter fest verschlossen waren, so daß jene heißen Ströme, die ständig aus der Zentralhitze aufsteigen – denn alle stimmen darin überein, daß es eine Zentralhitze gibt, obwohl die Menschen in Bezug auf die Ursache unterschiedlicher Meinung sind, einige leiten sie von einem überkrusteten Stern ab, andere von dem Kern eines Kometen, der in seinem Perihel verbrannt ist – in den Höhlen eingepfercht bleiben und keinen Raum finden, um aus den obersten Fels- und Erdschichten aufzusteigen. Ich dagegen war dort etwa einen Monat nach der Sommersonnenwende, als die Sonnenhitze eine lange Zeit und in ihrer vollen Stärke auf der Erdoberfläche lag, ihre Poren aufschloß und dadurch einen freien Durchgang für die aufsteigenden Ströme lieferte. Herr JACKSON informierte mich über eine andere beachtliche Tatsache, die ich nicht bemerkt hatte, daß nämlich einige Knochen, die im Wasser lagen, mit einer steinigen Kruste überzogen waren. Und Herr BINDON, so hieß der andere Herr, erzählte mir, er sei auf einen gestoßen, der ihm durch und durch versteinert zu sein schien.

Bevor ich schließe, muß ich den Leser um Entschuldigung bitten anzumerken, daß dort, wo ich abweichend von dem gewöhnlichen Gebrauch der Ausdrücke «Gebilde» [congelation], Versteinerung usw. benutze, ich nicht so verstanden werden sollte, als ob ich meinte, die durch Tropfen gebildeten Steine wären nur aus Wasser gemacht, das durch irgendeine steinebildende Kraft verwandelt worden wäre. Denn in Bezug auf ihren Ursprung und ihre Konsistenz bin ich ganz der Meinung des gelehrten Dr. WOODWARD, die er in seiner *Natural History of Earth* (S. 191 und 192) darlegt, wo er annimmt, daß jene Art von Stein, die von Naturwissenschaftlern Stalaktiten genannt werden, nur aus zusammengewachsenen Steinteilchen besteht, die mit dem Wasser auf seinem Weg durch den Felsen, aus dem es fließt, mitgebracht werden.

4 Der Ausbruch des Vesuv[180]

Auszug aus einem Brief des Herrn EDWARD[sic!] BERKELEY aus Neapel, der verschiedene interessante Beobachtungen und Bemerkungen bei den Ausbrüchen von Feuer und Rauch aus dem Vesuv wiedergibt.
Mitgeteilt von Dr. JOHN ARBUTHNOT, M.D. und R.S.S.[181]

17. April 1717. Unter großer Schwierigkeit erreichte ich den Gipfel des Vesuv. In ihm sah ich eine ungeheure Öffnung voll Rauch, der einen die Tiefe und Form nicht sehen ließ. Ich hörte in diesem schrecklichen Abgrund gewisse merkwürdige Töne, die aus dem Bauch des Berges zu kommen schienen. Eine Art von Murmeln,

Abb. 30
Vesuvausbruch. Aus: *The Gentleman's Magazine*, vol. 20, 1750, bei p. 161.

Ächzen, Klopfen, Schütteln, Stoßen wie von Wellen und dazwischen ein Geräusch wie Donner oder Kanonen, das beständig begleitet war von einem Krach wie der von Ziegeln, die von Dächern auf die Straße fallen. Manchmal, wenn der Wind drehte, wurde der Rauch dünner, gab eine sehr rote Flamme frei und der Schlund des Beckens oder Kraters blitzte in Rot und verschiedenen Schattierungen von Gelb. Nach einer Weile von einer Stunde gab uns der Rauch, der durch den Wind weggeweht wurde, kurze und unvollkommene Blikke in die große Höhle frei, auf deren flachem Boden ich zwei sich fast berührende Feueröffnungen unterscheiden konnte. Die zur Linken, die etwa 300 Yards [ca. 275 m] Durchmesser zu haben schien, glühte in roter Flamme und schleuderte rotglühende Steine mit einem schrecklichen Geräusch heraus, die, wenn sie zurückfielen, den oben erwähnten Krach verursachten.

8. Mai. Am Morgen stieg ich ein zweites Mal zum Gipfel des Vesuv auf und fand eine andere Lage der Dinge. Der senkrecht aufsteigende Rauch gab den Blick auf den Krater ganz frei, der, wie ich schätzen würde, etwa eine Meile [ca. 1,5 km] Umfang hat und hundert Yards [ca. 91 m] tief ist. Seit meinem letzten Besuch hatte sich ein kegelförmiger Berg auf der Mitte des Bodens gebildet. Dieser Berg, das konnte ich sehen, war aus den emporgeschleuderten Steinen, die in den Krater zurückgefallen waren, entstanden. In diesem neuen Hügel waren die beiden schon erwähnten Öffnungen oder Feuerlöcher offen geblieben. Das auf unserer linken Seite war auf dem Gipfel des Hügels, den es um sich gebildet hatte, und tobte kräftiger als vorher, indem es alle drei oder vier Minuten eine große Zahl von rotglühenden Steinen mit einem schrecklichen Getöse herausschleuderte, manchmal anscheinend etwa tausend, wenigstens 300 Fuß höher als mein Kopf, während ich auf dem Rand stand. Da es aber nur wenig oder gar keinen Wind gab, fielen sie senkrecht in den Krater zurück und vergrößerten den kegelförmigen Hügel. Die andere Öffnung auf der rechten Seite war weiter unten an der Seite desselben neu gebildeten Hügels. Ich konnte erkennen, daß sie mit einer rotglühenden flüssigen Masse gefüllt war, ähnlich jener in dem Feuerloch einer Glasbläserei. Sie tobte und schlug wie die Wellen der See, indem sie ein kurzes abruptes Geräusch verursachte, das man sich vorstellen mag wie das, welches eine See von Quecksilber verursacht, die zwischen unebene Felsen schlägt. Dieses Zeug wurde manchmal herausgespuckt und lief die gewölbte Seite des kegelförmigen Hügels hinunter. Es erschien zuerst rotglühend, wechselte dann die Farbe und wurde fest, wenn es erkaltete, indem es die ersten

Spuren eines Ausbruchs oder, wenn ich so sagen darf, eines Ausbruchs *en miniature* zeigte. Hätte der Wind uns entgegengeweht, so wären wir in nicht geringer Gefahr gewesen, durch den Schwefelrauch zu ersticken, oder von Klumpen geschmolzener Mineralien am Kopf getroffen zu werden, die, wie wir sahen, manchmal auf den Rand des Kraters fielen, abgesehen von den Geschossen aus dem Loch im Boden. Doch da der Wind günstig stand, hatte ich Gelegenheit, diese seltsame Szene insgesamt etwa eineinhalb Stunden lang genau zu betrachten. Während dieser Zeit konnte man sehr gut beobachten, daß all die Rauchschwaden, Flammen und brennenden Steine nur aus der Höhle zu unserer Linken herauskamen, während das flüssige Zeug, wie schon beschrieben wurde, in der anderen Mündung brodelte und aus ihr herausfloß.

5. Juni. Nach einem schrecklichen Geräusch sah man in Neapel, daß der Berg ein bißchen aus dem Krater spuckte. So ging es am 6. weiter. Bis zwei Uhr in der Nacht beobachtete man nichts. Es begann ein schreckliches Donnern, das sich die ganze Nacht und den nächsten Tag bis zum Mittag fortsetzte. Es war die Ursache dafür, daß die Fenster und, wie einige behaupten, sogar die Häuser in Neapel zitterten. Von dieser Zeit an spuckte er große Mengen geschmolzenen Materials nach Süden. Dieses strömte den Berghang hinunter wie ein großer überkochender Topf. An diesem Abend kehrte ich von einer Reise durch Apulien zurück und war überrascht, als ich an der Nordseite des Berges vorbei kam und an einem großen Teil des Himmels über dem Fluß mit dem geschmolzenen Material rötlichen Rauch sah. Der Fluß selbst war aber nicht zu sehen.

Am 9. tobte der Vesuv weniger heftig. In dieser Nacht sahen wir von Neapel aus eine Feuersäule, die von Zeit zu Zeit aus seiner Spitze schoß.

Als wir am 10. dachten, alles sei vorüber, wurde der Berg wieder sehr heftig, knurrte und brüllte äußerst fürchterlich. Man kann sich von diesem Getöse bei seinen heftigsten Ausbrüchen keine bessere Vorstellung machen als dadurch, daß man sich einen Lärm vorstellt, der aus dem Toben eines Sturmes, dem Rumoren einer unruhigen See sowie dem Krachen von Donner und Geschützen zusammengemischt ist. Es war sehr schrecklich, als wir es am letzten Ende von Neapel, in einer Entfernung von etwa zwölf Meilen, hörten. Das reizte meine Neugierde, mich dem Berg zu nähern. Drei oder vier von uns [182] bestiegen ein Boot und setzten über nach Torre del Greco, einer Stadt, die am südwestlichen Fuße des Vesuv liegt. Von dort ritten wir vier oder fünf Meilen, bis wir an den brennenden

Fluß kamen. Das war um Mitternacht. Das Krachen des Vulkans wurde, als wir näher kamen, immer lauter und fürchterlicher. Ich beobachtete eine Mischung von Farben an der Wolke über dem Krater: grün, gelb, rot, blau. Es gab auch ein schaurig rötliches Licht in der Luft über der Gegend, wo sich der brennende Fluß ergoß. Auf dem ganzen Weg von der Küste her regnete ständig Asche auf uns herab. All diese Umstände, hervorgehoben und verstärkt durch den Schrecken und das Schweigen der Nacht, erzeugten die ungewöhnlichste und erstaunlichste Szene, die ich je sah. Sie wurde noch ungewöhnlicher, als wir näher an den Strom kamen. Man stelle sich einen großen Strom von flüssigem Feuer vor, der vom Gipfel den Hang des Berges hinabfließt und mit unwiderstehlicher Gewalt Weinberge, Oliven- und Feigenbäume, Häuser, kurz: alles, was in seinem Wege steht, niederwalzt. Dieser mächtige Fluß teilte sich in verschiedene Arme entsprechend den Unebenheiten des Berges. Der größte Strom schien mindestens eine halbe Meile breit und fünf Meilen lang zu sein. Die Natur und Konsistenz dieser brennenden Flüsse wurde von Borelli in seinem lateinischen Traktat über den Berg Ätna mit solcher Exaktheit beschrieben, daß ich nicht mehr darüber sagen muß. Ich ging soweit vor meinen Begleitern den Berg hinauf, das Ufer des Feuerstroms entlang, daß ich in großer Eile umkehren mußte, weil mich der Schwefelstrom überraschte und mir fast den Atem nahm. Während unserer Rückkehr, die etwa um drei Uhr morgens erfolgte, hörten wir ständig das Rumoren und Krachen des Berges, das von Zeit zu Zeit in lauteres Donnern ausbrach, während große Feuerfontänen und brennende Steine emporgeschleudert wurden, die beim Herunterfallen wie bei uns die Sterne in den Raketen aussahen. Manchmal beobachtete ich zwei, ein andermal drei verschiedene Feuersäulen und manchmal nur eine große, die den ganzen Krater auszufüllen schien. Diese brennenden Säulen und die feurigen Steine schienen tausend Fuß senkrecht über die Spitze des Vulkans emporgeschossen zu werden.

Am 11. beobachtete ich in der Nacht von einer Terrasse in Neapel aus, daß ständig ein ungeheurer Feuerkörper und große Steine in eine erstaunliche Höhe emporgeschleudert wurden. Am Morgen des 12. wurde die Sonne mit Asche und Rauch verdunkelt, was eine Art von Sonnenfinsternis verursachte. An diesem und am vorangehenden Tag hörten wir in Neapel, wohin auch Teile der Asche gelangten, ein fürchterliches Donnern. In der Nacht beobachtete ich, daß eine Flamme, wie am 11., emporschoß.

Am 13. drehte der Wind. Wir sahen, daß eine schwarze Rauchsäule bis zu einer ungeheuren Höhe emporschoß. In der

Nacht beobachtete ich – wenn auch wegen des Rauchs nicht so deutlich –, daß der Berg wie vorher Feuer emporschoß.

Am 14. war für Neapel der Berg durch eine dicke schwarze Wolke verborgen.

Am Morgen des 15. waren der Hof und die Mauern unseres Hauses in Neapel mit Asche bedeckt. Am Abend war ein Feuerschein durch die Wolke hindurch auf dem Berg zu sehen.

Am 16. wurde der Rauch durch einen Westwind von der Stadt auf die entgegengesetzte Seite des Berges getrieben.

Am 17. erschien der Rauch viel geringer, breit und verschmiert.

Am 18. endete die ganze Erscheinung. Der Berg blieb völlig ruhig, ohne daß man irgendeinen Rauch oder eine Flamme sehen konnte. Ein mir bekannter Herr, dessen Fenster zum Vesuv hin blickte, versicherte mir, er habe in dieser Nacht verschiedene Blitze wie bei einem Gewitter beobachtet, die aus der Öffnung des Vulkans hervorkamen.

Es ist nicht der Rede wert, Sie mit den Vermutungen zu belästigen, die ich mir über die Ursache dieser Phänomene angestellt habe aufgrund dessen, was ich in Lacus Amsancti [183], am Solfatara usw. wie auch am Vesuv beobachtet habe. Nur eines möchte ich mir erlauben zu sagen: Ich sah, daß die flüssige Masse aus dem Zentrum des Kraterbodens emporstieg, genau aus der Mitte des Berges, im Gegensatz zu dem, was BORELLI [184] sich vorstellte. Dessen Methode zur Erklärung eines Vulkanausbruchs mit Hilfe eines gebogenen Siphons und der Regeln der Hydrostatik ist auch damit unverträglich, daß der Lavastrom genau von der Spitze des Berges herunterfließt. Ich habe den Krater seit dem Ausbruch nicht mehr gesehen, plane aber, ihn noch einmal vor meiner Abreise aus Neapel aufzusuchen.

Ich hege den Zweifel, daß es in all dem nichts gibt, was wert ist, der [Royal] Society gezeigt zu werden. Sie können aber frei darüber verfügen.

E. [sic!] BERKELEY

5 Zum Vulkanismus

Auszug aus BERKELEYS Tagebüchern der Italienreisen [185]

BORELLI behauptet, die Höhlen des Ätna seien kleine Tunnel und Behälter nahe der Oberfläche, die wie Syphons an den Seiten des Berges entlang verlaufen. Sie seien gebogen und erklärten daher den Aufstieg oder Ausbruch der verflüssigten Materie aus einer Öffnung unterhalb des Urquells. Er meint, das sei eher die richtige Erklärungsweise als die durch das Überkochen wie im Topf, denn dieses, so sagt er, stehe im Gegensatz zum Gewicht wie auch zur Dichte der Masse, durch die sie am Aufstieg oder Überschäumen gehindert werde:

«Und dieses scheint die Geschichte der Ausbrüche des Ätna hinreichend zu bezeugen, weil nämlich niemals beobachtet wurde, daß der Glasfluß aus der Spitze des Ätna-Kraters ausgestoßen wurde, sondern dort nur Rauch und Flammen herausgekommen seien, die mit großer Wucht Sand und Steinbrocken herausgeschleudert haben, daß aber der Glasfluß immer aus neuen offenen Abgründen an verschiedenen Stellen der Bergseite ausgetreten sei.» (JOH. ALPHONSUS BORELLUS, *De incendiis Aetnae,* cap. 13)[186].

Diese Meinung BORELLIS wird durch das widerlegt, was ich beim letzten Ausbruch, der überkochte, beobachtet habe. Ebenso durch das, was ich an den Höhlen in der Mitte des Kraterbodens auf der Spitze des Vesuvs beobachtet habe. Das deutet auf eine große Höhle im Innern des Berges hin, die – obwohl er [BORELLI] über solche Höhlen lacht – unter der Erdoberfläche sehr ausgedehnt sein können, wie es sich die alten Griechen vorstellten, deren Auffassung durch die Erdbeben bestätigt zu sein scheint, die gleichzeitig an weit entfernten Orten verspürt werden.

BORELLIS Schlitze an der Seite des Ätna erklären die am Monte Epomeo.

BORELLI hat Recht, daß der Berg groß genug ist, um die Materie, die seitlich herunterfließt, beizubringen; daß der Berg schrumpft oder an Höhe verliert, während er an Umfang zunimmt; daß die Flüsse nicht so sehr aus Schwefel, Bitumen usw. bestehen, sondern aus geschmolzenem Gestein und Sand.

Die Bildung von Monte Novo in einer Nacht und der viele Fuß hohe Überzug von Ischia – wenigstens dort, wo ich Gelegenheit zur Beobachtung hatte – scheint BORELLI zu widersprechen, wenn er meint, es gebe keine so großen Höhlen usw.

BORELLI behauptet, all die verflüssigte Materie werde nahe der Oberfläche in den Seiten des Berges erzeugt, und es gebe nicht nur keinen tiefen Abgrund, der bis zur Meereshöhe reiche, sondern überhaupt keine weite Höhle – die Masse des Berges sei im Innern fester Stein, sonst wäre er nicht fähig, ein so großes Gewicht zu tragen – und der größte Abgrund ist nach ihm nicht mehr als hundert Schritte tief. Dem ist zu widersprechen. Erdbeben und Tätigkeiten im Meer beweisen große Höhlen.

78 IO: ALPHONSI BORELLI

auſtrum directè extenſa, ex qua exierunt fumi ſplendentes; deinde mane ante ſolis exortum.

80 IO: ALPHONSI BORELLI

bet fluore; is profectò deſcendet vſque ad locum infimum fiſtulæ D, & hinc ſurſum excurret verſus E; & ſiquidem orificium E non deprimitur infra ſuperficiem horizontalem F A B per libellam fluoris in vaſe A B C contenti ductam, manifeſtum eſt fluorem ex ore

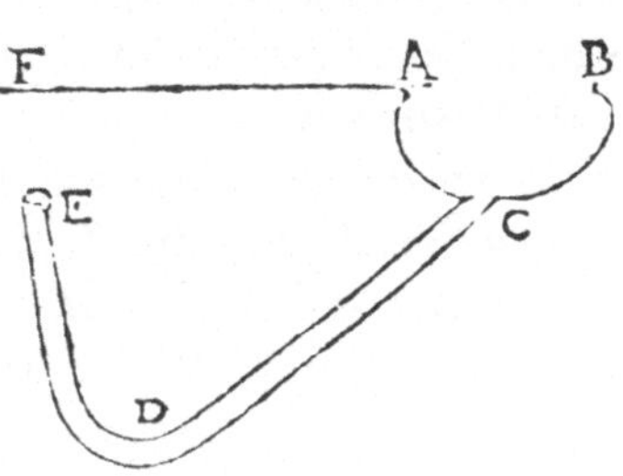

DE INCENDIIS ÆTNÆ. 81

ſi Cuniculus à prædicto orificio ad fornacem, ſeu ſedem prædicti fluoris extenſus fuiſſet, ad inſtar ſiphonis conformatus; atq; principium, & fons eius

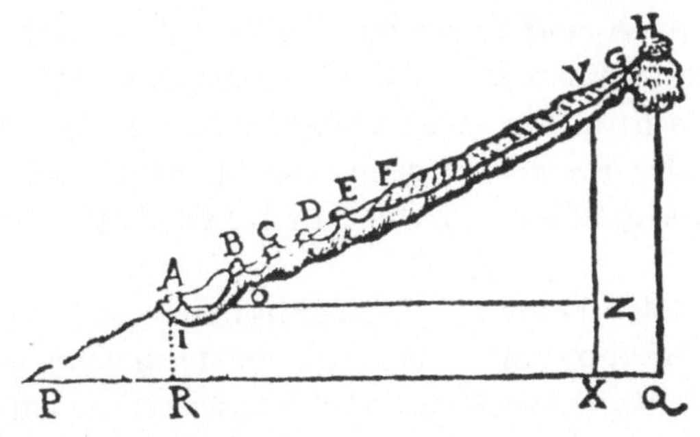

Abb. 31
Borellis Skizzen zum Ausbruch des Ätna.

Der Gipfel und die Ansicht des Vesuvs wechselte aufgrund von Eruptionen oft sein Aussehen. Er scheint zu STRABOS Zeit weder zwei Spitzen gehabt zu haben noch eine Höhle, denn der Gipfel wird als sandige Ebene beschrieben.

N. B. STRABO beschreibt den Gipfel des Vesuv als Öde voller Asche, die durch Höhlen und Nischen von verbranntem Stein usw. gewisse Anzeichen bietet, aus denen man schließen kann, daß er in alten Zeiten gebrannt hat. Daher ist klar, daß der Vesuv nicht zu STRABOS Zeit und auch nicht seit Menschengedenken gebrannt hat, daß er aber doch einmal gebrannt hat [187]. Aber nach dem großen Ausbruch in den Tagen von TITUS VESPASIAN, in denen PLINIUS starb, brach er oft aus und brannte ständig. STRABO: 1.5.

Man kann beobachten, daß die Ausbrüche meistens, wenn nicht immer, auf der Südseite stattfanden. Der Norden war frei von Ausbrüchen.

GIULIO CESARE CAPACCIO [188] behauptet in seinem Dialog über den Vesuv, daß die Via Appia mit Steinen gepflastert worden sei, die aus dem Vesuv geschleudert wurden, ebenso die Straßen von Neapel. N. B. Ausbrüche des Vesuv gelten als Prophezeiungen. Z. B. der von 1631 wurde als Vorausdeutung auf den Niedergang des Hauses von Österreich und die Zerstörung von Neapel angesehen. (GIULIO CESARE CAPACCIO, *Incendio di Vesuvio*, p. 51)

Man glaubte, feurige Vesuv-Ausbrüche reinigten die Luft von Ansteckung und beugten Seuchen vor. Man beobachtete auch, daß nach einem Aschenregen vom Vesuv der Getreidepreis fällt, weil er eine überreiche Ernte voraussagt, denn diese Asche macht fruchtbar. CAPACCIO führt Erdbeben auf einen Wind oder Geist zurück, was immer noch vernünftiger ist, als sie durch einen Schießpulverblitz zu erklären, wie man es tat. N. B. Das Meer wich 1631 vom Strand [? unleserliches Wort] des Vesuvs zurück.

VERGIL in *Georg.* 2, wo er die Weinsorten aufzählt, übergeht den Vesuv, wie es auch andere antike Autoren tun, während er heutzutage alle anderen übertrifft. Das rührt von den großen Mengen Salpeter, aus den Eruptionen seit dem klassischen Zeitalter her. In der Antike war der Boden für seine Getreidefruchtbarkeit berühmt, die er jetzt verloren hat, aber er ist jetzt viel besser für Wein geeignet.

JUSTIN (*Hist.* l.4. c.1) meint, die Eruptionen kämen durch das Meer. Und ich habe Neapolitaner mit gutem Verstand gehört, die behaupteten, daß es wahrscheinlich das Meerwasser sei, das am Fuße des Berges eingesaugt werde und dann aus dem Gipfel herausfließe.

Viel Salpeter im Vesuv, nicht so am Solfatara. Eisen, Silber, Kupfer oder dergleichen Metalle sollen des Ruhmes oder der Dichtung wegen (wie auf der Inschrift) angeblich im Vesuv sein. Der Umfang des Vesuvs wird auf 32 Meilen geschätzt und seine senkrechte Höhe auf etwa zwei Meilen. Am höchsten Gipfel nicht über 3, am niedrigsten nicht weniger als zwei.
Angeblich kamen 31 heiße Wasser aus dem Krater und war das Meer in großem Maße ausgetrocknet, was JUSTINS Meinung bestätigt.

Im Meer entstandene Inseln und im Ozean beobachtete Bewegung ohne Winde zeigen, daß es solche unheimlichen Höhlen gibt, über die BORELLI lacht.

BORELLI behauptet, der Gipfel des Ätna könne von Seeleuten aus 200 Meilen Entfernung gesehen werden, woraus einige seine senkrechte Höhe zu 6 Meilen erschlossen haben, aber aus evidenten Gründen hält er es nicht für möglich, daß er über 3 Meilen hoch ist. Woraus resultiert, daß er aus einer Entfernung unter der Annahme gesehen wurde, sein Gipfel sei über der Atmosphäre. Frage: Ob das nicht besser gelöst wird mit Hilfe der Spiegelkrümmung in einer Atmosphäre verschiedener Dichte.

Der Umfang der Basis des Ätna wird von BORELLI mit 133 Meilen und seine Höhe mit 3 Meilen angegeben.

SENECA (im 79. Brief [§ 2]): «Das Feuer flammt in einer unterirdischen Höhlung auf und nährt sich woanders, es hat im Berg selbst keine Nahrung, aber einen Weg.»[189]
Letzte Eruption des Vesuvs nach Südosten. Der große Strom wird an der breitesten Stelle 3 Meilen breit geschätzt.

6 BERKELEY an PRIOR über Versteinerungen

(angefügt an eine Mitteilung von Mr. JAMES SIMON über die Versteinerungen des Lough Neagh, gehalten vor der Royal Society, Februar 1747, gedruckt in den *Philosophical Transactions* Nr. 481, dem im folgenden ein Auszug aus einem Brief aus Dublin vom 8. 8. 1746 an Dr. J. FOTHERGILL beigefügt ist.)[190]

Cloyne, 20. Mai 1746

Sehr geehrter Herr!
Ich sende Ihnen hiermit die interessante Ahandlung von Mr. SIMON zurück, die ich mit Vergnügen durchgesehen habe. Und obwohl mir zahlreiche Verpflichtungen wenig Zeit für Bemerkungen über eine

Sache lassen, die so weit von meinem Weg abliegt, werde ich es dennoch wagen, kurz meine Gedanken darüber mitzuteilen, zumal mich der Autor freundlicherweise in einem Brief darum gebeten hat.

Der Autor scheint es außer Zweifel zu setzen, daß es eine versteinernde Eigenschaft im See wie auch in der umliegenden Erde gibt. Was er über die frostfreien Punkte im See bemerkt, ist interessant und liefert denen eine hinreichende Antwort, die aufgrund von Experimenten, welche an einigen Stellen desselben nicht gelungen sind, leugnen, daß irgendeine versteinernde Kraft im Wasser sei, da doch nichts als ein Zufall zu den geeigneten Stellen führen könnte, die wahrscheinlich jene frostfreien sind.

Von einigen wurden Steine für organische Gewächse gehalten, die aus Keimen hervorgehen. Mir scheinen Steine unorganische Gewächse zu sein. Andere Gewächse ernähren sich und wachsen durch eine Salzlösung, die sie in ihre Röhren und Gefäße ziehen. Und Steine wachsen durch Aufnahme von Salzen, die oft in regelmäßigen, winkeligen Figuren anschießen. Das tritt in der Kristallbildung in den Alpen in Erscheinung. Und daß Steine durch die einfache Anlagerung und die Aufnahme von Salzen gebildet werden, tritt im Weinstein an der Innenseite eines Rotweingefäßes in Erscheinung, besonders auch bei der Bildung eines Steins im menschlichen Körper.

Die Luft ist an vielen Orten mit solchen Salzen angereichert. Ich habe in Agrigent auf Sizilien gesehen, daß die Steinsäulen an einem alten Tempel durch die Luft korrodierten und angegriffen wurden, während die Muscheln, die in die Zusammensetzung des Steines eingegangen waren, heil und unversehrt blieben.

Ich habe irgendwo beobachtet, daß Marmor auf dieselbe Weise angegriffen war. Oft läßt sich beobachten, daß weichere Gesteinsarten zerbröckeln und sich auflösen, wenn die Luft als Lösungsmittel auf sie einwirkt. Man kann daher annehmen, daß die Luft viele solche Salze oder Gesteinsteilchen enthält.

Luft, die als Lösungsmittel in den Höhlen der Erde wirkt, kann – ebenso wie oberhalb der Erde – so mit derartigen Salzen gesättigt sein, daß sie beim Aufsteigen in Dämpfen und Dünsten Holz versteinern kann, mag es in der Nähe auf dem Boden liegen oder auf dem Grunde des Sees. Das wird auch durch des Autors eigene Beobachtung in «Green Pillars»[191], einem Bad in Ungarn, bestätigt. Die Einlagerung solcher Salze in das Holz scheint auch durch die Beobachtung von kleinen hexagonalen Kristallen im hölzernen Teil der Versteinerungen von Lough Neagh bestätigt.

Eine versteinernde Eigenschaft oder Kraft zeigt sich in allen Bereichen der Erdkugel[192], im Wasser, der Erde und im Sand, u.a. auch in den Körpern der meisten Tierarten im Tartarenland[193] und in Afrika. Es ist bekannt, daß sogar ein Kind im Mutterleib versteinerte. «Kalkknochen»[194] wachsen auf dem Land und Korallen im Meer. In vielen Gegenden sind Grotten, Quellen, Seen und Flüsse wegen dieser Eigenschaft berühmt. Darum kann niemand die Möglichkeit von so etwas wie versteinertem Holz bezweifeln, obwohl die versteinernde Eigenschaft vielleicht nicht ursprünglich in der Erde oder im Wasser gewesen sein muß, sondern im Dunst oder Dampf, der mit Salzlösung oder Gesteinsteilchen geschwängert war. Vielleicht kann auf die Versteinerung von Holz etwas Licht aus der Betrachtung des Bernsteins kommen, der im Königreich Preußen ausgegraben wird.

Ich habe diese flüchtigen Zeilen in großer Eile niedergeschrieben und schicke sie Ihnen nicht aus der Meinung heraus, sie enthielten etwas Mitteilenswertes, sondern nur um der Bitte von Ihnen und Herrn SIMON zu entsprechen.

[Auszug aus einem Brief aus Dublin[195] vom 8.8.1746 an FOTHERGILL]

Bevor ich schließe, muß ich noch eine andere Bemerkung anfügen, die für das bessere Verständnis der Natur der Steine nützlich sein kann. In der gewöhnlichen Definition sagt man, ein Fossil könne nicht geschmolzen werden. Ich habe trotzdem geschmolzene Steine gesehen, die bei Erkaltung wieder zu Stein wurden. So ist jener Stoff, der von Einheimischen *Sciara* genannt wird, der in flüssigen brennenden Strömen von den Kratern des Ätna herunterfließt. Ich habe gesehen, daß man ihn, wenn er kalt und hart war, in Catania und in anderen benachbarten Orten zerhackte und benutzte. Dieser Stoff enthält wahrscheinlich mineralische und metallische Teilchen. Er ist nämlich schwer, hart, grauer Stein und wird vor allem in den Fundamenten und Kanten [coinage] von Gebäuden verwendet.

Es könnte daher unmöglich nicht scheinen, Stein in die Gestalt von Säulen, Vasen, Statuen oder Reliefs zu formen. Dieses Experiment kann vielleicht von einem Neugierigen zur einen oder anderen Zeit versucht werden, wenn er dort, wo er dem Weg folgt, den die Natur gezeigt hat – möglicherweise mit Hilfe gewisser Salze und Mineralien –, zu einer Methode der Schmelzung und Formung des Steins gelangt, sowohl zu seinem eigenen Nutzen als auch zum allgemeinen.

Ich bin, sehr geehrter Herr, Ihr untergebenster Diener G. CLOYNE

7 Über Erdbeben[196]

Beobachtungen über Erdbeben von einem hochwürdigen Prälaten in Irland.

Da ich sah, daß es als ein Grund zur Überzeugung der Öffentlichkeit angegeben wurde, daß die jüngst in und um London wahrgenommenen Erschütterungen nicht von einem Erdbeben verursacht seien, weil die Bewegung seitlich war, was nach jener Auffassung niemals die Bewegung eines Erdbebens sei, übernehme ich es, das Gegenteil zu behaupten. Ich selbst nahm 1718 in Messina ein Erdbeben wahr, wobei die Bewegung horizontal oder seitlich verlief. Es erzeugte keine Zerstörung in dieser Stadt, ließ aber doch etwa eine Tagereise von dort einige Häuser einstürzen.

Mit Bezug darauf, daß man solche Anzeichen und Veränderungen in der Luft normalerweise bei Erdbeben beobachtet, sollten wir die jüngsten Erschütterungen nicht für ein sogenanntes Luftbeben halten. Es gibt eine Entsprechung zwischen der unterirdischen Luft und unserer Atmosphäre. Es ist wahrscheinlich, daß Stürme und große Erschütterungen der Luft ihren Ursprung oft, wenn nicht immer, den von unten kommenden Dünsten und Dämpfen verdanken.

Ich erinnere mich, gehört zu haben, daß Graf Tezzani in Catania sagte, er habe einige Stunden vor dem denkwürdigen Erdbeben von 1692, das die ganze Stadt in Trümmern legte, eine Linie in der Luft beobachtet, die – so meinte er – von in der Atmosphäre schwebenden Dünsten herrührte, auch habe er etwa eine Minute vor der Erschütterung ein dumpfes, furchterregendes Rumoren gehört. Von 25 000 Einwohnern kamen 18 000 um, abgesehen von den andern, die fürchterliche Quetschungen und Wunden davontrugen. Es blieb auch nicht ein einziges Haus verschont. Die Straßen waren eng und die Gebäude hoch, so daß es keine Sicherheit brachte, wenn man auf die Straße rannte. Doch beim ersten Zittern, das sich eine kurze Weile, vielleicht fünf Minuten, vor dem Einsturz ereignete, fanden die Menschen es das Sicherste, sich unter einen Türsturz oder in die Ecken des Hauses zu stellen. Der Graf wurde aus den Ruinen seines eigenen Hauses ausgegraben, das etwa zwanzig Personen begrub, von denen nur sieben lebendig herauskamen. Obwohl er sein Haus wieder aus Stein aufbaute, schläft er immer in einer kleinen angrenzenden Wohnung, die mit Stroh gedeckt ist. Catania wurde regelmäßiger und schöner wieder aufgebaut. Die Häuser sind allerdings niedriger und die Straßen breiter als vorher zur Sicherheit gegen künftige Beben. Nach der Erklärung dieser Leute richtet die erste Erschütterung selten oder nie Unheil an, aber die *Repliches* – wie sie es nennen – sind äußerst gefürchtet. Die Erde bewegt sich, so wurde mir erzählt, wie ein Topf beim Kochen auf und ab, *terra bollente di sotto in sopra,* um ihren eigenen Ausdruck zu verwenden. Diese Art der nach oben springenden Bewegung wird immer zu den gefährlichsten gerechnet.

PLINIUS bemerkt im zweiten Buch seiner Naturgeschichte, daß alle Erdbeben von einer großen Stille der Luft begleitet werden. Dasselbe wurde in Catania beobachtet. PLINIUS bemerkte außerdem, daß dem Erdbeben ein rumorendes Geräusch vorausgeht. Er stellt auch fest, daß es dabei «ein Zeichen am heiteren Himmel gibt, wie eine dünne langgezogene Wolkenlinie». Das stimmt mit dem überein, was Graf TEZZANI und andere in Catania beobachtet haben. Und all diese Dinge zeigen deutlich den Fehler derer, die unterstellen, daß Geräusche und Zeichen in der Luft nicht zu einem Erdbeben gehören oder es anzeigen, sondern nur zu einem Luftbeben.

Der obenzitierte Naturwissenschaftler, der von der Erde spricht, sagt, daß sie «auf verschiedene Weise erschüttert wird», manchmal auf und ab, ein andermal von Seite zu Seite. Er fügt hinzu, daß die Wirkungen sehr verschieden sind. Städte werden manchmal zerstört, ein andermal verschlungen, manchmal mit Wasser überschwemmt, ein andermal durch Feuer, das aus der Erde bricht, verzehrt. Manchmal bleibt der Abgrund gähnend offen, ein andermal schließen sich die Seiten und lassen nicht die geringste Spur oder ein Zeichen der Stadt, die verschlungen wurde, übrig.

Britannien ist eine Insel. «Was zur See gehört, wird aber am meisten erschüttert», sagt PLINIUS. Und auf dieser Insel gibt es viele Mineral- und Schwefelwasser. Ich sehe nichts an der natürlichen Lage Londons oder der angrenzenden Gegenden, das ein Erdbeben unmöglich oder unwahrscheinlich erscheinen ließe. Ob es im moralischen Zustand Londons irgendetwas gibt, das es von dieser Furcht befreien könnte, überlasse ich dem Urteil anderer.

Ich bin Ihr ergebener Diener
A. B.

8 Brief über Georg Berkeley von seiner Frau an ihren Sohn George[197]

Ich setze mich mit größtem Vergnügen nieder, um mit meinem Sohn ganz offen [à coeur ouverte, sic!] über alles zu sprechen, was sich anbietet. Die vagen Überlegungen, die Du über Deinen lieben Vater, meinen lieben Mann, angestellt hast, versetzten mich um viele Jahre zurück. Und in all diesen Jahren sah ich einen unendlichen Grund zu Deiner und meiner Dankbarkeit gegenüber Gott für all seine Gnaden und all seine Kreuze, die ja nur verkleidete Gnaden sind. Wie sorgsam war Deine *Kindheit* durch die Geschicklichkeit Deines lieben Vaters und die Sorgfalt Deiner Mutter beschützt! Du wurdest *nicht* zu unserer Bequemlichkeit *Bedienten* für Lohn anvertraut. Während Deiner *Jugend* wurdest Du von Deinem Vater unterrichtet. Er, obwohl alt und krank, leistete die ständig ermüdende Aufgabe selbst und wollte sie nicht der Sorge anderer anvertrauen. Du warst seine Arbeit und sein Vergnügen. *Kurzsichtige* Menschen sehen keine Gefahr in den allgemein üblichen Erziehungsfehlern. Er wußte, daß grundlegende Fehler niemals heilen, und daß «die erste Würze dem Faß den Geschmack gibt». Deswegen entschied er sich dafür, eher vorzubeugen als zu heilen[198]. Er hielt Dich soviel wie möglich bei sich oder auch für Dich alleine. Er weckte nie Deine Eitelkeit oder Liebe zur Eitelkeit. Er lobte nicht die Eitelkeiten des Lebens, die wir noch vor Deiner Zeit in der Taufe alle abgelehnt haben, und er erwähnte sie nicht, ohne sie zu verlachen, wie sie es verdienen. Es sind die Titel, der Putz, die Mode, das Geld und der Ruhm. Seine eigene Mäßigung beim Wein war für Dich eine bessere Lektion, als es ein Verbot gewesen wäre. Er gestaltete das Zuhause durch verschiedene *Beschäftigungen, Gespräche* und Gesellschaft angenehm. Sein lehrreiches Gespräch war *fein*. Und wenn er direkt von der Religion sprach, was selten vorkam, tat er es auf eine so meisterliche Art, daß es einen tiefen und nachhaltigen Eindruck machte. Du hörtest niemals, daß er seiner Zunge die Freiheit ließ, von irgendjemand *Böses* zu sagen. Niemals deckte er den Fehler oder das Geheimnis eines *Freundes* auf. Die meisten Menschen sind versucht, aufgrund von *Neid, leerem Geschwätz,* boshaftem oder krankhaftem *Willen* andere zu verleumden. Da er aber keinen *über* sich oder auf *gleicher* Stufe mit *sich* sah, der ihm gleichgekommen wäre, wie sollte der jemanden beneiden? Außerdem bewahrte eine universelle Kenntnis der Menschen, Sachen und Bücher den größten Geist seiner Zeit davor, Mangel an Gesprächsstoff zu haben. Wäre er aber ebenso *träge* wie *gescheit* gewesen, hätte sein *Gewissen* und seine *gute Natur* das Tor seiner Lippen besser verschlossen gehalten, statt sie zu Schmähung und Herabsetzung seines Bruders zu öffnen [199]. Er war auch *rein* in *Herz* und *Wort*. Kein gewitzter Kopf konnte ihm irgendeine Art von Gemeinheit nachsagen, nicht einmal SWIFT. Nun war er zu all dem nicht *geboren*, nicht mehr als andere auch. Seine Talente waren groß, aber so sind die von vielen anderen, doch nach seinen eigenen Worten war sein *Fleiß* größer. Er zündete um *zwölf* Uhr [in der Nacht] ein Licht an, um aufzustehen und zu studieren – und zu beten, denn er war sehr fromm. Und seine Studien waren nicht leere Spekulationen, denn er liebte Gott und die Menschen, er widerlegte die Atheisten, die als Mathematiker und feine Herren getarnt waren, und ließ sie verstummen. Seine Geschicklichkeit in der Medizin und Naturwissenschaft hat das Leben von Tausenden gerettet und wird es noch weiter tun. Seine tiefe Kenntnis der Mathematik brachte alle die zum Schweigen und widerlegte sie, die auf der ganzen Linie gesiegt hatten, bis er gegen sie schrieb. Ich meine die ungläubigen Mathematiker [200], die für die alleinigen Meister der Schlüsse gehalten wurden. Sein Plan für unsere Kolonien [201] und die Welt im ganzen ist unvergessen in den Augen dessen, für den er unternommen wurde. Kein Mensch dieses Zeitalters außer ihm selbst war fähig, einen solchen Plan zu entwerfen und zur Ausführung zu bringen. Daß er mißlang, war nicht seine Schuld. Sein *Kleiner Philosoph* [= Alciphron] drang tiefer in ihre abgrundtief dumme [= Tille,?] Theorie, als es jemals jemand tat. Er entzog ihnen den Boden, auf dem sie standen. Und hätte er so *aufgebaut*, wie er *niederriß*, er wäre sogar in Bezug auf alle Werke ein *großer Baumeister* gewesen. Einige müssen Müll beseitigen, andere legen Fundamente, während nur wenige Zeit haben, zur *Vervollkommnung* voranzuschreiten, was doch alle *beabsichtigen* sollten. *Bescheidenheit, Güte, Geduld, Freigebigkeit, Nächstenliebe* in Bezug auf das *seelische* und das *leibliche* Wohl der Menschen war das einzige Ziel all der Projekte und Arbeiten seines Lebens. Insbesondere sah ich niemals einen so gütigen und liebenswerten *Vater* oder einen so geduldigen und fleißigen. Warum seid Ihr, Du und WILLY, nicht wie die Söhne des Lord [...] verkommen, bevor Ihr ins reife Alter kamt? Weil Ihr einen so weisen und guten Vater hattet. Es ist wahr, er sorgte nicht dafür, Euch Land zu kaufen, doch wo sind die Söhne von Lord [...] jetzt? Und welche Freude haben sie an ihren Gütern? Gesundheit, Jugend und Leben sind Blumen, die verwehen, bevor sie ganz aufgeblüht sind. Die Genauigkeit und Sorgfalt Deines Vaters, worin die Ökonomie besteht, war der Schatz, aus dem er für die *Nächstenliebe, Freigebigkeit* und Großzügigkeit schöpft. Und Genauigkeit und Sorgfalt, *Regelmäßigkeit* und Ordnung, bewahrten ihn immer vor der Versuchung, habsüchtig zu werden, und gewiß sollte man sich davor mit strenger Sorgfalt in acht nehmen, weil Habsucht Abgötterei ist. Die meisten Leute denken mit dem *Weisen*, handeln aber mit dem *einfachen Mann*[202]. Dein Vater schätzte das «was man sagen wird» [que dira-t-on?] gering, und hätte er seinen Appetit mehr unterdrückt, aber mehr körperliche *Bewegung* gehabt, und hätte er nicht seine Vernunft bestochen, sich für seinen Appetit einzusetzen, dann hätte er Dich und die Deinen jetzt segnen und eine Goldgrube – auch der Weisheit – für Dich sein können.

Dein Vater gehorchte dem Befehl, seinen Glauben um Erkenntnis zu ergänzen und seine brüderliche Liebe um Tugend usw. Wurde von irgendetwas Liebem und Gutem berichtet, so war er der geeignetste, es zu suchen und zu finden. Mit seinem Schweigen im Leid unter *schlechter Behandlung und bei Schmerz* übertraf er jeden, den ich je kannte, denn er *liebte und entschuldigte* seine *Feinde* und war nicht nur geduldig, sondern fröhlich *im Schmerz*. Das und vieles andere war Dein Vater. Und dieser liebe Vater, mit dem Du gesegnet warst, bis Du fast zwanzig Jahre alt warst, bis er deinen Geschmack gebildet und Dich hierin gefestigt hatte, war ein wunderbares Glück[203].

Anmerkungen

1 Man sehe dazu meinen Artikel über die Rezeption BERKELEYS in Deutschland.

2 AREND KULENKAMPFF, *Georg Berkeley*. München 1987.

3 LL, p. 30.

4 *Works*, VII, p. 10.

5 *Arithmetik ohne Algebra oder Euklid* [= *Geometrie*] *bewiesen. Beigefügt sind einige Gedanken über irrationale Wurzeln, über die Gezeiten der Luft, über Zylinder und gleichseitigen Kegel, die derselben Kugel umbeschrieben sind, über ein algebraisches Spiel und gewisse Ermahnungen zum Studium der Mathematik, besonders der Algebra.*

6 *Works*, IV, p. 160.

7 ASHE war selbst nicht nur Theologe, sondern auch mathematisch tätig. Er ordinierte als Bischof später BERKELEY zum Diakon und zum Priester. Von 1716–1720 begleitete BERKELEY ASHES Sohn auf einer Italienreise.

8 Er verwendet Ausdrücke und Redewendungen wie «certainty», «no controversies between the Professors thereof [= mathematics]», «easy discovery of paralogisms», «rejects all trifling in words and Rhetorical schemes, all conjectures, authorities, prejudices, and passions».

9 Er spricht von «axioms and postulates also are very few and rational», «so exquisite an order and method in demonstrating».

10 «a sensible [!] obvious thing».

11 s. GEORG FRIEDRICH MEIER, *Zuschrift an seine Hörer*, Halle 1754, angezeigt in: *Göttingische Anzeigen von gelehrten Sachen*, 1754, Bd. 2, S. 1112.

12 LL, p. 46

13 *Nouveaux Essais*, Préface.

14 J. JURIN, *Geometry no Friend to Infidelity*, London 1734, pp. 71–84. G. BERKELEY, *A Defence of Free-Thinking in Mathematics*, §§ 45–48 (SMP, pp. 181–184). – JURINS Rückgriff auf die Schrift über das Sehen zeigt einmal mehr, daß unter diesen Wissenschaftlern diese Schrift bekannter war als die *Prinzipien der menschlichen Erkenntnis*, denn in dieser Schrift wird dasselbe Problem eingehender besprochen.

15 TV § 78. Vgl. die zugehörige Verteidigungsschrift §§ 61, 64, 67.

16 *adaequatio rei et intellectus.*

17 TV §§ 14, 19, 38 f., 53. Vgl. die zugehörige Verteidigungsschrift § 31 f.

18 WOLFGANG BREIDERT, *Die nichteuklidische Geometrie bei Thomas Reid*, Sudhoffs Archiv 58 (1974), pp. 235–253. – NORMAN DANIELS, THOMAS REID's *Inquiry – The geometry of visibles and the case for realism*, New York 1974. – Eine eigenwillige Einordnung REIDS verfolgt IMRE THOT, *Die nichteuklidische Geometrie in der Phänomenologie des Geistes*, in: *Philosophie als*

Beziehungswissenschaft, Festschrift für JULIUS SCHAAF, hrsg. von W. F. NIEBEL u. D. LEISEGANG. Frankfurt a. M. 1972. IMRE THOT, *Wann und von wem wurde die nichteuklidische Geometrie begründet?* Archives Internationales Hist. Sciences 30 (1980), pp. 192–205.

19 Der Plan umfaßte drei Teile. Teil II sollte die Ethik, Willens- und Geistlehre enthalten, Teil III die Naturphilosophie. Vgl. *Philosophisches Tagebuch* Nr. 508, 583, 878. Das Manuskript zu Teil II ging BERKELEY auf einer Italienreise verloren. Teil III ist wohl durch den Traktat *Über die Bewegung* (teilweise?), Teil II durch den *Alciphron* abgedeckt.

20 Er behauptet, daß es Dinge an sich gebe, diese aber unerkennbar seien.

21 J. BOSWELL, *The Life of Johnson,* London 1876, p. 160 b (chap. 17).

22 So heißt es z. B. in einem Artikel von MANFRED SEILER (*In welcher Welt leben wir?,* in: *Frankfurter Allgemeine Zeitung,* 17. Nov. 1987, Nr. 267, S. L 7): «BERKELEY bestritt den Dingen, die wir wahrnehmen [sic!], ihre reale Existenz». Nach SEILER soll in der esoterischen Mode und im New Age eine BERKELEY-Renaissance zu finden sein. Bei jener Fehlinterpretation und dieser Unterstellung kann man sich nur fragen: «In welcher Welt leben wir?» – Zur langen Geschichte der Versuche, BERKELEYS Immaterialismus zu widerlegen sehe man z. B. die Einleitung zu *Drei Dialoge zwischen Hylas und Philonous,* hrsg. v. W. BREIDERT, Hamburg 1980, S. XXIII ff.

23 Es ist kaum zu glauben, daß BERKELEY nicht von den antiken und mittelalterlichen Diskussionen um die Atomistik, die es ja nicht nur in der Physik, sondern auch in der Mathematik gab, gewußt haben soll.

24 z. B., daß jedem Punkt einer Quadratseite genau ein Punkt der Diagonalen zugeordnet werden kann. LEIBNIZ hat sich bei BERKELEY die Stelle über den Ursprung der Paradoxien angestrichen.

25 LL, p. 50.

26 LL, p. 57.

27 *Arithmetica* (1707), *Essy towards a New Theory of Vision* (1709), *Principles concerning Human Knowledge* (1710), *Passive Obedience* (1712).

28 *Works,* VIII, p. 65 f.

29 JONATHAN SWIFT, *The Correspondence,* ed. F. E. BALL, London 1910–1914, vol. II, p. 247 (zit. n. BEATTIE 1935, p. 400).

30 *Works,* VIII, p. 70

31 Er bezieht den Überschuß der Zahl der männlichen Geburten über die Zahl der weiblichen auf die göttliche Vorsehung, die auf diese Weise das größere Lebensrisiko der Männer ausgleiche. (M. CANTOR, *Vorlesungen über Geschichte der Mathematik,* III, S. 306, 336, 636 f.).

32 M. CANTOR, a.a.O., S. 353 f.

33 LL., p. 62.

34 «... SECKER is decent, RUNDEL has a Heart,/Manners with Candour are to BENSON giv'n,/To BERKELEY, ev'ry Virtue under Heav'n». *Epilogue to the Satires,* Dial. II, 71–73.

35 J. HUGHES, *Letters* (1772), vol. II, pp. 2–3. Zitiert nach LL, p. 3.

36 *Advice to the Tories who have taken the Oaths,* in: Works, VI, pp. 53–59.

37 *Passive Obedience*, in: *Works,* VI, pp. 15–46.

38 ROBERT SMITH (*A Compleat System of Opticks,* Cambridge 1734) beruft sich noch auf diese Beobachtung BERKELEYS.

39 *Works,* VII, p. 325–328.

40 DIODORUS SICULUS, VALERIUS FLACCUS, VERGIL, STATIUS, PLINIUS d.Ä., STRABO, SENECA, JUSTINUS, GELLIUS und CAPACCIO (GIULIO CESARE CAPACCIO, *Incendio di Vesuvio, dialogo.* In: G. C. CAPACCIO: *Il Forastiero. Dialogi.* Napoli 1634. – Ich habe diese Schrift nicht gesehen W. B.).

41 *Works,* VIII, p. 108.

42 *Works,* VIII, p. 105.

43 Brief vom 18.6.1717.

44 *Philos. Tagebuch* Nr. 403, 676f., 739, 754, 853. *Drei Dialoge* III.

45 *Drei Dialoge* III (*Works,* II, p. 245; deutsche Ausgabe S. 120).

46 Das Problem wird bei BERKELEY noch dadurch komplizierter, daß wir, wie er betont, genaugenommen für jeden der Sinne verschiedene Zeiten und Räume annehmen müssen, die ihrerseits erst zu verknüpfen sind.

47 Nr. 829; vgl. Nr. 701, 828.

48 Vgl. I. NEWTON, *Principia mathematica,* L. III, Scholium generale (*Opera,* ed. S. Horsley, Nachdruck Stuttgart-Bad Cannstatt 1964, T. III, p. 171 sq.; deutsch: *Mathematische Prinzipien der Naturlehre,* hrsg. v. J. Ph. Wolfers, Berlin 1872, Nachdr. Darmstadt 1963, S. 508 f.).

49 Nr. 433, vgl. 403.

50 Man sehe dazu A. T. WINTERBOURNE, *Newton's Arguments for Absolute Space,* in: *Archiv für Geschichte der Philosophie* 67 (1985), S. 80–91.

51 Vgl. *Über die Bewegung* § 58.

52 Genauer gesagt: zwei Massepunkte. Denn es darf keine Relation zwischen den Teilen der Kugeln in betracht gezogen werden.

53 *Über die Bewegung* § 59.

54 *British Journal for the Philosophy of Science* 4 (1954), p. 32f. (abgedruckt in *Conjectures and Refutations*, 1963, p. 171 f.).

55 *Philosophisches Tagebuch* Nr. 456. *Über die Bewegung* § 60.

56 *Über die Bewegung* § 62.

57 *Prinzipien der menschlichen Erkenntnis* § 115.

58 Brief an KANT vom 5.8.1790 (*Kants gesammelte Schriften,* hrsg. von der Preuß. Akad. d. Wiss., Bd. 11, Leipzig u. Berlin, 1922, S. 190f.).

59 Möglicherweise wohnte er bei Lord PERCIVAL in Charlton nahe Greenwich.

60 RAND, p. 201.

61 RAND, p. 203–206.

62 Man sehe dazu z. B. seine Beschreibung der Höhle von Dunmore.

63 *Works,* VII, p. 373. Bereits JOHANN GOTTFRIED HERDER hatte das Gedicht, allerdings sehr frei, übertragen. In der letzten Strophe das Reich der Muse durch «Großbritannien» zu ersetzen, wie es die Übersetzerinnen in RUSSELLS *Philosophie des Abendlandes* (3. Aufl. Darmstadt 1954, S. 536) getan haben, ist sicher unzulässig.

64 RAND, p. 236.

65 *Versuch über eine neue Theorie des Sehens, Prinzipien der menschlichen Erkenntnis* und *Drei Dialoge zwischen Hylas und Philonous.*

66 J. STOCK in: G. BERKELEY, *Works,* vol. I, London 1784.

67 RAND, p. 273–274.

68 Der Anklang an «Dean» (Dekan = BERKELEY) ist wohl beabsichtigt. «Dion» hängt zugleich mit griechisch «dios» (göttlich) zusammen.

69 Die Anklänge an «Theagog» (Gottesbeschwörer) und «Theates» (Zuschauer) sind vielleicht beabsichtigt.

70 PERCIVAL wunderte sich, daß ihm BERKELEY nichts von dem neuen Buch berichtet hatte, doch mußte er den Autor erkennen, weil die angehängte Abhandlung über das Sehen in der Ausgabe von 1709 ja ihm selbst, PERCIVAL, gewidmet war.

71 Er lebte 1696–1743. Seine *Remarks* erschienen London 1732 (Ich habe diese Schrift nicht gesehen W. B.).

72 *A Vindication of the Reverend D. B.*

73 *Die Theorie des Sehens oder der visuellen Sprache, die die unmittelbare Gegenwart und Vorstellung einer Gottheit zeigt, verteidigt und erklärt,* Londen 1733. Enthalten in: GEORGE BERKELEY, *Versuch über eine neue Theorie des Sehens,* hrsg. von W. BREIDERT. Hamburg 1987.

74 Deutsche Übersetzung enthalten in SMP.

75 *Vom Unendlichen* (1706), *Versuch über eine neue Theorie des Sehens* (1709, § 116), *Prinzipien der menschlichen Erkenntnis* (1710, §§ 123–132).

76 Deutsche Übersetzung enthalten im SMP.

77 *Works,* IV, p. 56f.

78 *An Enquiry into the Nature of the Human Soul,* 1733.

79 In BAXTERS Buch ist der Abschnitt 2 des zweiten Bandes dem Immaterialismus gewidmet. Die §§ 16f. richten sich gegen §§ 118f. aus BERKELEYS *Prinzipien.*

80 BAXTER, a.a.O., II, p. 278f.

81 Brief No. 193, vgl. LL, p. 199.

82 vor allem bei BOERHAAVE und bei HOMBERG.

83 LL, p. 201.

84 Brief Nr. 219 an PRIOR vom 19. Juni 1744 (*Works,* VIII).

85 Brief Nr. 221 vom 3. Sept. 1744 an PRIOR, publiziert in *Gentleman's Magazine* für Oktober 1744.

86 LL, p. 208.

87 *Works*, VII, p. 380.

88 *Miscellany, containing serveral tracts on various subjects*, Dublin (auch London) 1752. Die Sammlung enthält: *Eine Ode an den Autor von Siris* (von Bischof THOMAS HAYTER). *Bisher unveröffentlichte Gedanken über das Teerwasser. An Essay towards preventing the ruine of Great Britain* (1721). *A Discourse addressed to magistrates and men in authority, occassioned by the enormous license, and irreligion of the times* (1736). *A Word to the Wise: or, an exhortation to the Roman Catholic Clergy of Ireland* (1749). *Maxims concerning Patriotism* (1750). *The Querist* (1735). Das Amerika-Gedicht (Erstveröffentlichung). *A Proposal* (Bermuda-Projekt, 1724), *Eine Predigt vor der Gesellschaft zur Verbreitung des Evangeliums* (1732). *De Motu* (1721).

89 LL, p. 222.

90 J. O. WISDOM, *The Analyst Controversy, Hermathena* 59 (1942), p. 127. A. KULENKAMPFF, *George Berkeley*, München 1987, S. 10.

91 *Works*, vol. IV.

92 z. B. *Works*, IV, p. 177. Die drei ersten Zeilen in der rechten Seite des Schemas (Galea) sind zu ersetzen durch folgende vier Zeilen:

```
      1
   4  3
1  2  7  1  2
5  6  7  1  7  3
```

A.a.O p. 224, *Cuspis quinta*, Zeile 5, 4. Kolonne muß es statt «$c \div a$» heißen «$c \times a$». Zeilen 7, 8, 9 in der 16. Kolonne muß es statt «*b*», «*c*», «*d*» heißen «2», «3», «4».
A.a.O. p. 225, Zeile 8 muß es «$e \times y$» statt «$e + y$» heißen.
A.a.O. p. 226, *Cuspis nona*, Zeile 2 muß es nach dem Gleichheitszeichen statt «$b + y$» heißen «$b \div y$».
A.a.O. p. 227, Zeile 11 muß es «*x*» statt «*f*» heißen.
A.a.O. p. 227, Zeile 4 v. u.: statt «4 + e 4 + e» muß es heißen «4 + a 4 + e».
A.a.O. p. 228. Statt des ersten Randzeichens «*x*» müßte ein «*f*» stehen.
A.a.O. p. 229, Zeile 9 muß es in der letzten Kolonne «4 − *e*» statt «4 − *a*» heißen.
Alle hier erwähnten Fehler finden sich auch schon in den Ausgaben von STOCK (1784, II), WRIGHT (1843) und FRASER (1871, [2]1901). Möglicherweise verstanden die Herausgeber die schematische Darstellung nicht richtig, denn die Randzeichen sind in den früheren Ausgaben, außer der von STOCK, zu dicht an die Gleichungen gesetzt, und die alternativ zu betrachtenden Kolonnen der rechten Gleichungsseiten sind so dicht aneinandergeschrieben, daß man sie auf den ersten Blick geradezu mißverstehen muß.
LUCE dokumentiert sein Desinteresse an BERKELEYS Frühschrift auch dadurch, daß er alle Anmerkungen, die FRASER in seiner Ausgabe machte, wegließ, auch diejenigen, die dazu dienten die Quellen zu belegen. Das Interesse der BERKELEY-Interpreten ist im allgemeinen ebenso gering. Es gibt keine spezielle Arbeit, die dieser BERKELEY-Schrift gewidmet ist. Und dort, wo sie einmal zur Sprache kommt, offenbart sich leicht die Unkenntnis der Interpreten.

93 Vgl. LEIBNIZ in seiner TSCHIRNHAUS-Rezension von 1701 (LBG, p. 513).

94 z. B. wird in Kap. 1 nicht erklärt, *was* eine Zahl ist. In Kap. 2 wird nicht erklärt, *was* eine Summe ist, sondern es wird nur gesagt, *wie* man Zahlen schreibt, und wie man die Summe durch Addition berechnet. Das Divisionsverfahren wird dagegen im einzelnen begründet.

95 Vgl. die Begriffe der Involution und Evolution bei MACLAURIN, M. CANTOR, *Vorlesungen* III, p. 589.

96 Diese Zählweise benutzte auch LEIBNIZ in den *Nouveaux Essais* II, 16, § 6 (LPG V, p. 143 f.).

97 *Works*, IV, p. 213.

98 DECHALES, *Cursus seu mundus mathematicus*, 1. Ausg. Lyon 1674, Tom. III, pp. 765 ff. Dieser Abschnitt ist nicht in der zweiten Ausgabe enthalten!

99 In der Ausgabe von WRIGHT (1843, vol. II, p. 68) fehlen die Mantelflächen.

100 Über ihn ist nichts Näheres bekannt. Vielleicht war er ein Lehrer in Dublin?

101 *Telluris theoria sacra*, Amstelaedami 1694, London 1681, lib. II cap. 5 (besonders p. 95).

102 Der Zusammenhang dieser Neugründung mit der/den obengenannten Gesellschaft(en) ist unklar.

103 s. GEORGE BERKELEY, *Philosophisches Tagebuch*, übers. u. hrsg. v. W. BREIDERT, Hamburg 1979, S. 120–121, Anhang I.

104 *Conciderationes* ... 1694. *Analysis infinitorum* ... 1695.

105 Dazu W. BREIDERT: *JAKOB HERMANNS «Exercitationes» (LEIBNIZ – HERMANN – BERKELEY)*, in: *Archiv für Geschichte der Philosophie 53* (1971), S. 164–168.

106 Zu dieser Einordnung des NIEUWENTIJTschen Buchs s. E. A. FELLMANN: *The ‹Principia› and Continental Mathematicians*, in: *Notes and Records of the Royal Society*, London 42 (1988), p. 26.

107 z. B. LEIBNIZ an VARIGNON am 2. 2. 1702 (LMG IV, p. 92) oder *Nouveaux Essais* L. II, ch. 17, § 5 (LPG V).

108 BERKELEY zitiert die Stelle wörtlich: «nimia scrupulositate arti inveniendi obex ponantur». LEIBNIZ, LMG V, p. 322.

109 Vgl. auch das von LENIN zitierte DIDEROT-Wort, daß der BERKELEYsche Immaterialismus nur Blinden verständlich gemacht werden könne (DIDEROT, *Oeuvres complètes*, éd. J. Assézat, Paris 1875, vol. I, p. 304; zit. bei LENIN, *Materialismus und Empiriokritizismus*, Berlin ²1952, p. 25.

110 In: *Schriften und Briefe*, hrsg. von W. PROMIES, Bd. 1. München 1968, S. 9 (= Heft A, Nr. 1). Ich verdanke meine Kenntnis dieser Stelle HORST ZEHE.

111 im Vorwort zu seinen *Grundgesetzen der Arithmetik*, Bd. I, Jena 1893, Nachdr. Darmstadt 1962, S. XII.

112 *De primae philosophiae emendatione, et de notione substantiae* (LPG, IV, p. 468).

113 Der Atheismus der Mathematiker ist ein Thema seiner Zeit. Man sehe z. B. STÜBNERS Artikel *Untersuchung der Frage, ob die Mathematici die größten Atheisten sind?* Belustigungen des Verstandes und des Witzes, Leipzig, Heumonat 1743, S. 9–21.

114 *Eine an einen ungläubigen Mathematiker gerichtete Abhandlung, in der geprüft wird, ob der Gegenstand, die Prinzipien und die Folgerungen der modernen Analysis deutlicher erfaßt und klarer hergeleitet sind als religiöse Geheimnisse und Glaubenssätze.*

115 «Zieh erst den Balken aus deinem eigenen Auge, dann wirst du klar genug sehen, um das Stäubchen aus deines Bruders Auge zu entfernen». *Matth.* 7, 5.

116 BERKELEY, *A Defence of Free-Thinking* § 7 (SMP, p. 147).

117 «His death was very heroical, and yet unaffected enough to have made a saint or philosopher famous». (*Dictionary of National Biography*, Artikel «Garth»).

118 *Works*, IV, p. 56f.

119 Später versuchte STEPHAN JORDAN RIGAUD (*Defence of Halley against the charge of religious infidelity*. 1844) HALLEY gegen den Vorwurf der Ungläubigkeit zu verteidigen (*Works*, IV, 57).

120 H. WUSSING, *Vorlesungen zur Geschichte der Mathematik*, Berlin 1979, p. 199f.

121 *Erste Analytik*, B 2 (53b 26ff.). Z. B.:
Jeder Mensch ist ein Stein.
Jeder Kiesel ist ein Mensch.
Also: Jeder Kiesel ist ein Stein.

122 *Die Quadratur der Parabel* § 2, in: ARCHIMEDES, *Werke*, übers. u. hrsg. v. A. CZWALINA, Darmstadt 1963.

123 *An Introduction to the Doctrine of Fluxions*, London 1736, p. 49.

124 *Analyst* § 8.

125 A.a.O., p. 9.

126 A.a.O., p. 45–48.

127 z. B. im Briefwechsel mit MALEBRANCHE (LPG, I, p. 341, 351).

128 *Über das algebraische Spiel*, in: *Miscellanea mathematica*.

129 BAYES, a.a.O., p. 48.

130 Die Spannung zwischen NEWTON und HALLEY in religiösen Dingen wird deutlich in der Episode, in der HALLEY sich einen Scherz über theologische Diskussionen erlaubte, aber von NEWTON zurechtgewiesen wurde: «Ich habe diese Dinge studiert, sie nicht!» (E. MACH, *Die Mechanik*, 9. Aufl., Leipzig 1933, S. 431).

131 LMG, III, p. 83.

132 BAYES verweist auf die Fragen 15, 38, 56 und 57.

133 «Wahrheitsfreund aus Cambridge».

134 *Geometry no Friend to Infidelity: or, A Defence of Sir Isaac Newton and the British Mathematicians, in a Letter to the Author of the Analyst. Wherein it is examined How far the Conduct of such Divines as intermix the Interest of Religion with their private Disputes and Passions, and allow neither Learning nor Reason to those they differ from, is of Honour or Service to Christianity, or agreeable to the Example of our Blessed Saviour and his Apostles.*

135 J. JURIN, *Geometry no Friend to Infidelity,* London 1734, p. 46.

136 *A Vindication of Sir Isaac Newton's Principles of Fluxions, against the objections contained in the Analyst.*

137 A.a.O., p. 8.

138 *A Defence of Free-Thinking in Mathematics,* Dublin (auch London) 1735.

139 A.a.O. § 26.

140 *The Minute Mathematician: or, The Free-Thinker no Just-Thinker ...,* London 1735.

141 *The Catechism of the Author of the Minute Philosopher Fully Answer'd,* Dublin (auch London) 1735.

142 A.a.O. p. 20, 25.

143 Die Bedeutung von «P.T.P.» ist nicht bekannt. BERKELEY verwendet jedenfalls die Anrede «Sir», so daß ein einzelner Herr gemeint ist. Die von LUCE angestellte Vermutung, daß THOMAS PRIOR gemeint sein könne, ist allzu vage, solange das erste «P» nicht erklärt ist. Vielleicht handelt es sich um eine Abkürzung für «Philosophical Transactions Publisher»?

144 So F. CAJORI, *A History of the Conceptions of Limits and Fluxions,* Chicago – London 1919, p. 87. Ich habe die zweite Auflage von WALTONS Buch nicht gesehen.

145 *Considerations upon some passages in two Letters to the Author of the Analyst.*

146 A.a.O. p. 371.

147 Siehe Literaturverzeichnis unter JURIN und ROBINS.

148 Ab 1737 erschien *The Present State of the Republick of Letters* fusioniert mit einer anderen Zeitschrift unter dem neuen Namen *The History of the Works of the Learned.*

149 J. SMITH, *A New Treatise of Fluxions,* London 1737, p. 22f.

150 A.a.O., p. 25.

151 A.a.O., p. 28, 30.

152 A.a.O., p. 39f., 45f.

153 A.a.O., p. 23.

154 FRIEDRICH ENGEL, *Der Geschmack in der neueren Mathematik,* Leipzig 1890, Nachdruck in: *Leipziger mathematische Antrittsvorlesungen,* hrsg. von H. BECKERT u. W. PURKERT, Leipzig 1987 (Teubner-Archiv zur Mathematik, Bd. 8), S. 58–79.

155 A.a.O., S. 60.

156 Vermutlich ist JOHN FRANK gemeint, von dem man keine anderen Werke als eine Leichenpredigt kennt.

157 I, 1, 119–148.

158 Ein obskurer jüdischer Gelehrter.

159 *The Harmony of the Ancient and Modern Geometry*, London 1745. – Das Buch ist dem Präsidenten der Royal Society, MARTIN FOLKES, gewidmet, woraus man aber kaum auf eine besonders enge persönliche Beziehung zwischen PAMAN und FOLKES schließen kann, denn FOLKES wurden viele Bücher aufgrund seines Amtes gewidmet.

160 Ähnliches gilt in Bezug auf die nichteuklidische Geometrie bei THOMAS REID. Ähnliches gilt auch in Bezug auf die RUSSELLsche Mengenantinomie, die in KANTS und HEGELS Dialektik schon angelegt war.

161 Das Pseudonym, unter dem der *Analyst* erschien, war ja kein wirklicher Deckname.

162 J. WILSON, in: B. ROBINS. *Mathematical Tracts*, vol. II, London 1761, p. 159. – G. A. GIBSON, *Review*, in: *Proceedings of the Edinburgh Mathematical Society* 17 (1898/99), p. 12 u. 21.

163 G. A. JOHNSTON, *The Development of Berkeley's Philosophy*, London 1923, p. 264–266.

164 Über den Kegel und den Zylinder, die derselben Kugel umbeschrieben sind.

165 *Essay on the conduct of understanding* § 7.

166 BERKELEY bezieht sich hier auf die Zusätze, die JOHN PELL der englischen Übersetzung der *Algebra* von J. H. RAHN anfügte. PELL erfand das – auch von BERKELEY gebrauchte – Divisionszeichen ÷. Der Kuriosität wegen sei erwähnt, daß WRIGHT (*Works*, 1843, II) meinte, «Pellii» komme von lateinisch «pellis» (Haut, Pergament).

167 *Philosophical Transactions* vol. 21 (1699), pp. 359–365: *A Calculation of the Credibility of Human Testimony*. Fragen zur Statistik und Wahrscheinlichkeit waren BERKELEY also schon vor seiner Begegnung mit ARBUTHNOT bekannt.

168 BERKELEY verweist auf den *Essay upon the Gardens of Epicurus* von WILLIAM TEMPLE. Dort heißt es (1686) u. a. «More than this, I know no advantage mankind has gained by the progress of natural philosophy, during so many ages it has had vogue in the world, excepting always and very justly what we owe to the Mathematics, which is in a manner all that seems valuable among the civilised nations, more than those we call barbarians, whether they are so or no, or more so than ourselves». Zit. n. G. BERKELEY, *Works*, ed. A. C. FRASER, IV, Oxford 1901, p. 60.

169 *Advancement of Learning*, B. II, 8, 2; *De Augmentis* VI, 4.

170 Es ist bemerkenswert, daß die Algebra deswegen von BERKELEY gelobt wird.

171 Es ist nicht klar auf welche Stelle sich BERKELEY bezieht, aber SAINT EVREMOND [= MARGUETEL] hatte u. a. geschrieben: «In Wahrheit hat die Mathematik viel mehr Sicherheit, aber wenn ich an die tiefsinnigen Überlegungen denke, die sie betreibt, und wie sie einen vom Handeln und von den Vergnügungen wegzieht, um einen ganz und gar mit Beschlag zu belegen, scheinen mir ihre Beweise wohl teuer, und man muß eine starke Liebe zu einer Wahrheit besitzen, um für diesen Preis zu forschen. Man sagt mir, wir hätten wenig Annehmlichkeiten im Leben, wenig Schönes, was wir nicht ihr zu verdanken hätten. Ich will es Ihnen offen gestehen: Es gibt kein Lob, das ich den großen Mathematikern verweigere, wenn ich nur selbst keiner sein muß. Ich bewundere ihre Erfindungen und die Werke, die sie hervorbringen, aber ich meine, für Leute mit gesundem Menschenverstand genügt es zu wissen, wie man die Mathematik richtig anwendet, denn ehrlich gesagt: Wir haben ein stärkeres Interesse, die Welt zu genießen, als sie zu erkennen».

172 BERKELEY beschränkt sich auf je drei Gleichungen, obwohl nach den Spielregeln oft vier aufzustellen sind. Auch kommen nach den ursprünglichen Spielregeln nicht bei jeder Spitze alle vier Zeichen f, s, d und x in Frage. Bei der zweiten bis zur vierten Spitze gibt es Triviallösungen $a = e = y = 0$.

173 *Principia mathematica*, in: *Opera*, ed. S. HORSLEY, vol. III, London 1782, Nachdr. Stuttgart – Bad Cannstatt 1964, p. 53, in der deutschen Übersetzung bei WOLFERS S. 412; auch in *De mundi systemate* § 41, *Opera*, ibid., p. 204.

174 *Works*, IV, 257–264.

175 Der Autor des anonym erschienenen Buches ist PIERRE PERRAULT. Die Beschreibung der Höhlen von Arcy stehen pp. 273–287. Das Buch erschien auch in *Oeuvres diverses de physique et de méchanique de Claude et Pierre Perrault* (Leiden 1721, Amsterdam 1727). Man sehe dazu CHRISTIAN HUYGENS, *Oeuvres complètes*, publ. par la Société Hollandaise des Sciences, t.VII, La Haye 1897, p. 287f., 297f.

176 A.a.O., p. 278: «enfin l'on y voit les ressemblances de tout ce qu'on peut imaginer, soit d'hommes, d'animaux, de poissons, de fruits, etc.» BERKELEY zitiert französisch und übersetzt ins Englische.

177 Ursprünglich hatte BERKELEY geschrieben: «in der Begleitung von einigen anderen Schülern nur aus einer kindlichen Laune heraus».

178 Ursprünglich hatte BERKELEY geschrieben: «mein Vater».

179 «Blearings of a candle». Das *Oxfort Dictionary* gibt als Beleg für das Vorkommen dieses Ausdrucks nur diese Stelle an.

180 *Philosophical Transactions*, Oct. 1717 (*Works*, IV, pp. 247–250).

181 D.h. Dr. med. und Sekretär der Royal Society.

182 Diese Angabe ist merkwürdig ungenau.

183 = Mufiti, ein kleiner Ort in der Nähe von Frigento (Campania).

184 G. A. BORELLI, *Historia et meteorologia incendii Aetnaei anni 1669*. Regio Julio 1670, cap. 13.

185 *Works*, VII, p. 325f.

186 G.A. Borelli, *Historia* ..., p. 87.

187 Berkeley hat immer Wert darauf gelegt, daß es mit seinem Prinzip («Sein ist Wahrgenommenwerden») verträglich ist, daß es auch vor der Wahrnehmung durch den Menschen schon veränderliche Dinge gab (vgl. sein *Philosophisches Tagebuch* Nr. 60 und 723).

188 s. Anm. 40.

189 Das Zitat ist nicht ganz wörtlich aus Seneca entnommen.

190 John Fothergill (1712–1780), Londoner Arzt und Naturwissenschaftler, Mitglied der Royal Society, war stark an botanischem Gartenbau interessiert. Er hat in den *Philosophical Transactions* sechs Beiträge publiziert, u. a. einen über den Ursprung des Bernsteins (1744), auf den sich Berkeley bezieht. Nach Luce gehören die beiden folgenden Briefe an Prior und Fothergill zusammen, da sie so in den *Philosophical Transactions* erschienen, und weil Simon sie auch offensichtlich beide gesehen hat, denn er bemerkt in einer Fußnote über den Brief an Fothergill, dieser bestätige, «was der Bischof behauptet». (*Works*, IV, p. 253).

191 Es ist unklar, um welchen ungarischen Badeort es sich handelt.

192 «Terraqueous globe» bezeichnet den von Erde und Wasser gebildeten Teil des Globus.

193 «Tartary» bezeichnet den ehemals von Tartaren besetzten Bereich, also Osteuropa und Asien bis zum Pazifik.

194 «Osteocolla»: Ablagerungskrusten von $CaCO_3$ auf Baumwurzeln und Holzstämmen.

195 Berkeley hielt sich wahrscheinlich kurz in Dublin auf, um dem Vizekönig in Irland seine Aufwartung zu machen.

196 *Gentleman's Magazine*, vol. 20, April 1750, p. 166 (*Works*, IV, p. 255–256).

197 *Works*, VII, p. 387ff. – Der Sohn hatte sich offenbar kritisch über den verstorbenen Vater geäußert.

198 Diese Haltung lag auch Berkeleys Teerwasserunternehmung zugrunde.

199 Berkeleys Bruder Thomas wurde 1726 wegen Bigamie zum Tode verurteilt. Ob er hingerichtet wurde, weiß man nicht (LL, p. 27). In einem Brief vom 3.9.1726 an Prior (*Works*, VIII, p. 166) äußert sich Berkeley ohne jede Nachsicht über seinen Bruder. Er zahlte zwar Kosten, die ohne sein Wissen im Zusammenhang mit dem Prozeß gegen seinen Bruder entstanden waren, jedoch mit der Bemerkung: «... wenn ich davon gewußt hätte, hätte ich nicht einmal die Hälfte der Summe ausgegeben, um diesen Schurken vorm Galgen zu retten». Anne legt hier also eine Schwäche ihres sonst so tadellosen Mannes bloß.

200 Mit dieser Formulierung spielt Anne auf den *Analyst* an.

201 Gemeint ist das Bermuda-Projekt.

202 Vgl. *Prinzipien* § 51.

203 Den Rest des Briefes hat Luce nicht wiedergegeben, weil er allgemein sei und nichts zum Berkeley-Bild liefere.

Literaturverzeichnis

Schriften Berkeleys

The Works, ed. A. A. Luce and T. E. Jessop, 9 vols. Edinburgh 1948–1957. (Reprinted 1964).

The Works, ed. Joseph Stock, 2 vols. London (auch Dublin) 1784.

The Works, ed. G. N. Wright. 2 vols., London 1843.

The Works, ed. George Sampson, with a biographical introduction by A. J. Balfour. Vol. I. London 1897.

The Works, ed. A. C. Fraser, 4 vols. Oxford 1871. [2]1901. (Beide Ausgaben unterscheiden sich stark.)

Arithmetica absque Algebra aut Euclide demonstrata. Cui accesserunt, cogitata nonnulla de Radicibus Surdis, de Aestu Aeris, de Ludo Algebraico, etc. Autore **** Art. Bac. Trin. Col. Dub. Londini 1707 [1. Ausgabe von 1707].

The Analyst; or, a Discourse adressed to an Infidel Mathematician ... by the Author of *The Minute Philosopher*. London 1734.

A Defence of Free-Thinking in Mathematics. In Answer to a Pamphlet of Philalethes Cantabrigiensis, intituled, *Geometry no Friend to Infidelity, or a Defence of Sir Isaac Newton, and the British Mathematicians*. Also an Appendix concerning Mr. Walton's Vindication of the Principles of Fluxions against the Objections contained in the Analyst. By the Author of *The Minute Philosopher*. London 1735.

Reasons for not Replying to Mr. Walton's Full Answer in a Letter to P.T.P. By the Author of the Minute Philosopher. Dublin 1735.

Berkeley's Commonplace Book, ed. with Introduction, Notes and Index by G. A. Johnston. London 1930.

L'Analyste, trad. par A. Leroy. Paris 1936.

Schriften über die Grundlagen der Mathematik und Physik, übers. u. hrsg. von W. Breidert, Frankfurt a. M. 1969 und 1985.

Philosophisches Tagebuch (*Philosophical Commentaries*), übers. u. hrsg. von W. Breidert. Hamburg 1979.

Drei Dialoge zwischen Hylas und Philonous, übers. von Raoul Richter, hrsg. von W. Breidert. Hamburg 1980.

Versuch über eine neue Theorie des Sehens und Die Theorie des Sehens oder der visuellen Sprache ... verteidigt und erklärt. Übers. u. hrsg. von W. Breidert unter Mitwirkung von H. Zehe. Hamburg 1987.

Schriften anderer Autoren

AARON, R. I.: *A Catalogue of Berkeley's Library*. Mind 41 (1932), pp. 465–475.

AITKEN, GEORGE A.: *The Life and Works of John Arbuthnot* (1892). Reissued New York 1968.

D'ALEMBERT, JEAN LE ROND: «*Différentiel*». In: *Encyclopédie* ed. par D. Diderot et J. le Rond d'Alembert, Tome IV, Paris 1754, Nachdruck Stuttgart – Bad Cannstatt 1966, pp. 985–989.

(ANONYM:) (Plate:) *A Prospect of Mount Vesuvius with its Irruption in 1630 – References to the Plate of Mount Vesuvius*. In: *The Gentleman's Magazine*, vol. 20 for the year 1750 (April), pp. 161–162 and Plate.

(ANONYM:) *A Calculation of the Credibility of Human Testimony*. Philosophical Transactions 21 (1699), No. 257, pp. 359–365.

(ANONYM:) *Der Infinitesimal=Calcul, in einer neuen analytischen Form – In einem Briefe dargestellt*. (Hindenburgs) Archiv der reinen und angewandten Mathematik, 1800, S. 285–318.

ARBUTHNOT, JOHN: *Of the Laws of Chance, or, a method of calculation of the hazards game* (etc.) [Mainly translated by Dr. John Arbuthnot from the «De ratiociniis in ludo aleae» by Christian Huygens]. London 1692, ^{2}1714.

ARCHIBALD, R. C.: *Bibliography of George Berkeley*. Scripta mathematica 3 (1935), pp. 81–83 [Rezension zur Berkeley-Bibliographie von Jessop].

ASHE, GEORGE: *A new and easy way of demonstrating some propositions in Euclide*. Philosophical Transactions 14 (1684), No. 162, pp. 672–676.

BAKER, JOHN TULL: *An Historical and Critical Examination of English Space and Time Theories From Henry More to Bishop Berkeley*. (Ph. D. Diss. Columbia Univ.) Bronxville, N.Y. 1930.

BAUMANN, JOHANN JULIUS: *Die Lehren von Raum, Zeit und Mathematik in der neueren Philosophie nach ihrem ganzen Einfluß dargestellt und beurteilt*. Bd. II, Berlin 1869. [bes. S. 348–480].

BAXTER, ANDREW: *An Enquiry into the Nature of the Human Soul; wherein the Immateriality of the Soul is evinced from the Principles of Reason and Philosophy*. (1. Ausgabe London 1733, benutzt wurde:) The third edition, 2 vols. London 1745.

BAYES, THOMAS: *An Introduction to the Doctrine of Fluxions, and Defence of the Mathematicians against the Objections of the Author of the Analyst, so far as they are designed to affect their general Methods of Reasoning*. London 1736.

BEATTIE, LESTER M.: *John Arbuthnot – Mathematician and Satirist*. Cambridge, Mass. 1935.

BERMAN, DAVID: *George Berkeley:* Irish Idealist. Bulletin of the Department of Foreign Affairs, Number 1019, Dublin 1985, pp. 4–7.

BERMAN, DAVID: *Berkeley's Philosophical Reception after America*. Archiv für Geschichte der Philosophie 62 (1980), S. 311–320.

BLAKE, FRANCIS: *An Explanation of Fluxions in a Short Essay on the Theory*. London 1741. [Habe ich nicht gesehen. W. B.]

Blay, Michel: *Deux moments de la critique du calcul infinitésimal: Michel Rolle et George Berkeley*. Revue d'Histoire des Sciences 39 (1985), pp. 223–253.

Boerhaave, Hermann: *Elementa chemiae, Oder: Anfangsgründe der Chymie*. Leipzig 1753.

Borelli, Giovanni Alphonso: *Historia et meteorologia incendii Aetnaei anni 1669. Accessit Responsio ad censuras Rev. P. Honorati Fabri contra librum Auctoris De vi percussionis*. Regio Julio 1670.

Borelli, Giovanni Alphonso: *De vi percussionis et notionibus naturalibus a gravitate pendentibus*. Lugduni Batavorum 1686.

Bourbaki, Nicolas: *Elemente der Mathematikgeschichte*. Göttingen 1971.

Boyer, C. Benjamin: *The Concepts of the Calculus. A Critical and Historical Discussion of the Derivative and the Integral*. New York 1939. Nachdruck unter dem Titel: *The History of the Calculus and its Conceptual Development*. New York 1959.

Bracken, Harry M.: *The early reception of Berkeley's immaterialism 1710–1733*. The Hague ^{2}1965.

Breidert, Wolfgang: *Berkeley's «De Ludo Algebraico» and Notebook B*. Berkeley Newsletter, No. 9 (1986), pp. 12–14.

Breidert, Wolfgang: *Berkeleys Kritik an der Infinitesimalrechnung*. In: *300 Jahre «Nova Methodus» von G. W. Leibniz* (1684–1984), Symposion der Leibniz-Gesellschaft 1984, hrsg. von Albert Heinekamp, Studia Leibnitiana, Sonderheft 14, Stuttgart 1986, pp. 185–190.

Breidert, Wolfgang: *On the Early Reception of Berkeley in Germany*. In: E. Sosa (Ed.), *Essays on the Philosophy of George Berkeley*. Dordrecht 1987, pp. 231–241.

British Plutarch s. Goldsmith, Oliver

Burnet, Thomas: *Telluris theoria sacra, originem et mutationes generales orbis nostri, quas aut jam subiit, aut olim subiturus est, complectens*. Londini 1681, Amstelaedami 1694.

Cajori, Florian: *Discussion of Fluxions from Berkeley to Woodhouse*. American Mathematical Monthly 24 (1917), pp. 145–154.

Cajori, Florian: *A History of the Conceptions of Limits and Fluxions in Great Britain from Newton to Woodhouse*. Chicago – London 1919.

Cajori, Florian: *Indivisibles and «Ghosts of departed quantities» in the history of mathematics*. Scientia (Rivista di scienza) 37 (1925), pp. 301–306.

Cantor, G. N.: *Berkeley, Reid, and the Mathematization of Mid-Eighteenth-Century Optics*. Journal of the History of Ideas 38 (1977), pp. 429–488.

Cantor, Geoffrey: *Berkeley's The Analyst Revisited*. Isis 75 (1984), pp. 668–683.

Cantor, Moritz: *Vorlesungen über Geschichte der Mathematik*. Bd. I ^{3}1907, Bd. II ^{2}1900, Bd. III ^{2}1901, Bd. IV ^{1}1908, Nachdruck New York-Stuttgart 1965.

Carnot, Lazare Nicolas Marguerite: *Réflexions sur la métaphysique du calcul infinitésimal*. Tomes I + II, Paris 1921.

CARNOT, LAZARE NICOLAS MARGUERITE: *Betrachtungen über die Theorie der Infinitesimalrechnung*. Übers., und mit Anmerkungen und Zusätzen begleitet von Johann Karl Friedrich Hauff. Frankfurt a.M. 1800.

CASSIRER, ERICH: *Berkeleys System*. Gießen 1914.

CAUCHY, AUGUSTIN: *Oeuvres complètes*. Paris 1882–1974. IIe Série, Tome 4, Paris 1899.

CINTA BADILLO, Mª. DE LA: *George Berkeley*. Gaceta matematica 4 (1952), pp. 233–235.

CLAUSSEN, F.: *Kritische Darstellung der Lehren Berkeley's über Mathematik und Naturwissenschaften*. Diss. Halle 1889.

COLSON, J. s. NEWTON.

DECHALES, CLAUDE FRANCOIS MILLIET: *Cursus seu mundus mathematicus*. (3 Bde.) Lyon [1]1674.

DECHALES, CLAUDE FRANCOIS MILLIET: *Cursus seu mundus mathematicus. Editio altera ... opera et studio Amati Varcin*. (4 Bde.) Lyon 1690.

DE MORGAN, AUGUSTUS: *On the Early History of Infinitesimals in England*. The London, Edinburgh and Dublin Philosophical Magazine and Journal of Science 4 (1852), pp. 321–330.

DEVAUX, PH.: *Berkeley et les mathématiques*. Revue internationale de philosophie 7 (1953), pp. 101–133.

EVANS, W. D.: *Berkeley and Newton*. The Mathematical Gazette 7 (1914), pp. 418–421.

FELLMANN, E. A.: *The «Principia» and Continental Mathematicians*. Notes and Records of the Royal Society London 42 (1988), pp. 13–34.

FIORENTINO, NICCOLA: *Saggio sulle quantità infinitesime e sulle forze vive e morte*. (o.O., o.J., Bari 1782).

FRASER, ALEXANDER CAMPBELL: *Life and Letters of George Berkeley and an Account of his Philosophy*. Oxford 1871 (=George Berkeley: *Works*, ed. A. C. Fraser. Oxford 1871, vol. IV).

FREYER, PAUL: *Studien zur Metaphysik der Differentialrechnung*. Nordhausen 1883 (Jahresbericht der Königl. Klosterschule zu Ilfeld 1882/83).

FULLERTON, GEORGE STUART: *The doctrine of space and time*. Philosophical Review 10 (1901), pp. 375–385.

GENT, WERNER: *Die Philosophie des Raumes und der Zeit*. Bonn 1926.

GIBSON, GEORGE A.: *Vorlesungen über Geschichte der Mathematik von Moritz Cantor. Dritter Band, Dritte Abteilung. A Review: with special reference to the Analyst Controversy*. Proceedings of the Edinburgh Mathematical Society 17 (1898/99), pp. 9–32.

GIBSON, GEORGE. A.: *Berkeley's Analyst and its critics: an episode in the development of the doctrine of limits*. Bibliotheca mathematica N. F. 13 (1899), pp. 65–70.

GILLISPIE, CHARLES COULSTON: *Lazare Carnot Savant. A monograph treating Carnot's scientific work, with facsimile reproduction of his unpublished wri-*

tings on mechanics and on the calculus, and an essay concerning the latter by A. P. Youschkevitch. Princeton 1971.

GOLDSMITH, OLIVER: *The Life of George Berkeley.* In: *The British Plutarch,* vol. 12, London 1762, pp. 160–171.

GRATTAN-GUINNESS, IVOR: *Berkeley's Criticism of the Calculus as a Study in the Theory of Limits.* Janus 56 (1969), pp. 215–227.

HANNA, JOHN: *Some Remarks on Mr. Walton's Appendix which he wrote in Reply to the Author of The Minute Philosopher [i.e Berkeley]; concerning motion and velocity.* Dublin 1736.

HARDMAN, EDWARD: *On the New Deposits of Human and other Bones, discovered in the Cave of Dunmore, Co. Kilkenny.* Proceedings of the Royal Irish Academy, Second Series, vol. II (=consecutive series vol. 12), Dublin 1875–77, pp. 168–176 + Plate 18.

HODGSON, J.: *The Doctrine of Fluxions, founded on Sir Isaac Newton's Method, Published by Himself in his Tract upon the Quadrature of Curves.* London 1736.

HOERNLE, R.-F. A.: *Berkeley as Fore-runner of Recent Philosophy of Physics.* In: *Congrès des Sociétés Philosophiques VI, Communications et Discussions.* Paris 1924, pp. 299–309.

HOOYKAAS, R.: *Das Verhältnis von Physik und Mechanik in historischer Hinsicht.* Wiesbaden 1963.

LAMY, BERNARD: *Ouvrages de mathématique.* Tome I: *Les élémens des mathématiques, ou le traité de la grandeur en general, qui comprend l'arithmetique, l'algebre, et l'analyse.* Cinquième édition, revue et augmentée. Amsterdam 1734.

L'HOSPITAL, G. F. Marquis DE: *Analyse des infiniment petits, pour l'intelligence des lignes courbes.* Paris 1696.

L'HUILIER, SIMON: *Principiorum calculi differentialis et integralis expositio elementaris.* Tubingae 1795.

JAMMER, MAX: *Concepts of Force: A Study in the Foundations of Dynamics.* Cambridge, Mass. 1957.

JESSEPH, DOUGLAS MICHAEL: *Berkeley's Philosophy of Mathematics.* Ph. D. Diss. Princeton University 1987.

JOHNSTON, G. A.: *The Influence of Mathematical Conceptions on Berkeley's Philosophy.* Mind N.S. 25 (1916), pp. 177–192.

JOHNSTON, G. A.: *The Development of Berkeley's Philosophy.* London 1923, Nachdruck New York 1965.

JOHNSTON, G. A.: *Berkeley's Logic of Mathematics.* The Monist 28 (1928), pp. 25–45.

JOHNSTON, G. A.: s. BERKELEY (1930).

JOHNSTON, SWIFT P.: *An Unpublished Essay by Berkeley (Of Infinites).* Hermathena 26 (1900), pp. 180–185.

JOURDAIN, PHILIP E. B.: *Mathematicians and Philosophers.* The Monist 25 (1915), pp. 633–638.

JURIN, JAMES: *Geometry no Friend to Infidelity: or, a Defence of Sir Isaac Newton and the British Mathematicians, in a Letter to the Author of the Analyst. By Philalethes Cantabrigiensis.* London 1734.

JURIN, JAMES: *The Minute Mathematician: or, the free-Thinker no Just-Thinker. Set forth in a Second Letter to the Author of the Analyst; Containing a Defence of Sir Isaac Newton and the British Mathematicians against a late Pamphlet, entituled, A Defence of Free-Thinking in Mathematics. By Philalethes Cantabrigiensis.* London 1735.

JURIN, JAMES: *Considerations upon some passages contained in two Letters to the Author of the «Analyst», written in defence of Sir Isaac Newton, and the British Mathematicians. By Philalethes Cantabrigiensis.* The Present State of the Republick of Letters 16 (Nov. 1735), pp. 369–396.

JURIN, JAMES: *Considerations occasioned by a Paper in the last Republick of Letters, concerning some late Objections against the Doctrine of Fluxions, and the different Methods that have been taken to obviate them. By Philalethes Cantabrigiensis.* The Present State of the Republick of Letters 17 (Jan. 1736), pp. 72–91.

JURIN, JAMES: *Considerations upon some passages of a Dissertation concerning the Doctrine of Fluxions, published by Mr. Robins in the Republick of Letters for April last. By Philalethes Cantabrigiensis.* The Present State of the Republik of Letters 17 (July 1736), pp. 45–82.

JURIN, JAMES: *The Remainder of the Paper begun in our last, entituled, Considerations upon some passages of a Dissertation concerning the Doctrine of Fluxions, published by Mr. Robins in the Republick of Letters for April last. By Philalethes Cantabrigiensis.* The Present State of the Republick of Letters 17 (August 1736), pp. 111–180.

JURIN, JAMES: *The Contents of Dr. Pemberton's Observations published the last Month.* The History of the Works of the Learned 1737 (March), pp. 230–239.

JURIN, JAMES: *A Reply to Dr. Pemberton's Observations published in the History of the Works of the Learned for the Month of April.* The History of the Works of the Learned 1737 (May), pp. 385–397.

JURIN, JAMES: *A Reply to Dr. Pemberton's Observations published in the History of the Works of the Learned for the Month of June.* The History of the Works of the Learned 1737 (July), pp. 66–79.

JURIN, JAMES: [Redaktionsbemerkung:] *We are desired to reprint the following, being the Conclusion and Postscript to the last Reply of Philalethes Cantabrigiensis to Dr. Pemberton, published in our History for July.* The History of the Works of the Learned 1737 (September), pp. 235–236.

KEYNES, GEOFFREY: *Samuel Johnson and Bishop Berkeley.* The Book Collector 1981, pp. 177–181.

KULENKAMPFF, AREND: *George Berkeley.* München 1987.

LECHLER, G. V.: *Geschichte des englischen Deismus.* Nachdruck der Ausgabe Stuttgart-Tübingen 1841. Mit einem Vorwort und bibliographischen Hinweisen von G. Gawlick. Hildesheim 1965.

Leibniz, Gottfried Wilhelm: *Der Briefwechsel ... mit Mathematikern.* Berlin 1899, Nachdruck Hildesheim 1962. Abkürzung: LBG.

Leibniz, Gottfried Wilhelm: *Mathematische Schriften.* Hrsg. v. C. I. Gerhardt. 7 Bde. Halle 1849–1863, Nachdruck Hildesheim 1962. Abkürzung: LMG.

Leibniz, Gottfried Wilhelm: *Die philosophischen Schriften.* Hrsg. v. C. I. Gerhardt. 7 Bde. Berlin 1875–1890, Nachdruck Hildesheim 1965. Abkürzung: LPG.

Leibniz, Gottfried Wilhelm: *Hauptschriften zur Grundlegung der Philosophie.* Übers. v. A. Buchenau, hrsg. v. E. Cassirer. 2 Bde. 3. Aufl. Hamburg 1966.

Leroy, André-Louis: *Valeur exemplaire des erreurs mathématiques de Berkeley.* Revue de Synthèse, 3.sér., tome 77 (1956), pp. 155–169.

Locke, John: *Works.* London 1823, Nachdruck Aalen 1963.

Lokken, Roy N.: *Discussions on Newton's Infinitesimals in Eighteenth-Century Anglo-America.* Historia mathematica 7 (1980), pp. 142–155.

de Lorenzo, Javier: *Pascal y los indivisibles. Theoria 1 (1985),* pp. 87–120.

Luino, Francesco: *Oggetto e principj del metodo flussionario.* Milano 1770.

Maclaurin, Colin: *A Treatise of Fluxions in Two Books.* Edinburgh 1742. (Benutzt wurde die französische Ausgabe: *Traité des Fluxions,* trad. par R. P. Pezenas. Paris 1749.)

Marguetel de Saint Denis de Saint-Évremond, Charles de: *Textes choisis. Introduction et Notes par Alain Niderst.* Paris 1970.

Martin, Benjamin: *Pangeometria; or the Elements of all Geometry.* London 1739.

McDowell, R. B. and Webb, D. A.: *Trinity College Dublin 1592–1952. With a foreword by F. S. L. Lyons.* Cambridge etc. 1982.

Mead, Richard: *De imperio solis ac lunae in corpora humana et morbis inde oriundis.* London 1704.

Meyer, E.: *Humes und Berkeleys Philosophie der Mathematik vergleichend und kritisch dargestellt.* Halle 1894. Nachdruck Hildesheim/New York 1980.

Montucla, J.-F.: *Histoire des Mathématiques.* T. II. Paris 1758.

More, Henry: *Opera omnia.* II, 1. Londini 1679, Nachdruck Hildesheim 1966.

Moscovici, Serge: *Torricelli's «Lezioni Accademiche» and Galileo's theory of percussion,* in: *Galileo, Man of Science,* ed. by Ernan McMullin. New York-London 1967, pp. 432–448.

Muller, J.: *A Mathematical Treatise: Containing a System of Conic-Sections; with the Doctrine of Fluxions and Fluents, applied to various Subjects.* London 1736.

Newton, Isaac: *Opera quae exstant omnia,* ed. Samuel Horsley, 5 vols. London 1779–1785, Nachdruck Stuttgart-Bad Cannstatt 1964.

Newton, Isaac: *The Method of Fluxions and Infinite Series; with its Application to the Geometry of Curve-Lines. Transl. from Latin. To which is subjoined, A perpetual Comment upon the Whole Work.* By J. Colson. London 1736.

NEWTON, ISAAC: *Abhandlung über die Quadratur der Kurven (1704)*. Übers. u. hrsg. v. G. Kowalewski. Leipzig 1908 (Ostwalds Klassiker d. exakten Wissensch. Nr. 164).

NEWTON, ISAAC: *La Méthode des Fluxions, et des Suites Infinies, trad. par M. de Buffon*. Paris 1740.

NEWTON, ISAAC: *The Correspondence of Isaac Newton*. Vol. II, 1676–1687, ed. by H. W. Turnbull. Cambridge 1960.

NIEUWENTIJT, BERNHARD: *Considerationes circa analyseos ad quantitates infinite parvas applicatae principia et calculi differentialis usum in resolvendis problematibus geometricis*. Amstelaedami 1694.

NIEUWENTIJT, BERNHARD: *Analysis infinitorum, seu curvlineorum proprietates ex polygonorum natura deductae*. Amstelaedami 1695.

NIEUWENTIJT, BERNHARD: *Considerationes secundae circa calculi differentialis principia; et responsio ad virum nobilissimum G. G. Leibnitium*. Amstelaedami 1696.

PAMAN, ROGER: *The Harmony of the Ancient and Modern Geometry asserted: in Answer to the Call of the Author of the Analyst upon the celebrated Mathematicians of the present age, to clear up what he stiles their obscure Analytics*. London 1745.

PEMBERTON, HENRY: *Some Observations on the Appendix to the Present State of the Republick of Letters for December 1736*. The History of the Works of the Learned [= Fortsetzung von: The Present State of the Republick of Letters] 1737 (February), pp. 155–157.

PEMBERTON, HENRY: *Some Observations by Doctor Pemberton on the Misrepresentations of him published in the History of the Works of the Learned for the last Month*. The History of the Works of the Learned 1737 (April), pp. 305–307.

PEMBERTON, HENRY: *Observations by Dr. Pemberton on Philalethes's Reply published in the History of the Works of the Learned for the last Month*. The History of the Works of the Learned 1737 (June), pp. 438–442.

PEMBERTON, HENRY: *Observations by Dr. Pemberton on Philalethes's Reply published in the History of the Works of the Learned for the last Month*. The History of the Works of the Learned 1737 (August), pp. 124–130.

PEMBERTON, HENRY: *Dr. Pemberton's Answer to the two Questions put by Philalethes Cantabrigiensis in the History of the Works of the Learned for the last Month*. The History of the Works of the Learned 1737 (October), pp. 285–286.

PEMBERTON, HENRY: *An Advertisement by Dr. Pemberton concerning the Questions published in the History of the Works of the Learned*. The History of the Works of the Learned 1737 (December), pp. 449–450.

PERRAULT, PIERRE: *De l'origine des fontaines*. Paris 1674.

POPE, ALEXANDER: *Imitations of Horace. With an epistle to Dr. Arbuthnot and the Epilogue to the Satires*. Ed. by John Butt, 2nd edition (1953) reprinted with minor corrections, London – New Haven 1961 (The Twickenham Edition, vol. 4).

RAND, BENJAMIN: *Berkeley and Percival – The Correspondence*. Cambridge 1914.

RAPHSON, JOSEPH: *Analysis Aequationum universalis seu Ad aequationes algebraicas resolvendas methodus generalis, et expedita, ex nova infinitarum serierum methodo, deducta ac demonstrata. Editio secunda cum appendice. Cui annexum est, De Spatio Reali seu Ente Infinito Conamen Mathematico-Metaphysicum*. Londini 1697.

RITCHIE, A. D.: *Rezension zu «Berkeley's Works, ed. Luce and Jessop, vol. IV»*. Nature 168 (1951), p. 1014.

ROBINS, BENJAMIN: *A Discourse Concerning the Nature and Certainty of Sir Isaac Newton's Methods of Fluxions, and of Prime and Ultimate Ratios*. London 1735.

ROBINS, BENJAMIN: *A Dissertation shewing, that the account of the doctrines of Fluxions, and of prime and ultimate ratios, delivered in a treatise, entituled, A discourse concerning the nature and certainty of Sir Isaac Newton's methods of fluxions, and of prime and ultimate ratios, is agreeable to the reale sense and meaning of their great inventor*. The Present State of the Republick of Letters 17, 1736 (April), pp. 290–335.

ROBINS, BENJAMIN: *Remarks on the Considerations relating to Fluxions, etc. that were published by Philalethes Cantabrigiensis in the Republick of Letters for the last month*. The Present State of the Republick of Letters 17, 1736 (August), pp. 87–110.

(ROBINS, BENJAMIN:) Rezension zu: *«A Discourse concerning the Nature and Certainty of Sir Isaac Newton's Methods of Fluxions, and of prime and ultimate Ratios. By Benj. Robins, London 1735»*. The Present State of the Republick of Letters 16, 1735 (October), pp. 245–270.

ROBLES, J. A.: *Percepción e infinitesimales en Berkeley I + II*. Diánoia 26 (1980), pp. 151–177; 27 (1981), pp. 166–185.

ROBLES, J. A.: *Berkeley y su crítica a los fundamentos del cálculo*. Revista Latinoamericana de Filosofía 10 (1984), pp. 141–150.

ROWE, J.: *An Introduction to the Doctrine of Fluxions, Revised by several Gentlemen well skill'd in the Mathematics*. London 1741.

SAINT-EVREMOND s. MARGUETEL.

SANFORD, VERA: *George Berkeley, Bishop of Cloyne*. The Mathematics Teacher 27 (1934), pp. 96–100.

SEN, D. M.: *A Comparison of the Philosophical Systems of Leibniz und Berkeley. A Thesis submitted to the University of London for the Degree of Ph. D.* 1928 (Maschinenschrift, II + 274 pp.).

SERGESCU, P.: *Les recherches sur l'infini mathématique jusqu'a l'établissement de l'analyse infinitésimale*. Paris 1949 (Actualités Scientifiques et Industrielles 1083).

SIMPSON, THOMAS: *A New Treatise of Fluxions*. London 1737.

SIMPSON, THOMAS: *The Doctrine and Application of Fuxions*. 2 vols. London 1750.

SMITH, G. C.: *Thomas Bayes and Fluxions*. Historia Mathematica 7 (1980), pp. 379–388.

SMITH, JAMES: *A New Treatise of Fluxions*. London 1737.

SPALT, DETLEF D.: *Vom Mythos der mathematischen Vernunft*. Darmstadt 1981.

STAMMLER, GERHARD: *Berkeleys Philosophie der Mathematik*. Berlin 1921/22 (Kantstudien Ergängzungshefte Nr. 55), Nachdurck Vaduz 1978.

STEWART, JOHN: *Sir Isaac Newton's Two Treatises of the Quadrature of Curves, and Analysis by Equations of an infinite Number of Terms, explained ...*, London 1745.

STRONG, EDWARD W.: *Mathematical Reasoning and Its Objects*. In: *George Berkeley*, ed. by St. C. Pepper, K. Aschenbrenner and B. Mates. Berkeley – Los Angeles 1957, pp. 65–88.

TACQUET, ANDREAS: *Arithmeticae theoria et praxis, editio secunda correctior*. Antverpiae 1665.

TACQUET, ANDREAS: *Elementa geometriae planae ac solidae, quibus accedunt selecta ex Archimede theoremata*. Antverpiae 1654.

TORRICELLI, EVANGELISTA: *Lezioni Accademiche*. Firenze 1715.

VERMEULEN, BERNARD PETER: *Berkeley and Nieuwentijt on Infinitesimals*. Berkeley Newsletter No. 8 (1985), pp. 1–5.

VERMEULEN, BERNARD PETER: *Berkeleys kritiek op het wiskundig oneindige*. Wijsgerig Perspectief 26 (1985/6), pp. 62–67.

WALLIS, JOHN: *Opera Mathematica*. 3 vols. Oxoniae 1693–1699. Nachdruck mit einem Vorwort von Ch. J. Scriba. Hildesheim 1972.

WALTON, JOHN: *A Vindication of Sir Isaac Newton's Principles of Fluxions, against the Objections Contained in the Analyst*. Dublin (reprinted at London) 1735.

WALTON, JOHN: *The Catechism of the Author of the Minute Philosopher Fully Answer'd*. Dublin (reprinted at London) 1735.

WEISSENBORN, HERMANN: *Die Prinzipien der höheren Analysis in ihrer Entwicklung von Leibniz bis auf Lagrange, als ein historisch-kritischer Beitrag zur Geschichte der Mathematik*. Halle 1856, Nachdruck Halle 1972.

WHITROW, G. J.: *Berkeley's Critique of the Newtonian Analysis of Motion*. Hermathena 82 (1953), pp. 90–112.

WINTERBOURNE, A. T.: *Newton's Arguments for Absolute Space*. Archiv für Geschichte der Philosophie 67 (1985), pp. 80–91.

WISDOM, J. O.: *The Analyst Controversy: Berkeley's Influence on the Development of Mathematics*. Hermathena 54 (1939), pp. 3–29.

WISDOM, J. O.: *The Compensation of Errors in the Method of Fluxions*. Hermathena 57 (1941), pp. 49–81.

WISDOM, J. O.: *The Analyst Controversy: Berkeley as a Mathematician*. Hermathena 59 (1942), pp. 111–128.

WISDOM, J. O.: *Berkeley's Criticism of the Infinitesimal*. The British Journal for the Philosophy of Science 4 (1954), pp. 22–25.

YOUSCHKEVITCH, A. P. s. GILLISPIE, CH. C.

ZURKUHLEN, HEINRICH: *Berkeleys und Humes Stellung zur Analysis des Unendlichen*. Diss. Berlin 1915.

Personenverzeichnis

(Über die meisten der nachstehend genannten Personen findet man ausführliche Angaben im *Dictionary of Scientific Biography* (ed. Ch. C. Gillispie, 16 vols., New York 1970–1980) oder im *Dictionary of National Biography* (ed. Leslie Stephen and Sidney Lee, 63 vols., London 1901–1911, reprinted 1927). Wo die Informationen über eine Person nur schwer zu finden sind, wurden auch weniger wichtige Details mitgeteilt, so daß die Länge der jeweiligen Eintragung nicht proportional zur allgemeinen Bedeutung der betreffenden Person ist.)

ADDISON, JOSEPH (1672–1719), Dichter, Essayist und Politiker. Studierte ab 1687 am Queen's College Oxford alte Sprachen. Schrieb lateinische Gedichte. 1699–1703 Reise nach Frankreich, Italien, Deutschland und Holland. Schrieb zahlreiche Artikel in den Zeitschriften *Tatler, Spectator* und *Guardian.* Sein Drama *Cato* hatte großen Erfolg. War mit J. SWIFT und STEELE befreundet. Parlamentarier (Whig), u. a. Sekretär des Gouverneurs von Irland (WHARTON).

D'ALEMBERT, JEAN BAPTISTE LE ROND (1717–1783), französischer Mathematiker, Physiker und Philosoph. Gab zusammen mit DIDEROT die berühmte *Encyclopédie* heraus.

ANSON, LORD GEORGE (1697–1762), Flottenadmiral, 1740–1742 Leiter einer wissenschaftlich erfolgreichen Expedition nach Südafrika und zur Südsee, die aber aufgrund von Schiffbruch hohe Verluste an Teilnehmern hatte (von 961 Mann blieben weniger als 200 am Leben).

ARBUTHNOT, JOHN (1667–1735), Arzt und Schriftsteller. Dr. med. St. Andrew 1696. In London Hauslehrer für Mathematik. 1704 Mitglied der Royal Society. Ab 1705 Leibarzt der Königin ANNA. Schrieb ironisch-satirische Angriffe gegen die Whigs. Stand in Verbindung mit Schriftstellerkreisen («Scriblerus Club», POPE, GAY, PARNELL, ATTERBURY, CONGREVE, ADDISON). War eng mit J. SWIFT befreundet.

ASHE, GEORGE (1658?–1718), irischer Gelehrter. 1679 Mitglied des Trinity College Dublin. Nachfolger von WILLIAM MOLYNEUX als Sekretär der Irish Philosophical Society, publizierte mehrere Artikel in den PHILOSOPHICAL TRANSACTIONS, war Mitglied der Royal Society, Bischof von Cloyne (1695), von Clogher (1697), von Londonderry (1616). Hinterließ seine mathematischen Bücher dem Tinity College in Dublin. BERKELEY wurde von ihm ordiniert und begleitete seinen Sohn nach Italien.

ATTERBURY, FRANCIS (1662–1732), eloquenter und streitbarer englischer Theologe. Freund POPES. 1713 Bischof von Rochester und Dekan von Westminster. Als Jacobit 1720 im Tower gefangen gehalten. Ab 1723 im Exil in Belgien und Frankreich.

BAXTER, ANDREW (1686–1750), aus Aberdeen stammender philosophischer Schriftsteller. Verteidigte die Immaterialität und Unsterblichkeit der Seele gegen die Freidenker, bekämpfte aber den Immaterialismus BERKELEYS. Sein zur Verteidigung von NEWTON und CLARKE gegen LEIBNIZ verfaßter Dialog *Histor* wurde 1747 nicht zur Publikation angenommen.

BAYES, THOMAS (1702–1761), geboren in London, war ein nicht zur anglikanischen Kirche gehörender Pfarrer in Tunbridge Wells (England). Er veröffentlichte nur eine Schrift über die göttliche Güte (1731) und eine Einführung in die Fluxionsrechnung (1736). 1742 wurde er Mitglied der Royal Society. Sein Ruhm gründet sich vor allem auf seine posthum veröffentlichte Schrift zur Wahrscheinlichkeitsrechnung (*Essay Towards Solving a Problem in the Doctrine of Chance*, 1763).

BENSON, MARTIN (1689–1752), ab 1735 Bischof von Gloucester. Studium am Christ Church College Oxford. Lernte auf einer Kontinentalreise BERKELEY kennen (lebenslange Freundschaft). 1721 Erzdiakon von Berkshire, 1724 in Durham, 1726 Kaplan des Prinzen von Wales (späterem GEORG II.), 1728 Dr. theol.

BERKELEY, WILLIAM (ca. 1663–1741), Lord BERKELEY von STRATTON, Kanzler des Herzogtums Lancaster. GEORGE BERKELEY lernte ihn am englichen Hof durch SWIFT kennen und widmete ihm die *Drei Dialoge zwischen Hylas und Philonous*. Ob beide Familien BERKELEY verwandt waren, ist ungeklärt.

BLAKE, Sir FRANCIS (1708–1780), Mathematiker, widmete sich vor allem der Mechanik und der Experimentalwissenschaft. Unterstützte bei der Rebellion von 1745 die Regierung. 1746 Mitglied der Royal Society. Publizierte einige Artikel in den *Philosophical Transactions*. 1774 zum Baronet ernannt.

BORELLI, GIOVANNI ALFONSO (1608–1679), Mathematiker und vielseitiger Naturwissenschaftler. Geboren in Neapel, zu Studien in Pisa, ab ca. 1635 Mathematikprofessor in Messina, 1642 Reise nach Florenz (VIVIANI) und Bologna (CAVALIERI), 1656–1667 in Pisa (Accademia del cimento), 1667–1674 wieder in Messina, Flucht aus politischen Gründen, 1674–1679 in Rom.

BURNET, THOMAS (1635?–1715), englischer Theologe und Wissenschaftler, lehrte am Christ's College Cambridge, ab 1685 am Charterhouse. Versuchte durch freie Auslegung der *Genesis* biblische und wissenschaftliche Aussagen in Übereinstimmung zu bringen. Seine teilweise phantastischen Ansichten waren schon zu seiner Zeit umstritten. Lehrte u.a. die Eiform der Erde und kritisierte LOCKES Sensualismus.

BUTLER, JOSEPH (1692–1752), ab 1741 Bischof von Durham. Wechselte während des Studiums von Oxford nach Cambridge «um bessere Vorlesungen zu hören». Er korrespondierte mit SAMUEL CLARKE (erst anonym, dann namentlich) über theologische Probleme. Das Gewissen ist für ihn oberste Instanz im Menschen.

CARNOT, LAZARE NICOLAS MARGUÉRITE (1753–1823), französischer General, Anhänger der Republikaner. Von NAPOLEON ins Exil geschickt, lebte er in Magdeburg. Schüler von MONGE. Versuchte, eine synthetische Geometrie ohne die Symbolschrift der Analysis zu errichten.

CASWELL, JOHN (1655–1712). Mathematiker in Oxford, schrieb u.a. *A Brief Account of the Doctrine of Trigonometry* (1689). WALLIS publizierte etwas von ihm in seiner *Algebra*.

CAUCHY, AUGUSTIN LOUIS (1789–1857), französischer Ingenieur, Prof. der Mathematik an der École Polytechnique, dann an der Sorbonne. Als Königstreuer 1830–1838 im Exil (Turin, Prag). Wichtige Arbeiten zur Analysis und Funktionentheorie.

CHARDELLOU, ... Er lebte ca. 1705 in Dublin und war astronomisch interessiert. Sonst ist nichts bekannt.

CLARKE, SAMUEL (1675–1729), Philosoph und Theologe, ab 1707 Pfarrer in London. Als Verehrer NEWTONS vertrat er diesen in einem theologisch-philosophischen Briefwechsel mit LEIBNIZ.

COMIERS, CLAUDE DE (?–1700), geb. in Ambrun, gest. in Paris, französischer Theologe und Prof. der Mathematik. Schrieb u. a. über Würfelverdopplung, Winkeldreiteilung und das reguläre Siebeneck, über Kometen, Kurzschrift und Medizinisches. Mit den von ihm vorgelegten mathematischen Problemen befaßten sich u. a. VIVIANI und OZANAM.

DECHALES, CLAUDE FRANCOIS MILLIET (1621–1678), Jesuit, lehrte Mathematik in Paris, Lyon, Chambéry, Marseilles und Turin, war auch als Missionar in der Türkei tätig.

FOLKES, MARTIN (1690–1754), Antiquar. Ab 1714 Mitglied, ab 1722 Vizepräsident, 1741–1752 Präsident der Royal Society, 1742 Mitglied der Académie des Sciences, 1746 Dr. iur. (Oxford), 1750 Präsident der Society of Antiquaries. Unter seiner Führung verlor die Royal Society an Niveau.

GARTH, Sir SAMUEL (1661–1719), englischer Arzt und Dichter, Studium in Cambridge (M.A.), 1687 in Leiden, 1691 Dr. med., praktizierte in London, 1693 Mitglied des College of Pysicians. Setzte sich für eine Armenapotheke ein (u. a. durch ein berühmtes satirisches Gedicht). Übersetzte LUKREZ und OVID.

GAY, JOHN (1685–1732), englischer Dichter, u. a. als Sekretär von Lord CLARENDON 1714 am Hofe von Hannover. Erst seine *Bettleroper* (Vorlage der *Dreigroschenoper* BRECHTS) brachte ihm 1728 einen enormen Erfolg.

HALLEY, EDMOND (1656?–1743), Astronom und Meteorologe. Studium am Queen's College Oxford (M.A.), 1678 Mitglied der Royal Society, 1685–1693 Herausgeber der *Philosophical Transactions.* 1704 Mathematikprofessor in Oxford, ab 1720 königlicher Astronom, 1729 Mitglied der Akadémie des Sciences Paris.

HANNA, JOHN (ca. 1730), irischer Mathematiklehrer (M.A.), publizierte 1725 ein kleines Buch über Astronomie (*Glaubensbekenntnis in zehn Artikeln*), worin er sich mit NEWTONS Theorie des Mondes und FLAMSTEEDS Parallaxenberechnung befaßt. Gab 1738 VOLTAIRES NEWTON-Buch heraus.

HARTLEY, DAVID (1705–1757), Arzt, Psychologe, Philosoph. Studium der alten Sprachen, Mathematik und Theologie 1722 Jesus College Cambridge, 1726 B.A., 1729 M.A. Konnte sich nicht zum geistlichen Amt entschließen, praktizierte als Arzt in Newark, Bury St. Edmunds und Bath. Mitglied der Royal Society. Bemühte sich um die Publikation der *Algebra* seines Lehrers SAUNDERSON. Ausgehend von JOHN LOCKE, JOHN GAY und ISAAC NEWTON war er der wichtigste Beförderer der Assoziationspsychologie.

HODGSON, JAMES (1672–1755), Mathematiklehrer, 1703 Mitglied der Royal Society, in seinen letzten Jahren Master of the Royal School of Mathematics at Christ's Hospital. Publizierte mehrere Artikel in den *Philosophical Transactions,* schrieb u. a. über stereographische Projektion, Navigation und die Jupitermonde. War ein Freund FLAMSTEEDS.

JOHNSON, SAMUEL (1696–1772), anglikanischer Theologe und idealistischer Philosoph. Geboren in Guilford (Connecticut), Studium an der Collegiate School (späteres Yale College). 1722/23 in England. Anhänger und Freund BERKELEYS. 1754–1763 erster Präsident des King's College New York (spätere Columbia University).

JURIN, JAMES (1684–1750), Arzt (Dr. med. Trinity College Cambridge 1716), 1719 Mitglied, später auch Präsident des College of Physicians in London. 1721–1727 Sekretär der Royal Society, Herausgeber der *Philosophical Transactions,* Anhänger und Verteidiger NEWTONS. Hatte in der Optik u.a. eine Auseinandersetzung mit BENJAMIN ROBINS.

LAMY, BERNARD (1640–1715), oratorianischer Priester, lehrte ab 1661 an verschiedenen Orten Frankreichs in den Schulen seiner Congregation Philosophie (einschließlich Mathematik, Rhetorik und alte Sprachen) und Theologie. Viele seiner Bücher (u.a. über Geometrie, Mechanik und Perspektive) wie auch seine gesammelten mathematischen Schriften erreichten mehrere Auflagen.

L'HOSPITAL, GUILLAUME FRANÇOIS ANTOINE DE (1661–1704), französischer Offizier. Schied wegen schlechter Augen aus dem Militärdienst und widmete sich der Mathematik. Korrespondierte mit HUYGENS und LEIBNIZ, kannte JOHANN BERNOULLI persönlich. Schrieb eines der ersten Lehrbücher der Differentialrechnung.

L'HUILIER, SIMON (1750–1840), Privatlehrer in Warschau, dann Prof. in Genf. Für eine Arbeit zur Grundlegung der Analysis erhielt er einen Preis von der Berliner Akademie.

LEIBNIZ, GOTTFRIED WILHELM (1646–1716), deutscher Universalgelehrter. In kurfürstlichen Diensten in Mainz und von dort aus in Paris, Justizrat und Bibliothekar beim Herzog von Hannover. Er fand unanbhängig von NEWTON den Differential- und Integralkalkül. Seine rationalistische Philosophie (Monadenlehre) hatte vor allem durch CHRISTIAN WOLFF großen Einfluß auf die Philosophie in Deutschland im 18. Jahrhundert.

LOCKE, JOHN (1632–1704), englischer Philosoph, Hauptvertreter des Empirismus, Vorbereiter der Aufklärung im 18 Jh. Studium am Christ Church College Oxford (Chemie bei BOYLE, Medizin bei SYDENHAM). Als Begleiter des königlichen Gesandten in Deutschland, dann als Freund, Arzt und Hauslehrer bei Lord ASHLEY, späterem Earl of SHAFTESBURY (Großvater des Philosophen). 1672 Staatssekretär unter SHAFTESBURY, fällt mit diesem in Ungnade, 1675–79 in Paris und Montpellier, 1679–81 wieder in englischen Staatsdiensten, 1683–89 Exil in Holland, dann wieder in England.

MACLAURIN, COLIN (1698–1746), schottischer Mathematiker, hatte zunächst in Glasgow Theologie studiert, wandte sich aber unter dem Einfluß von ROBERT SIMSON, der dort Mathematik lehrte, dieser Wissenschaft zu. 1719 kam er nach London und wurde Mitglied der Royal Society, war vor allem mit MARTIN FOLKES befreundet. Nach einem zweijährigen Aufenthalt in Frankreich lehrte er Mathematik in Edinburgh und war u.a. Sekretär der Philosophical Society von Edinburgh. Sein Einfluß war groß, doch war seine, von SIMSON übernommene, auf EUKLID und NEWTON fixierte und national beschränkte Haltung für die Entwicklung der Mathematik in England auch hinderlich.

MALEBRANCHE, NICOLAS (1638–1715), französischer Priester (Oratorianer) und Philosoph der nicht-scholastischen Gegenreformation. 1699 Mitglied der Académie des Sciences. Okkasionalist. Wahrnehmungen beruhen auf der Einbildungskraft, so daß wir das Wesen der Dinge nicht erkennen. Gewißheit haben wir nur in den reinen Gesetzen des Denkens (Mathematik und Logik), in deren Notwendigkeit sich Gott offenbart.

MANDEVILLE, BERNARD (1670?–1733). Arzt und Schriftsteller. Geboren in Holland, Dr. med. (Leiden), lebte seit den 1690er Jahren in London. Seine wichtigste Publikation *Die Bienenfabel oder Private Laster öffentliche Vorteile*, (1705, erweitert 1714) wurde wiederholt aufgelegt und provozierte zahlreiche Gegenstimmen, vor allem von GEORGE BERKELEY (*Alciphron* II) und FRANCIS HUTCHESON.

MARGUETEL DE SAINT DENIS DE SAINT-ÉVREMOND, CHARLES DE (1613–1703), adliger französischer Offizier, Generalmajor, verehrte Epikur und Gassendi, emigrierte nach England, um einer zweiten Verhaftung aufgrund seiner skeptischen Satiren zu entgehen. Schrieb Negatives über die Theologie, die Philosophie und die Mathematik.

MARTIN, BENJAMIN (1704–1782), Mechaniker und Optiker in London, der auch physikalische Vorlesungen hielt. Er schrieb über Geometrie, Optik, Elektrizität, Luftpumpe und Kometen. 3 Bände über NEWTONS Naturphilosophie, 8 Bände Biographie von Gelehrten.

MEAD, RICHARD (1673–1754), angesehener englischer Arzt. Geboren in England, Studium in Utrecht 1689 und Leiden 1692. 1695/96 Italienreise (Dr. med. in Padua). Ab 1703 Mitglied der Royal Society. Er behandelte auch den König und den Premierminister WALPOLE. Versuchte, die Wirkung von Giften zu erklären und die Gravitationswirkung der Gestirne auf den menschlichen Körper nachzuweisen.

MOLYNEUX, SAMUEL (1689–1728), irischer Astronom und Politiker. Sohn von WILLIAM MOLYNEUX. Studium am Trinity College Dublin (Freund BERKELEYS), dann an den Universitäten Oxford und Cambridge. 1712 Mitglied der Royal Society. 1714 in politischer Mission in Hannover. Sekretär des Prinzen von Wales, auch als dieser König GEORG II. wurde. Bedeutende Arbeiten in der Optik und Astronomie, teilweise gemeinsam mit JAMES BRADLEY bzw. ROBERT SMITH.

MOLYNEUX, WILLIAM (1656–1698), irischer Gelehrter. Studium am Trinity College Dublin, Jurastudium in London. Mitbegründer der Dublin Philosophical Society (1683), erster Sekretär der daraus entstandenen Royal Irish Academy. 1685 Mitglied der Royal Society. Reise in die Niederlande, Deutschland und Frankreich. Widmete sich besonders der Philosophie (übersetzte die *Meditationes* des DESCARTES ins Englische, korrespondierte mit LOCKE) und der angewandten Mathematik (Astronomie, Optik). Seine *Dioptrica nova* war lange Zeit ein Standardwerk in Optik. Engagierte sich zugunsten der politischen und wirtschaftlichen Unabhängigkeit Irlands.

MORGAN, AUGUSTUS DE (1806–1871), studierte in Cambridge. 1828 Prof. der Mathematik in London. Schrieb ein bedeutendes Buch über formale Logik.

NEWTON, ISAAC (1643–1727), studierte am Trinity College in Cambridge. Sein Lehrer ISAAC BARROW trat ihm seine Professur ab. 1672 Mitglied, 1703

Präsident der Royal Society. 1705 geadelt. Betrieb die Mathematik als Hilfsdisziplin für sein bedeutendes physikalisches Werk (*Principia mathematica*). Erfand unabhängig von LEIBNIZ die Infinitesimalrechnung (Fluxionsrechnung).

NIEUWENTIJT, BERNHARD (1654–1718), Arzt. Studium der Medizin in Leiden und Utrecht (Dr. med. 1676). Kritisierte in drei Büchern 1694–1696 den Differentialkalkül von LEIBNIZ (Ablehnung der Differentiale höherer Ordnung). In einem umfangreichen, viel gelesenen Werk (oft übersetzt, viele Ausgaben) widmet er sich dem teleologischen Gottesbeweis.

PALLISER, WILLIAM, sen. (1646–1727), Studium am Trinity College Dublin, 1669 Diakon, 1670 Priester und «Medicus», 1678 Theologieprofessor. 1693 Bischof von Cloyne, 1694 Erzbischof von Cashel. Sein einziger Sohn, WILLIAM PALLISER, jun., erbte sein großes Vermögen. Die Bibliothek ging als geschlossene Sammlung («Bibliotheca Palliseriana») an das Trinity College Dublin.

PAMAN, ROGER (ca. 1715 geboren), studierte vermutlich in Cambridge, war mit DAVID HARTLEY befreundet. Er nahm 1740–1742 an einer Südsee-Expedition unter Admiral ANSON teil. Seine dabei gemachten meteorologischen, geographischen und naturhistorischen Beobachtungen standen 1745 als *An Account of the late Expedition to the South-Sea* in London bei J. NOURSE zur Subskription.

PELETIER, JACQUES (1517–1582), Mathematiker und Mediziner. Studium der Philosophie in Paris (Collège de Navarre) und der Rechte in Le Mans. Sekretär des Bischofs von Le Mans. 1543 Rektor des Collège de Bayeux in Paris. Ab 1547 als reisender Dichter (Kontakte mit der Gruppe Pléiade), Mathematiklehrer und Chirurg. Schrieb einen Kommentar zur Arithmetik von GEMMA FRISIUS, einen EUKLID-Kommentar und eine französische Algebra.

PELL, JOHN (1611–1685), Mathematiker. Studium am Trinity College Cambridge (1629 B.A., 1630 M.A.). Aufgrund seiner Distanz zur Kirche Emigration, Mathematikprofessor in Amsterdam (1643) und Breda (1646). 1654–1658 Vertreter des Commonwealth in Zürich. Nach der Restauration Rektor in Fobbing (Essex), Vikar in Laindon und Kaplan des Bischofs von London. 1663 Mitglied der Royal Society. Widerlegte die Kreisquadratur von LONGOMONTANUS. Gab die englische Fassung der *Teutschen Algebra* von J. H. RAHN heraus, die er mit Zusätzen versah.

PEMBERTON, HENRY (1694–1771), Studium der Medizin in Leiden und Paris. Prof. der Physik am Gresham College London. Schrieb über die Akkomodation des Auges und gegen das LEIBNIZsche Kraftmaß. Anhänger NEWTONS, Herausgeber der dritten Ausgabe dessen *Principia mathermatica*.

PEPUSCH, JOHANN CHRISTOPHER (1667–1752), Musiker aus Berlin, ab 1688 in England, stand musikalisch gegenüber Händel im Schatten, vertonte 1727 *The Beggar's Opera*, wurde 1745 Mitglied der Royal Society.

PERCIVAL (PERCEVAL), Sir JOHN, ab 1733 erster Graf von Egmont (1683–1748). Irischer Parlamentarier. Studium 1699–1701 in Oxford (ohne Abschluß). 1702 Mitglied der Royal Society. 1705–1707 «Grand Tour» durch Europa. 1715 Baron, 1723 Viscount. Mitglied des irischen Unter-, später des Oberhauses. War u. a. mit der Kolonialisierung von Georgia befaßt.

Perrault, Pierre (1608?–1680?), Schriftsteller in Paris, Generaleinnehmer der Finanzen der Universität Paris, schrieb eine Übersetzung von Tasso. Sein Buch *Origine des fontaines* (Paris 1674), zu dem Huygens ein Vorwort schrieb, erschien auch 1721 und 1727 zusammen mit den Werken seines Bruders Claude.

Pope, Alexander (1688–1744), englischer Dichter, lebte in London, u.a. mit Swift und Arbuthnot befreundet. Er galt als der bedeutendste Schriftsteller und Moralist seiner Zeit. Sein *Essay on Man* war hochgeschätzt.

Prior, Thomas (1682?–1751). Gründer der Dublin Society. Philanthrop. Lebenslange enge Freundschaft mit Berkeley (gemeinsame Schul- und Studienzeit). Setzte sich für die wirtschaftliche und kulturelle Entwicklung Irlands (besonders der protestantischen Bevölkerung) ein.

Raphson, Joseph (gest. ca. 1715), Mathematiker, 1698 Mitglied der Royal Society. Anhänger Newtons.

Robins, Benjamin (1707–1751), geboren in Bath, Mathematiker und Militärtechniker, eifriger Verteidiger Newtons gegen alle Gegner (Leibnizianer, Jurin, Berkeley), Erfinder des ballistischen Pendels, starb in Indien, wo er im Dienst der britischen East Indian Company an Befestigungsanlagen arbeitete.

Rowe, J. (ca. 1741). Sonst ist nichts bekannt.

Rundle, Thomas (1688?–1743), ab 1735 Bischof von Londonderry.

Saint-Évremond s. Marguetel.

Secker, Thomas (1693–1768), Erzbischof von Canterbury. Studierte Theologie in Gloucester und Tewkesbury, dann Medizin in London (1716–1718) und Paris (1718–1719), wurde 1723 Priester, 1734 Bischof von Bristol, 1737 von Oxford.

Sibbald, Sir Robert (1641–1722), schottischer Arzt, Geograph und Antiquar. Studium Universität Edinburgh (Theologie), ab 1660 Leiden (Medizin), Paris, Angres. 1662 Arzt in Edinburgh, Gründung des botanischen Gartens (mit Balfour) und des College of Physicians, erster Prof. d. Medizin der Universität Edinburgh. Wegen seiner Konversion zum Katholizismus vorübergehend in London.

Simpson. Thomas (1710–1761), englischer Mathematiker. Hatte als Lehrer und Lehrbuchautor (Algebra, Geometrie, Trigonometrie) großen Erfolg. Ab 1743 Mathematiker an der Royal Military Academy Woolwich. 1745 Mitglied der Royal Society. Wichtige Arbeiten zur Fluxions- und zur Wahrscheinlichkeitsrechnung.

Smibert, John (1684–1751), in Edinburgh geborener Porträtmaler, hielt sich 1717–1720 zu Studien in Italien auf, ging mit Berkeley nach Amerika und blieb dann in Boston, «Pionier der amerikanischen Porträtmalerei».

Smith, James (ca. 1737), Anhänger Newtons. Sonst ist nichts bekannt.

Steele, Richard (1672–1729), aus Dublin stammender Essayist, Dramatiker und Politiker, studierte 1690–1694 in Oxford, ging dann aber ohne Abschluß zum Militär.

STEWART, JOHN, gestorben 1766, Prof. d. Mathematik am Marishal College und der Universität in Aberdeen. Gab eine kommentierte englische Version von NEWTONS *Quadratura curvarum* heraus.

STEWART, MATTHEW (1717–1785), Studium an der Universität Glasgow (Mathematik bei ROBERT SIMSON, Moralphilosophie bei FRANCIS HUTCHESON), auf Anregung SIMSONS bei dessen Schüler an der Universität Edinburgh. 1745 Pfarrer von Roseneath (Dunbartonshire), 1747–1775 Prof. der Mathematik in Edinburgh (Nachfolger MACLAURINS). Große Erfolge in der reinen Geometrie (*General Theorems* 1746), Versuche, die analytischen Berechnungen in der Astronomie durch geometrischen Methoden zu ersetzen, scheiterten. Sein Sohn DUGALD, ebenfalls Prof. in Edinburgh, war ein berühmter Philosoph der schottischen Schule des Commonsense.

SWIFT, JONATHAN (1667–1745), scharfzüngiger Satiriker (*Gulliver's Travels*), Geistlicher (Dekan von St. Patrick in Dublin). Nach Studium in Dublin (Trinity College) und Oxford lebte er wiederholt längere Zeit in London. Hatte aufgrund seiner Schriften zahlreiche politische und private Querelen. War später um die Verbesserung der politischen und wirtschaftlichen Lage Irlands bemüht. Seine Affären mit Frauen («Stella», «Vanessa») wurden viel diskutiert.

TACQUET, ANDREAS (1612–1660), jesuitischer Gelehrter. Geboren in Antwerpen, Studium der Logik, Mathematik, Physik und Theologie in Löwen. Lehrte an den Jesuiten-Kollegien in Antwerpen (1645–1649, 1655–1660) und Löwen (1649–1655) Mathematik. Schrieb erfolgreiche Lehrbücher der Mathematik. Übte an HOBBES und CAVALIERI Kritik. In seinen Methoden folgte er LUCA VALERIO und GREGORIUS A S. VINCENTIO. Hatte u.a. Einfluß auf PASCAL.

TORRICELLI, EVANGELISTA (1608–1647), Physiker. Schüler und ab 1642 Nachfolger GALILEIS in Florenz. Beschäftigte sich vor allem mit Problemen der Quadratur und Kubatur von Rotationskörpern (Integration). Rektifizierte die logarithmische Spirale.

WALLIS, JOHN (1616–1703), 1640 ordinierter Theologe, 1649 Prof. der Mathematik in Oxford. Mitbegründer der Royal Society. Seine *Arithmetica infinitorum* hatte großen Einfluß auf NEWTON und LEIBNIZ. Kritisierte heftig die mathematischen Arbeiten von HOBBES.

WALTON, JOHN, lebte um 1735 als Professor in Dublin. Sonst ist nichts bekannt.

WHISTON, WILLIAM (1667–1752), Prof. in Cambridge, Naturwissenschaftler und Theologe, erstellte eine auf NEWTONS Prinzipien gegründete Theorie der Erde. Galt als Arianer und verlor deswegen seine Stelle.

WOODWARD, JOHN (1665–1728), Geologe und Prof. der Physik am Gresham-College London. Mitglied der Royal Society.

Verzeichnis der Abbildungen

1 George Berkeley, Bischof von Cloyne. Titelbild der Werkausgabe von 1784.

2 Dysart Castle bei Thomastown, Grafschaft Kilkenny. Foto John Brooks 1985. (Images Nr. 1).

3 Kilkenny College. Stich von Greig nach einem Bild von G. Holmes. Besitz von David Berman. (Images Nr. 2).

4 Trinity College Dublin, Glockenturm, Foto B. Dempsey.

5 Trinity College Dublin, Bibliothek (The Long Room). Foto B. Dempsey.

6 Isaac Newton, nach einem Gemälde von Godfrey Kneller.

7 John Locke. Stich nach einem Gemälde von Godfrey Kneller. Aus: John Locke, *Essai philosophique concernant l' entendement humain,* Amsterdam 1755.

8 George Berkeley (ca. 1720). Ölbild von John Smibert. Besitz von Mrs. Maurice Berkeley. (Images Nr. 10).

9 Jonathan Swift. Ölbild von Charles Jervas. National Gallery of Ireland. (Images Nr. 12).

10 The City of Bermuda (Plan). Aus: Georg Berkeley, *Works,* London 1784, vol. II, p. 419.

11 Berkeleys Reisegesellschaft (Bermuda-Gruppe, Dublin). Ölbild von John Smibert (1730?). National Gallery of Ireland. (Images Nr. 26).

12 Whitehall in Middletown, R.I. Foto M. T. Lapan (ca. 1980). (Images Nr. 32).

13 Trinity Church Newport, R.I. Foto R. W. Houghton (ca. 1982). (Images Nr. 30).

14 Samuel Johnson. Ölbild von John Smibert (ca. 1730). Columbia University in the City of New York. (Images Nr. 35).

15 George Berkeley, Bischof von Cloyne. Stich von Skelton nach einem Bild von John Vanderbank. Marsh's Library Dublin. (Images Nr. 53).

16 Bischof Berkeley. Ölbild von John Vanderbank? Trinity College Dublin (Images Nr. 54).

17 St. Colman's Cathedral in Cloyne. Foto Wolfgang Breidert 1985.

18 Bischofspalast in Cloyne. Stich. National Library of Ireland. (Images Nr. 52).

19 George Berkeley (ca. 1737/38). Ölbild von James Latham. Trinity College Dublin. (Images Nr. 56).

20 BERKELEY-Medaille für die beste Griechischarbeit am Trinity College Dublin mit dem Text «Immer der Beste sein», von BERKELEY 1735 gestiftet. (Images Nr. 64).

21 «BERKELEY B. of Cloyne». Karikatur im British Plutarch (1762) beim BERKELEY-Artikel von OLIVER GOLDSMITH. (Images Nr. 59).

22 HERMANN BOERHAAVE. Titelbild der *Elementa chemiae*, Leipzig 1753.

23 BERKELEY-Briefmarke der Irischen Post 1985 zum 300. Geburtstag BERKELEYS. Entwurf von BRENDAN DONEGAN nach dem Gemälde von LATHAM.

24 Titelblatt der *Selecta ex Archimede theoremata* (1654) von ANDREAS TACQUET (Anhang der *Elementa geometriae*).

25 BERKELEYS Manuskript zu *Reasons for not replying* (§ 10). British Museum London, Add. MS. 39306, fol. 3r.

26 Spielplan zu *De ludo algebraico*.

27 Seite aus BERKELEYS Manuskript zu *De ludo algebraico* (10.–16. Spitze und 1. Spitze). British Museum London, Add. MS. 39305, fol. 168v.

28 Abbildungen zu *Miscellanea mathematica* (Gezeiten der Luft).

29 Abbildungen zur Höhle von Dunmore. Aus: *Proceedings of the Royal Irish Academy*, Series II, vol. II (=consecutive series vol. 12), 1875, plate 18. (Images Nr. 4).

30 Vesuvausbruch. Aus: *The Gentleman's Magazine*, vol. 20, 1750, bei p. 161. (Images Nr. 11).

31 BORELLIS Skizzen zum Ausbruch des Ätna. Aus: G. A. BORELLI, *Historia et meteorologia Aetnaei 1669*, Regio Julio 1670, pp.78, 80, 81.

Chronologie

1685	12. 3. Berkeley in der Nähe von Kilkenny geboren.
1696–1700	Kilkenny College.
1700–1713	Trinity College Dublin.
1704	B.A.
1707	M.A., Veröffentlichung der *Arithmetica/Miscellanea mathematica*.
1709	Diakon, Veröffentlichung des *Essay Towards a New Theory of Vision*.
1710	Priester, Veröffentlichung des *Treatise concerning the Principles of Human Knowledge*.
1713	in London, Veröffentlichung der *Three Dialogues between Hylas and Philonous*.
1713–1714	1. Italienreise (als Begleiter von Lord Peterborough).
1714–1716	in London.
1716–1720	2. Italienreise (als Tutor von George Ashe).
1721–1724	vorwiegend in Dublin.
1721	Veröffentlichung von *De Motu*.
1724	Dekan von Londonderry.
1724–1728	in London («Bermuda-Projekt»).
1728	Heirat (Anne Forster).
1729–1731	in Newport (Rhode Island).
1731–1734	in London.
1732	Veröffentlichung des *Alciphron*.
1734	Veröffentlichung des *Analyst*.
1734–1752	Bischof in Cloyne.
1753	14. 1. bei einem Aufenthalt in Oxford gestorben und begraben.

Wolfgang
Breidert

1957–1963 Studium der Mathematik und Physik in Göttingen, München, Giessen, erstes Staatsexamen. Bis 1973 Assistent für Philosophie in Giessen, Bochum und Münster.
1967 Promotion zum Dr. phil. an der Ruhr-Universität Bochum.
Seit 1973 Akademischer Oberrat am Institut für Philosophie der Universität Karlsruhe.

Birkhäuser Verlag Basel, Boston, Berlin

Die Reihe *Vita Mathematica* bringt unter einheitlichen Gesichtspunkten verfasste *Werkbiographien* bedeutender Mathematiker von der Antike bis in unsere Zeit – unter Berücksichtigung der wissenschaftshistorischen Forschung der letzten Jahrzehnte. Diese Bücher sind nicht primär für professionelle Mathematikhistoriker geschrieben, sondern wenden sich an Studierende der Mathematik, der Physik und der technischen Wissenschaften in den ersten bis mittleren Semestern, an Mathematik- und Physiklehrer, Mathematiker und Physiker, welche ihre Fachdisziplinen in ihrer Einbettung in die Kultur- und Geistesgeschichte kennenlernen und studieren möchten. Diese Mathematiker-Biographien sind einem noch breiteren Publikum zugänglich und verständlich. Die Publikationssprachen sind Deutsch, Englisch oder Französisch.

Bereits erschienen:

VM 1	GEORG CANTOR von Walter Purkert und Hans Joachim Ilgauds (deutsch)
VM 2	BLAISE PASCAL von Hans Loeffel (deutsch)
VM 3	HEINRICH HEESCH von Hans-Günther Bigalke (deutsch)

Die nächsten Bände in der voraussichtlichen Reihenfolge ihres Erscheinens:

	NORBERT WIENER von Pesi R. Masani (englisch)
	G. P. LEJEUNE DIRICHLET von Jim Cross (englisch)
	FELIX KLEIN von Walter Purkert, Renate Tobies und David Rowe (deutsch)
	ADAM RIES von Hans Wussing (deutsch)
	LEONHARD EULER von Emil A. Fellmann (deutsch)